中等职业学校教育创新规划教材
新型职业农民中职教育规划教材

测土配方施肥技术

陶世洪　武玉暄　主编

中国农业大学出版社
·北京·

内 容 简 介

本教材共分三大项目 10 个任务,其中项目一测土与田间监测包括测试项目的确立、测土的具体方法、田间监测 3 个任务,项目二肥料配方的确定与加工购置包括肥料配方的确定、肥料配方的加工与购置、配方施肥中常用肥料的认知和准备 3 个任务,项目三主要作物的施肥技术包括主要粮油作物的施肥技术、主要果树的施肥技术、主要蔬菜的施肥技术 3 个任务。本教材内容新颖,构思独特,重在实践,形式活泼。

通过学习,使学生具备正确实施测土配方施肥的基本技能,能够根据作物需肥特性、土壤供肥性能、肥料利用率三个方面设计作物合理施肥方案并组织实施。

图书在版编目(CIP)数据

测土配方施肥技术/陶世洪,武玉暄主编. —北京:中国农业大学出版社,2016.3
ISBN 978-7-5655-1525-5

Ⅰ.①测…　Ⅱ.①陶…　②武…　Ⅲ.①土壤肥力-测定-材料 ②施肥-配方-教材
Ⅳ.①S158.2 ②S147.2

中国版本图书馆 CIP 数据核字(2016)第 040618 号

书　　名	测土配方施肥技术	
作　　者	陶世洪　武玉暄　主编	
策划编辑	张 蕊 张 玉	责任编辑　张　玉
封面设计	郑　川	责任校对　王晓凤
出版发行	中国农业大学出版社	
社　　址	北京市海淀区圆明园西路 2 号	邮政编码　100193
电　　话	发行部 010-62818525,8625	读者服务部 010-62732336
	编辑部 010-62732617,2618	出 版 部 010-62733440
网　　址	http://www.cau.edu.cn/caup	E-mail cbsszs @ cau.edu.cn
经　　销	新华书店	
印　　刷	北京俊林印刷有限公司	
版　　次	2016 年 5 月第 1 版　2016 年 5 月第 1 次印刷	
规　　格	787×980　16 开本　14.5 印张　265 千字	
定　　价	30.00 元	

编 写 人 员

主　编 陶世洪　广西桂林农业学校高级讲师

　　　　　武玉暄　河南南阳农业职业学院高级讲师

副主编 肖万里　山东潍坊（寿光）科技学院讲师

　　　　　黄家念　广西百色农业学校高级讲师

　　　　　马有生　武汉市农业学校高级讲师

　　　　　方　磊　河南南阳市质量技术监督检测中心

编 写 说 明

  积极开展与创新中等职业教育与新型职业农民中职教育,提高现代农业与社会主义新农村建设一线中等应用型职业人才及新型职业农民的综合素质、专业能力,是发展现代农业和建设社会主义新农村的重要举措。为贯彻落实中央的战略部署及全国职业教育工作会议精神,特根据《教育部关于"十二五"职业教育教材建设的若干意见》《中等职业学校新型职业农民培养方案(试行)》和《中等职业学校专业教学标准(试行)》等文件精神,紧紧围绕培养生产、服务、管理第一线需要的中等应用型职业人才及新型职业农民,并遵循中等农业职业教育与新型职业农民中职教育的基本特点和规律,编写了《测土配方施肥技术》教材。

  《测土配方施肥技术》是种植类专业核心课程教材之一。本教材构思新颖,内容丰富,结构合理,定位于中等职业教育,紧扣岗位要求,以行动导向的教学模式为依据,以学习性工作任务实施为主线,以学生为主体,通过学习性工作任务中教、学、做、说(写)合一来组织教学,物化了本门课程历年来相关职业院校教育教学改革中所取得的成果,并统筹兼顾中等职业教育及新型职业农民中职教育的学习特点。

  该教材根据项目驱动式教学的需要,以引导学生主动学习为目的,进行体例架构设计,以适应中等职业教育和新型职业农民中职教育创新和改革的需要。本书主要介绍了土壤测试、肥料配方确定与加工、主要作物的施肥技术等内容。考虑到各种作物营养特性差别较大,把作物分为粮油作物、果树、蔬菜作物三大类型,其施肥技术主要从各种作物的需肥特点和施肥技术着手,图、表、文并茂,并积极融进当今施肥技术的新知识、新观念、新方法,也融入国家最新的相关专业政策,呈现课程的职业性、实用性和开放性,把测土配方施肥与作物具体施肥技术有机结合起来,便于使用者在教学和生产实际中查阅、参考、应用。

  本教材内容深入浅出、通俗易懂,具有很强的针对性和实用性,是中等农业职业教育及新型职业农民中职教育的专用教材,也可作为现代青年农场主的培育教材与农艺工等岗位培训教材,还可作为相关专业人员作为参考用书使用。

　　本教材由全国部分高、中职院校多年从事测土配方施肥技术教学的教师共同编写。广西桂林农业学校陶世洪高级讲师、河南南阳农业职业学院武玉暄高级讲师担任主编,广西百色农业学校黄家念高级讲师、山东潍坊(寿光)科技学院肖万里讲师、武汉市农业学校马有生高级讲师与河南南阳市质量技术监督检测中心方磊为副主编。其中陶世洪编写项目二中的施肥原理、农户自行开方配肥和化肥市场知识部分、项目三中的任务二(苹果施肥技术除外)及各项目案例,武玉暄编写项目二任务三中的化肥部分,黄家念编写项目一,肖万里编写项目二任务三中的有机肥部分和项目三任务三,马有生编写项目二任务一中有关施肥量确定的部分和项目三任务一,方磊编写项目二任务三中沼肥、项目三任务二中的苹果施肥技术部分。全书最后由陶世洪统稿。北京农业职业学院赵晨霞教授、农业部科技教育司王青立和原农业部农民科技教育培训中心陈肖安等同志对教材内容进行了最终审定,在此一并表示感谢。

　　由于编者水平有限,加之时间仓促,虽经几易其稿,但教材中依然会存在着不同程度的错漏之处,衷心希望广大读者及时发现并提出,更希望广大读者对教材编写质量提出宝贵意见,以便修订和完善,进一步提高教材质量。

编　者

2015 年 6 月

目　　录

项目一　测土与田间监测 ·· 1

　任务一　测试项目的确立 ·· 2

　任务二　测土的具体方法 ·· 7

　任务三　田间监测 ·· 29

项目二　肥料配方的确定与加工购置 ·························· 41

　任务一　肥料配方的确定 ·· 42

　任务二　肥料配方的加工与购置 ·································· 60

　任务三　配方施肥中常用肥料的认知和准备 ···················· 64

项目三　主要作物的施肥技术 ································· 121

　任务一　主要粮油作物的施肥技术 ······························ 122

　任务二　主要果树的施肥技术 ···································· 149

　任务三　主要蔬菜的施肥技术 ···································· 176

附录 1　作物缺素症状 ·· 208

附录 2　主要作物中元素含量缺乏、适量、过剩的判断标准 ········ 214

附录 3　常用有机肥中的养分含量 ······························ 218

参考文献 ·· 221

项目一　测土与田间监测

【学习目标】

完成本学习任务后,你应该能

1. 了解土壤测试的必要性,并掌握耕层土壤混合样品的采集与制备方法。

2. 掌握土壤样品的常规分析化验方法和步骤,学会判断土壤养分丰缺状况,并用以指导合理施肥。

3. 学会正确使用基本仪器测定实验,正确处理实验数据和表达实验结果。

4. 掌握植物营养诊断方法,并根据确诊症状指导合理施肥。

【工作任务描述】

本项目分为测试项目的确立、测土的具体方法与田间监测 3 个任务。通过本项目各任务的操作与学习,能让学员了解土壤测试的必要性;掌握正确使用基本仪器及植物营养诊断方法等,增强对本项目工作任务的学习兴趣,培养查阅资料、观察分析、调研总结、正确处理实验数据与指导配方施肥生产等能胜任岗位工作的职业素质。

【案例】

在岭上、河边种茶叶,效果为何天壤之别

从前,某地种植茶叶的习惯历久。有甲、乙两户农户(以下分别简称甲、乙),都喜欢种植茶叶。甲把茶叶种植在土壤瘠薄干旱的土岭上,乙则种植在土岭下土质肥沃、水利条件极佳的河边。此后三年的时间里,甲对茶叶没有进行十分精心的施肥护理,但茶叶却长势极佳,获得了丰产,而乙精心施肥护理,但茶叶却始终长不起来,丰产就更别提了。乙在心里焦急地想,我种植茶叶的河边地,肥沃且水源充足,为何生长差,而甲种植茶叶的土岭,肥力瘠薄而干旱,又为何生长那么好呢?

带着这个疑问,乙请来了镇农业技术推广站的同志。该同志经过现场查看,并

对甲、乙种植茶叶的土壤进行了测试,发现甲的耕地土壤呈酸性,乙的土壤则呈碱性,于是告诉乙,茶叶是喜酸性土的植物,你的河边地因受河流的富含碳酸钙的岩溶水影响呈碱性,种植茶叶是不适合的,不管你如何施肥,效果都不会理想的;而甲的土地是在土岭上,没有受到河水的影响而呈酸性,虽然较瘦、干旱,但经过施肥和适当灌溉可以培肥土壤,茶叶就可以获得理想的产量。

由此可见,种植作物前了解土壤的性质和肥力很重要,因土种植可以取得事半功倍的效果。那么用什么方法测定,如何根据耕地所处的环境了解土壤的性质和肥力呢? 通过本项目的学习,你会得到答案的。

任务一　测试项目的确立

【任务准备】

一、知识准备

(一)土壤化验分析的必要性

1. 测土配方施肥的意义

测土配方施肥是以土壤测试和肥料田间试验为基础,根据作物生长需肥规律、土壤供肥性能和肥料效应,结合当地农业生产和作物产量水平,按照作物生长期养分投入与产出相对平衡的原理,提出氮、磷、钾及中、微量元素等肥料的施用数量、施肥时期和施用方法,从而达到提高作物产量,改善作物品质的目的。

俗话说:"庄稼一枝花,全靠肥当家",可见肥料对植物生长发育来说是非常重要的。植物所需的养分一部分来源于土壤供应,另一部分来源于人工施入的肥料,尤其对于现代农业,化肥工业的发展和施肥技术的应用,对加快农业生产发展,确保农产品供给,促进农民增收,发挥了重要作用。但是应该看到,我国肥料使用还存在着一些亟待解决的突出问题:一是重化肥、轻有机肥;重氮磷肥、轻钾肥;重大量元素肥、轻中微量元素肥。二是表施、撒施和冲施现象较为普遍,浪费较为严重。三是地区之间、作物之间施肥不平衡,相当一部分地区过量施肥现象严重。这些问题,不仅造成化肥利用率低下、生产成本增加、耕地地力下降,而且还会产生环境污染问题,影响农产品品质。随着"优质、高产、高效、生态、安全"农业的发展,转变施肥观念、实行科学施肥,成为今后的一项长期性任务。推广测土配方施肥技术,对于提高肥料利用率、减少肥料浪费,保护农业生态环境、保证农产品质量安全、实现农业可持续发展具有深远的意义。

2. 测土的必要性

"测土"是配方施肥的基础,也是制定肥料配方的重要依据。能否将肥料施好,首先看能否将"测土"这个步骤做好。土壤中的主要元素和中、微量元素是作物生长所需的各种营养元素,营养元素丰、缺的状况直接制约着作物的质量和产量,据估算,作物生长发育所需要的养分 40%～80% 来自于土壤。由于土壤受气候、成土母质、地形、种植制度等因素的影响,我国土壤类型众多,不同区域、不同土壤之间养分差异比较大。而随着我国种植业结构的调整,高产作物品种不断涌现,施肥结构和数量发生了很大的变化,土壤养分库也发生了明显的改变。因此必须通过取样分析化验土壤中氮、磷、钾及中、微量元素养分含量,才能判断各种土壤类型、不同生产区域土壤中不同养分的供应能力,为配方施肥提供基础数据。

通过土壤养分的测试,制定科学合理的施肥计划,是实现测土配方施肥目标的重要手段。土壤养分的供应强弱以及作物对养分的需求多少是制定作物配方肥料的重要依据。20 世纪 80 年代起,我国曾开展了较大范围的测土施肥工作,并取得了一系列重要成果,初步建立了相应的土壤养分丰缺状况评价体系。但是,随着我国农业生产水平的不断提高,作物品种的不断更新和高产品种的广泛应用,肥料用量的持续增长,我国土壤养分状况已发生了很大变化,施肥技术、种植结构等与 20 年前相比也已有很大改变。过去的土壤养分丰缺指标评价体系已不能适应现代化农业生产的需求。因此,校正旧的养分丰缺指标体系并尽快建立新的土壤养分评价指标规范化管理体系,不仅符合我国目前的实际状况,而且也符合未来的发展趋势,对当前开展的测土配方施肥工作具有重要指导意义。

(二)土壤测试项目的确立

土壤测试是制定肥料配方的重要依据之一,是我们了解土壤养分情况的主要手段,是进行配方施肥的前提和基础。目前广泛应用的基于常规分析方法的土壤养分测试,是测土配方施肥工作最基本的常规分析方法,其测试结果主要是为氮肥、磷肥和钾肥的推荐施用提供依据。因此,测试项目主要包括土壤有机质、土壤酸碱度、土壤有效磷、土壤速效钾、土壤无机氮等项目。

1. 土壤 pH 测定(电位法)

土壤 pH 是土壤的基本性质之一,也是影响土壤肥力的重要因素之。我国各类土壤的 pH 范围很大,大多数为 4.5～9.0。土壤 pH 直接影响土壤养分的存在形态、转化和有效性。土壤 pH 与很多项目的分析方法和分析结果有密切的联系,审核这些项目的结果时,常须参考土壤 pH 的大小。对于 pH 偏低的土壤,酸害、铝毒有可能成为作物产量的限制因子,因而要考虑施用石灰改良土壤酸度。

测定土壤 pH,通常用电位法和比色法。其精密度是电位法高于比色法,且电位法应用得较普遍。比色法常用于野外速测。用电法测定土壤 pH 时,为了接近自然土壤的实际水分状况,避免水分过多时对测定结果的影响,一般采用 2.5∶1 和 1∶1 的水土比例。

目前,常用水或盐溶液(1 mol/L KCl,0.01 mol/L CaCl$_2$)来提取土壤样品,在土壤悬液中用 pH 复合电极直接测定。详细的测定方法见本项目任务二内容。

2. 土壤有机质测定(重铬酸钾氧化-外加热法)

有机质是土壤的重要组成部分。它不仅含各种营养元素,而且还是微生物生命活动的能源。土壤有机质对土壤中水、肥、气、热等各种肥力因素起着重要的调节作用,对土壤结构、耕性也会产生重要影响,同时土壤有机质含量也是估测土壤有机氮矿化量的重要因素之一。因此,土壤有机质含量的高低是评价土壤肥力的重要指标之一。

测定土壤有机质的方法很多,多选用广泛使用的重铬酸钾氧化-外加热法。加热的方式有许多种,如电热板加热、油浴或磷酸浴加热等。通常选用磷酸浴加热,它可避免因污染(如油浴)而造成的误差。该法不需要特殊的仪器设备,操作简便;测定不受碳酸盐的干扰,结果准确度高。此方法的原理、测定步骤及注意事项可参见本项目任务二内容。

3. 土壤碱解氮的测定

土壤中各种形态氮素的总量称为土壤全氮量,它表明土壤氮素的总贮量,是判断土壤氮素状况的重要指标。而碱解氮是土壤有效氮含量的指标,它反映近期内土壤氮素的供应状况,对指导施肥有一定的意义。碱解氮包括无机氮和易水解的及水溶性的含氮有机化合物,如简单的蛋白质、氨基酸和酰胺等,常采用碱解扩散法测定土壤的碱解氮,该法操作简便,结果重现性好,而且与作物需氮的情况有一定的相关性。此方法的原理、测定步骤及注意事项可参见任务二内容介绍。

4. 土壤有效磷测定方法(0.5 mol/L NaHCO$_3$浸提—钼锑抗比色法)

化学方法测定的土壤有效磷含量虽然是评价土壤供磷能力高低的相对指标,但它是合理施用磷肥的重要依据。曾经研究和使用的土壤有效磷的浸提剂种类很多,我国目前使用最广的浸提剂是 0.5 mol/L NaHCO$_3$ 溶液。该浸提剂不仅适用于石灰性土壤,也适用于碱性、中性土壤和酸性水稻土。

该测定方法的原理、测定条件及注意事项详见本项目任务二。

二、工作准备

（1）图书馆或资料室。利用现有的图书馆或资料室以及报刊杂志，查找有关测土配方施肥、土壤测试的信息资料。

（2）利用现有的电脑网络、网站等网络资源，了解有关测土配方施肥的意义、测土的目的及土壤测试项目等方面的信息资料。

【任务设计与实施】

一、任务设计

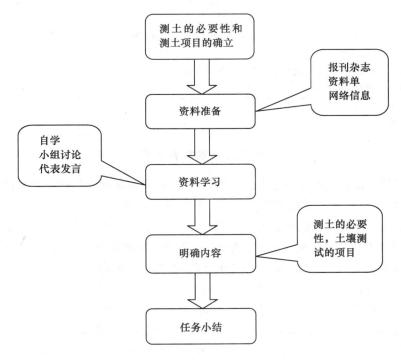

二、任务实施

（1）安排学生课前预习土壤测定的目的与土壤分析化验项目的有关内容。在教师的指导下，通过多种信息渠道查询资料。了解当前肥料施用存在的主要问题及开展测土配方施肥的意义和作用。

（2）各小组成员在教师的引导、讲解、演示、纠错活动中，理解、掌握并完成项目任务。

（3）小组讨论，用集体的智慧完成一份较好的学习收获体会。每组选一个代表，在全班讲解小组的学习路径、分析存在的问题、分享学习收获，组员补充收获的内容。

（4）教师组织发动全班同学讨论、根据各小组完成过程的具体情况合理评价，达到全班同学共享学习资源和收获体会，巩固所学的知识内容。

【任务评价】

评价内容	评价标准	分值	评价人	得分
精神状态	课前准备充分，精神饱满，学习热情高涨	20分	组内互评	
参与程度	善于倾听，善于思考，课堂学习积极发言，结论正确，语句精炼	30分	组内互评	
参与效果	主动参与合作学习，互相提高，小组成员掌握知识要点，效果明显	30分	教师	
合作交流	小组成员间团结协作，分工明确，本组任务完成好	10分	组内互评	
职业素质	责任心强，学习主动、方法多样、有创新	10分	组内互评	

【任务拓展】

植物必需的营养元素

组成植物体的主要成分是水和干物质，一般水分占新鲜植物体总重量的75%～95%，干物质只占总重量的5%～25%。干物质可分为有机质和矿物质，有机质占干物质的90%～95%，矿物质占干物质的5%～10%。干物质中有机化合物主要组成有蛋白质和其他含氮化合物、脂肪、淀粉、糖、纤维素和果胶等，它们主要的成分是碳（C）、氢（H）、氧（O）、氮（N）四种元素，这四种元素通常称为能量元素。植物干物质燃烧时，碳、氢、氧、氮四种元素可以挥发，因此又称气态元素。燃烧后残留下来的部分叫灰分，它的成分很复杂，目前可检测出的有70余种，主要是磷、钾、钙、镁、硫、铁、锰、锌、铜、硼、氯、硅、钠、硒、铝等元素，称为矿质元素或灰分元素，几乎自然界里存在的元素在植物体内都可找到，然而，由于植物种类和品种的差别，以及气候条件、土壤肥力、栽培技术的不同，都会影响植物体内的元素含量。植物体内所含的灰分元素并不都是植物生长发育所必需的，有些元素可能是偶然被植物吸收的，甚至还能大量积累；有些元素的需要量是极微的，然而确是植物生长不可缺少的营养元素。因此植物体内的元素可分为必需营养元素和非必需营养元素。

确定植物必需营养元素应符合三条标准：①必要性：这种元素对所有植物的生长发育是不可缺少的。如果缺少该元素，植物就不能完成其生活周期；②专一性：

该元素的功能不能由其他元素所代替,缺乏时植物会表现出特有的症状,只有补充这种元素后症状才能减轻或消失;③直接性:这种元素对植物起直接的营养作用,而不是改善环境的间接作用。

根据以上标准,目前已确定的植物必需营养元素有 17 种,它们是碳(C)、氢(H)、氧(O)、氮(N)、磷(P)、钾(K)、钙(Ca)、镁(Mg)、硫(S)、铁(Fe)、锰(Mn)、锌(Zn)、铜(Cu)、钼(Mo)、硼(B)、镍(Ni)和氯(Cl)。按照必需营养元素在作物体内的含量可以把必需营养元素分为:大量元素、中量元素与微量元素。大量元素含量占植物体干重千分之几以上,包括碳、氢、氧、氮、磷、钾;微量元素含量占干物重在万分之几以下,包括铁、硼、锰、铜、锌、钼、氯和镍等;介于它们之间的称为中量元素,有钙、镁、硫等。尽管植物对上述 17 种营养元素的需要量有多有少,但所有必需营养元素对植物营养和生理功能都是同等重要的,不可相互代替。

在植物必需营养元素中,氮、磷、钾 3 种元素是植物需要量和收获时所带走较多的元素,而它们通过残茬和根的形式还给土壤的数量又比较少。需要通过肥料的形式补充给土壤,以满足植物正常生长发育的需要。所以,称它们为"肥料三要素"或"植物营养三要素"或"氮、磷、钾"三要素。

任务二　测土的具体方法

【任务准备】

一、知识准备

(一)土壤样品的采集

土壤样品的采集是土壤分析工作中的一个重要环节,它是关系到分析结果以及由此得出的结论是否正确、可靠的一个先决条件。土壤的组成复杂而又极不均一。为了使分析测定的少量样品能够反映一定范围内土壤的真实情况,应选择有代表性的地段和有代表性的土壤采样,并必须按照一定的要求和方法步骤采集土壤样品。为了解土壤肥力状况,为制定配方施肥方案提供土壤养分数据,一般采集耕层土壤的混合样品。

1. 材料用具

GPS、采样工具(小铁铲、锄头、铁锹、土钻等)、采样袋(布袋、塑料袋等)、标签、铅笔、钢卷尺等。

2. 操作规程(表 1-2-1)

表 1-2-1　土壤样品的采集规程

工作环节	操作规程	注意事项
合理布点	(1)采样单元划定。采样点的确定应在一定范围内统筹规划,在采样前,综合土壤图、土地利用规划图和行政区划图,并参考第二次土壤普查采样点位图确定采样点位,形成采样点位图,根据采样地区的土壤类型、肥力等级和地形等因素,将采样区域划分为若干个采样单元,每个采样单元的土壤性状尽可能均匀一致 平均采样单元为 100 亩(平原区、大田作物每 100～500 亩采一个混合样,丘陵区、园艺作物每 30～80 亩采一个混合样,温室大棚作物每 30～40 个棚室或 20～40 亩采一个混合样)。有条件的地区,可以以农户地块为土壤采样单元。采用 GPS 定位,记录经纬度,精确到 0.01″ (2)布点方法。为保证样品的代表性,采样前确定采样点,可根据地块面积大小,按照一定的路线进行选取。采样的方向应该与土壤肥力的变化方向一致,一般采用 S 形布点采样较好 (3)采样点确定。采样时应按照"随机"、"等量"和"多点混合"的原则进行,避免特殊取样。一般以 15～20 个点为宜 (4)采样时间。大田作物一般在秋季作物收获后、整地施基肥前采集;蔬菜在收获后或播种施肥前采集,一般在秋后。设施蔬菜在晾棚期采集;果园在果品采摘后第一次施肥前采集;幼树及未挂果果园,应在清园扩穴施肥前采集。进行氮肥追肥推荐时,应在追肥前或作物生长的关键时期采集 (5)采样周期。项目实施三年以后,为保证测试土壤样本数据可比性,根据项目年度取样数量,对照前三年取样点,进行周期性原位取样。同一采样单元,土壤有机质、全氮、碱解氮每季或每年采集 1 次,无机氮每个施肥时期前采集 1 次,土壤有效磷、速效钾等一般 2～4 年采集一次;中、微量元素一般 3～5 年采集 1 次。肥料效应田间试验每年采样 1 次。植株样品每个主要生长期采集 1 次	(1)为便于田间示范追踪和施肥分区需要,采样集中在位于每个采样单元相对中心位置的一个农户的一个典型地块上进行,采样地块面积为 1～10 亩 (2)对于地块面积小(小于 10 亩)、地形平坦、地力较均匀的地块,采用对角线或棋盘式布点取样。对于面积较大(10～50 亩)、地形起伏不平、地力不均的地块,采用蛇形布点采样。布点方式如图 1-2-1 所示 (3)每个采样点的选取是随机的,尽量分布均匀,每点采取土样深度一致,采样量一致 (4)采样点要避开路旁、田埂、沟边、肥料堆积过的地方及特殊地形部位

续表1-2-1

工作环节	操作规程	注意事项
正确采土	(1)采样深度。大田作物品采样深度一般为0～20 cm，果园采样深度一般在0～20 cm，20～40 cm两层分别采集。用于土壤无机氮含量测定的采样深度应根据不同作物、不同生育期的主要根系分布深度来确定 (2)采样方法。在确定的采样点上，先将表层的腐殖质层及表土2～3 mm刮去，然后用土钻或小铁铲(图1-2-2)垂直入土15～20 cm。用小土铲取土，先铲出一个15～20 cm的耕层断面，再平行于断面下铲取土；用土钻进行采样，在采样点上垂直向下约20 cm，再拔出土钻，取出土钻中的土样(图1-2-3)，然后集中起来，混合均匀	(1)每一采样点的取土厚度、深度、质量要求大体相同 (2)用于测量微量元素含量的土壤样品需要用不锈钢或木制取土器采样，以免造成污染
样品数量	一个混合土样的重量，一般以1 kg左右为宜。如果样品数量太多，可用四分法(图1-2-4)将多余的土壤弃去。方法是将采集的土壤样品放在盘子里或塑料布上，拣除枯枝落叶、小石砾等，弄碎、混匀，铺成四方形，划对角线将土样分成四份，把对角的两份分别合并成一份，保留一份，弃去一份。如果所得的样品依然很多，可再用四分法处理，直至所需数量为止	四分法操作时，初选剔杂后土样混匀，土层摊开底部平整，厚薄一致
样品标记	采集的样品放入统一的样品袋中，然后再用一个塑料袋套上，应立即用铅笔写好标签一式两份(表1-2-2)，内外各一张。标签注明编号、采样地点、采样时间、采集人、土类等，同时做好采样记录	

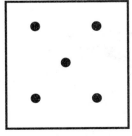

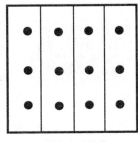

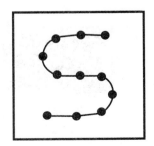

对角线法　　　　　　棋盘式采样法　　　　　　S形采样法

图1-2-1　土壤采样点的布点方式

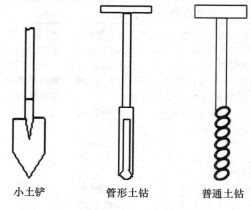

小土铲　　　　管形土钻　　　　普通土钻

图 1-2-2　取土工具

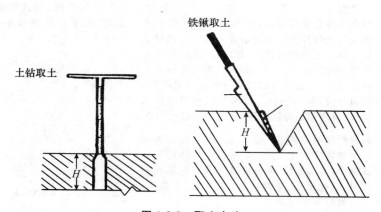

土钻取土

铁锹取土

图 1-2-3　取土方法

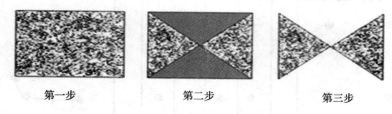

第一步　　　　　第二步　　　　　第三步

图 1-2-4　四分法采样步骤

表 1-2-2　土壤采样标签样表

土壤采样标签

采样编号：＿＿＿＿　监测点编号：＿＿＿＿

采样时间：＿＿＿年＿＿＿月＿＿＿日＿＿＿时

采样地点：＿＿省＿＿市＿＿县＿＿乡(镇)＿＿村(组)　农户名：＿＿

采样深度：＿＿＿cm　　　　该土样由＿＿＿点混合而成

经度：＿＿度＿＿分＿＿秒　　纬度：＿＿度＿＿分＿＿秒

采样人：＿＿＿＿＿＿　　　联系电话：＿＿＿＿＿＿＿

(二)土壤样品的制备

土壤样品的制备是土壤分析工作中的一个重要环节。土壤样品制备过程中规范操作是保证分析结果如实反映客观实际的前提条件。因为分析数据能不能代表样品总体,关键在于最终所用的少量称样的代表性。如果样品制备不规范,那么任何精密的仪器和熟练的分析技术都将毫无意义。通过土样制备,剔除非土壤成分,适当磨细,充分混匀,使分析时所称取的少量样品具有较高的代表性,在分解样品时反应更完全,是关系到分析结果是否正确的一个先决条件。

1. 材料用具

制样板、木棍、研钵、土壤筛(18 目、60 目)、镊子、广口瓶、样品盘等。

2. 操作规程(表 1-2-3)

表 1-2-3　土壤样品的制备操作规程

工作环节	操作规程	注意事项
风干剔杂	从野外采回的土样要及时平铺于木板、牛皮纸或塑料布上,将土样内的石砾、根系、虫体等物质仔细剔除,捏碎大的土块,摊成薄薄一层,置于通风清洁且无阳光直射的室内自然风干。经过 5~7 d 后可达风干要求	土样置阴凉处风干,严禁阳光直接暴晒或烧烤,并注意防止酸、碱气体(如氯气、氨气、二氧化硫等)及灰尘等物质的污染,同时应经常翻动
磨细过筛	(1)18 目(1 mm 筛孔)样品制备:将风干以后的土样平铺在木板或塑料布上,剔除非土壤成分,如植物残茬、石粒等,用木棒先行碾碎,经初步磨细的土样,用 1 mm 筛孔(18 目)的筛子过筛,不能过筛的,则用研钵继续研磨,边磨边筛,直到全部通过 1 mm(18 目)为止。过筛后土样经充分混匀后,用四分法分成两份,其中约 3/4 的土样装入具有磨口塞的广口瓶中,即为 1 mm 土样或 18 目样,供 pH、速效养分等测定	(1)石砾和石块切勿弄碎,少量可弃去,多量时,必须收集起来称其质量,计算其百分含量,在计算养分含量时考虑进去 (2)不允许在磨细的过 1 nm 筛孔的土样中直接筛出一部分作为 0.25 nm 土样使用

续表 1-2-3

工作环节	操作规程	注意事项
磨细过筛	(2)60 目(0.25 mm 筛孔)样品制备:剩余的约 1/4 土样,则继续用研钵研磨,至全部通过 0.25 nm (60 目)筛孔,将土样混匀装瓶,即为 0.25 nm 或 60 目土样,供有机质、全氮测定之用	
装瓶贮存	装样后的广口瓶中,内外各附标签一张,标签上写明土壤样品编号、取样地点、土壤名称、深度、筛孔号、采集人及日期等 制备好的样品要妥善保存,一般可保存一年,待全部分析工作结束之后,分析数据核对无误,才能弃去。若需长期贮存最好用蜡封好瓶口	在保存期间应避免阳光直射,防止高温、潮湿及酸碱和不洁气体等对土壤样品的影响或污染

(三)土壤样品的分析化验

土壤分析化验是制定肥料配方的重要依据之一,随着我国种植业结构的不断调整,高产作物品种不断涌现,施肥结构和数量发生了很大的变化,土壤养分库也发生了明显改变。通过开展土壤分析,了解土壤肥力状况,为肥料配方和合理施肥提供依据。目前各地普遍采用的是 5 项基础化验,即土壤中碱解氮、速效磷、速效钾、有机质和 pH。

1. 土壤有机质的测定——重铬酸钾法

土壤有机质既是土壤的重要组成部分,又是植物养分的重要来源,它对改善土壤的理化、生物性质有重要作用。因此,土壤有机质含量,是判断土壤肥力高低的重要指标。测定土壤有机质含量是土壤分析的主要项目之一。

(1)测定原理。在加热条件下,用稍过量的标准重铬酸钾—硫酸溶液,氧化土壤有机碳,剩余的重铬酸钾用标准硫酸亚铁滴定,由土样和空白样品所消耗的标准硫酸亚铁量,计算出有机碳量,进一步可计算出土壤有机质的含量。

(2)仪器试剂。

①仪器用具。

硬质试管(18 mm×180 mm)、油浴锅、铁丝笼、电炉、温度计(0～200℃)、分析天平或电子天平(感量 0.000 1 g)、滴定管(25 mL)、移液管(10 mL)、漏斗(3～4 cm)、三角瓶(250 mL)、量筒(10 mL,100 mL)、角匙、滴定台、滴瓶(50 mL)、试剂瓶(500 mL)、试管夹、吸耳球、草纸。

②试剂配制。

A. 0.136 mol/L $K_2Cr_2O_7$-H_2SO_4 的标准溶液　准确称取分析纯重铬酸钾

$(K_2Cr_2O_7)40$ g 溶于 500 mL 蒸馏水中,用滤纸过滤到 1 L 容量瓶中,用水洗涤滤纸,并加水定容至 1 L。将此溶液转移至大烧杯中,另取密度为 1.84 g/L 的化学纯浓硫酸(H_2SO_4) 1 L,缓慢倒入重铬酸钾溶液内,并不断搅拌。每加入 200 mL 浓硫酸后稍停片刻,待溶液冷却后,再加入第二份浓硫酸(H_2SO_4)。加酸完毕,待冷却后存于试剂瓶中备用。

B. 0.2 mol/L 硫酸亚铁($FeSO_4 \cdot 7H_2O$)溶液 称取化学纯硫酸亚铁 55.60 g,溶于蒸馏水中,加 6 mol/L H_2SO_4 1.5 mL,再加蒸馏水定容到 1 000 mL 备用。

C. 硫酸亚铁溶液的标定 准确吸取 3 份 0.133 3 mol/L $K_2Cr_2O_7$ 标准溶液各 5.0 mL 于 250 mL 三角瓶中,各加 5 mL 6 mol/L H_2SO_4 和 15 mL 蒸馏水,再加入邻啡罗啉指示剂 3～5 滴,摇匀,然后用 0.2 mol/L $FeSO_4$ 溶液滴定至棕红色为止,其浓度计算为:

$$c = \frac{6 \times 0.133\,3 \times 5.0}{V}$$

式中:c——硫酸亚铁溶液摩尔浓度(mol/L);

V——滴定用去硫酸亚铁的体积(mL);

6——6 mol $FeSO_4$ 与 1 mol $K_2Cr_2O_7$ 完全反应的摩尔系数比值。

D. 邻啡罗啉指示剂 称取化学纯硫酸亚铁 0.659 g 和分析纯邻啡罗啉 1.485 g 溶于 100 mL 蒸馏水中,贮于棕色滴瓶中备用。

E. 其他试剂 石蜡(固体)或磷酸或植物油 2.5 kg。

F. 6 mol/L 硫酸溶液 在两体积水中加入一体积浓硫酸。

G. 浓 H_2SO_4 化学纯,密度 1.84。

(3)操作规程(表 1-2-4)。

表 1-2-4 土壤有机质的测定操作规程

工作环节	操作规程	质量要求
样品称重	在分析天平上准确称取通过 60 目筛子(<0.25 mm)的土壤样品 0.05～0.5 g(精确到 0.000 1 g),用长条蜡光纸把称取的样品全部倒入干的硬质试管底部,记下土样重量	一般有机质含量<20 g/kg,称重 0.4～0.5 g;20～70 g/kg,称重 0.2～0.3 g;70～100 g/kg,称重 0.1 g;100～150 g/kg,称重 0.05 g
加氧化剂	用移液管缓准确加入 0.136 mol/L 重铬酸钾—硫酸($K_2Cr_2O_7$-H_2SO_4)溶液 10 mL,(在加入约 3 mL 时,摇动试管,以使土壤分散),然后在试管口加一小漏斗,将试管放入铁丝笼中待加热	此法只能氧化 90% 的有机质,所以在计算机分析结果时氧化校正系数为 1.1

续表 1-2-4

工作环节	操作规程	质量要求
样品消煮	预先将液态石蜡油或植物油浴锅加热至 185～190℃,然后将铁丝笼放入油浴锅中加热,放入后温度应控制在 170～180℃,待试管中液体沸腾发生气泡时开始计时,保持溶液沸腾 5 min,取出铁丝笼,待试管稍冷后,擦净试管外部油液,冷却至室温	加热时产生的二氧化碳气泡不是真正沸腾,只有待真正沸腾时才能开始计算时间
消煮液处理	将试管内容物用蒸馏水少量多次洗入 250 mL 的三角瓶中,使瓶内总体积在 60～70 mL,然后加邻啡罗啉指示剂 3～4 滴,摇匀	要用水冲洗试管和小漏斗,转移溶液要完全,最后使溶液的总体积达 50～60 mL,酸度为 2～3 mol/L
样品滴定	用 0.2 mol/L 的标准硫酸亚铁(FeSO$_4$)溶液滴定 250 mL 的三角瓶的内含物。溶液颜色由橙色(或黄绿)经过绿色、灰绿色突变为棕红色即为终点	指示剂变色敏锐,临近终点时,要放慢滴定速度
空白试验	在测定样品的同时必须做两个空白试验,取其平均值。空白试验用石英砂或灼烧的土代替土样,其他步骤同土样测定	如果试样滴定所消耗硫酸亚铁溶液毫升数不到空白试验所消耗硫酸亚铁溶液毫升数的 1/3,则有氧化不完全可能,就减少土样称量重做
结果计算	土壤有机质含量(%)= $$\frac{(V_0-V)\times c_2\times 0.003\times 1.724\times 1.1}{W\times 水分系数}\times 100\%$$ 式中:V_0——滴定空白液时所用去的硫酸亚铁溶液体积,mL; V——滴定样品液时所用去的硫酸亚铁溶液体积,mL; c_2——标准硫酸亚铁的浓度,mol/L; 0.003——1/4 碳原子的毫摩尔质量,g; 1.724——由土壤有机碳换算成有机质的换算系数; 1.1——氧化校正系数; W——风干土样质量,g	

（4）参考指标（表 1-2-5）。

表 1-2-5 土壤有机质含量分级参考指标

土壤有机质含量(%)	<0.6	0.6~1	1~2	2~3	3~4	>4
等级	极低	很低	低	中等	高	极高

2. 土壤酸碱度的测定——电位测定法

土壤酸碱度是土壤的重要化学性质，也是影响肥力的因素之一。它对土壤养分的存在状态、转化和有效性，对土壤微生物的活动及植物的生长发育都有很大影响。因此，测定土壤 pH 对土壤的合理利用改良具有十分重要的意义。

（1）方法原理。用电位法测定土壤悬液的 pH 时，以玻璃电极为指示电极，甘汞电极为参比电极，当玻璃电极和甘汞电极插入土壤悬液中时，构成一电池反应，两者之间产生电位差由于参比电极的电位是固定的，该电位差的大小决定于试液中的氢离子活度，氢离子活度的负对数即为 pH。因此，可以用电位测定仪测定其电动势，再换算成 pH，一般酸度计均可直接读出 pH。

（2）仪器试剂。

①主要仪器：酸度计；pH 玻璃电极；饱和甘汞电极或复合电极；天平（1/100）；烧杯（50 mL）；玻璃棒；量筒（25 mL）。

②试剂配制。

A. pH 4.01 标准缓冲液。称取经 105℃烘干的苯二甲酸氢钾（$KHC_8H_4O_4$）10.21 g，用蒸馏水溶解后稀释至 1 000 mL。

B. pH 6.87 标准缓冲液。称取在 45℃烘干的磷酸二氢钾（KH_2PO_4）3.39 g 和无水磷酸氢二钠（Na_2HPO_4）3.53 g，溶解在蒸馏水中，定容至 1 000 mL。

C. pH 9.18 标准缓冲液。称 3.80 g 硼砂（$Na_2B_4O_7 \cdot 10H_2O$，分析纯）溶于蒸馏水中，定容至 1 000 mL。此溶液的 pH 容易变化，应注意保存。

D. 氯化钙溶液[$c(CaCl_2 \cdot 2H_2O) = 0.01$ mol/L]：称 147.02 g 氯化钙（化学纯）溶于 200 mL 水中，定容至 1 L，吸取 10 mL 于 500 mL 烧杯中，加 400 mL 水，用少量氢氧化钙或盐酸调节 pH 为 6 左右，然后定容至 1 L。

（3）操作规程。

①待测液的制备。称取 1 mm 风干土样 5 g，放入 50 mL 烧杯中，用量筒加无 CO_2 蒸馏水 25 mL 或氯化钙溶液（中性、石灰性或碱性土测定用）。用玻璃棒剧烈搅拌 2 min，放置平衡 30 min 后，用酸度计测定。

②仪器校正。各种 pH 计和电位计的使用方法不尽一致，电极的处理和仪器的使用按仪器说明书进行。将待测液与标准缓冲液调到同一温度，并将温度补

偿器调到该温度值。用标准缓冲液校正仪器时，先将电极插入与土壤浸提液 pH 接近的缓冲液中，启动读数开关，调节定位器使标准溶液的 pH 与仪器标度上的 pH 一致，反复几次至读数稳定。然后移出电极，用水冲洗、滤纸吸干后插入另一标准缓冲溶液中，检查仪器的读数。最后移出电极，用水冲洗、滤纸吸干后待用。

③待测液测定。把电极小心插入待测液中（注意玻璃电极球泡下部位于土液界面处，甘汞电极插入上部清液），并轻轻摇动，使溶液与电极密切接触，静置片刻，按下读数开头，待读数稳定后，记录待测液的 pH。每个样品测完后，立即用水冲洗电极，并用滤纸将水吸干再测定下一个样品。每测定 5～6 个样品后用 pH 标准缓冲溶液重新校正仪器。

（4）注意事项。

①长时间存放不用的玻璃电极需要在蒸馏水中浸泡 24 h，使之活化后才能进行正常使用。暂时不用的可浸泡在蒸馏水中，长期不用时应干燥保存。甘汞电极腔内要充满饱和氯化钾溶液。

②标准缓冲溶液在室温下一般可保存 1～2 个月，在 4℃冰箱中可延长保存期限。用过的标准缓冲溶液不要倒回原液中混存，发现浑浊、沉淀就不能再使用。

③依照仪器使用说明书，至少使用两种 pH 标准缓冲溶液进行 pH 计的校正。

（5）参考指标及适宜作物（表 1-2-6、表 1-2-7）。

表 1-2-6　土壤 pH 的分级

pH	<4.5	4.5～5.5	5.5～6.5	6.5～7.5	7.5～8.5	8.5～9.5	>9.5
等级	强酸性土	酸性土	微酸性土	中性土	微碱性土	碱性土	强碱性土

表 1-2-7　主要作物适宜的 pH 范围

土壤 pH	作物列举
6.0～8.0	棉花、南瓜、苹果、桃、甘蔗等
6.0～7.0	水稻、玉米、西瓜、番茄等
5.0～7.0	柑橘
5.0～6.0	红薯、花生、烟草、胡萝卜、板栗、松等
5.0～5.5	茶树
4.8～5.4	马铃薯

3. 土壤碱解氮的测定（碱解扩散法）

土壤碱解氮也称为土壤有效性氮，它包括无机态氮和部分有机质中易分解的、比较简单的有机态氮，它是铵态氮、硝态氮、氨基酸、酰胺和易水解的蛋白质的总和，它能反映出土壤近期内氮素供应情况。测定土壤碱解氮的含量对了解土壤的供氮能力，指导合理施肥具有一定意义。

（1）测定原理。在密封的扩散皿中，用 1.8 mol/L 氢氧化钠（NaOH）溶液水解土壤样品，在恒温条件下使有效氮碱解转化为氨气状态，并不断地扩散逸出，由硼酸（H_3BO_3）吸收，再用标准盐酸滴定，计算出土壤水解性氮的含量。

旱地土壤硝态氮含量较高，需加硫酸亚铁使之还原成铵态氮。由于硫酸亚铁本身会中和部分氢氧化钠，故需提高碱的浓度（1.8 mol/L，使碱保持 1.2 mol/L 的浓度）。水稻土壤中硝态氮含量极微，可以省去加硫酸亚铁，直接用 1.2 mol/L 氢氧化钠水解。

（2）仪器试剂。

①主要仪器。扩散皿、半微量滴定管、分析天平（0.001 g）、恒温箱、玻璃棒毛玻璃、皮筋、吸管（2 mL 和 10 mL）。

②试剂及配制。

A. 2%硼酸溶液　称取 20 g 硼酸，用约 60℃的热蒸馏水溶解，冷却后稀释至 1 000 mL，最后用稀盐酸或氢氧化钠调节 pH 至 4.5（滴加定氮混合指示剂显淡红色）。

B. 定氮混合指示剂　分别称取 0.1 g 甲基红和 0.5 g 溴甲酚绿指示剂，放入玛瑙研缸中，并加 95%酒精 100 mL 研磨溶解，然后用稀盐酸或稀氢氧化钠调节 pH 至 4.5。

C. 1.2 mol/L 氢氧化钠　称取化学纯氢氧化钠 48.0 g 溶于蒸馏水中，冷却后稀释至 1 L。

D. 1.8 mol/L 氢氧化钠　称取化学纯氢氧化钠 72.0 g 溶于蒸馏水中，冷却后稀释至 1 L。

E. 硫酸亚铁粉末　将硫酸亚铁（$FeSO_4 \cdot 7H_2O$，化学纯）磨细，装入密闭瓶中，存于阴凉处。

F. 特质胶水　阿拉伯胶水溶液（称取 10 g 粉状阿拉伯胶，溶于 15 mL 蒸馏水中）10 份，甘油 10 份，饱和碳酸钾 5 份，混合即成（最好放在盛有浓硫酸的干燥器中，以除去氨）。

G. 0.01 mol/L 盐酸标准溶液　取密度为 1.19 kg/L 的浓盐酸 8.5～9 mL 加水至 1 000 mL，然后用蒸馏水稀释 10 倍，用标注碱或硼砂标定其浓度。

（3）操作规程（表 1-2-8）。

表 1-2-8　土壤碱解氮测定的操作规程

工作环节	操作规程	质量要求
称取试样	称取通过 1 mm 筛孔的风干土样 2.00 g,硫酸亚铁粉 1 g 混合均匀,置于洁净的扩散皿(图 1-2-5)外室内,轻轻旋转扩散皿,使风干土样均匀铺平	样品称量精确到 0.01 g
样品处理	用吸管吸取 2‰硼酸溶液 2 mL,加入扩散皿内室,并滴加定氮混合指示剂 1 滴(溶液显微红色),然后在扩散皿外沿涂上特质胶水,盖上毛玻璃,旋转数次,使周边与毛玻璃完全黏合。慢慢推开玻璃一边,使扩散皿外室露出一条狭缝,迅速用移液管加入 10 mL 1.2 mol/L NaOH(水田)或 1.8 mol/L NaOH(旱土)溶液,立即盖上毛玻璃,水平轻轻旋转扩散皿,使碱液与土壤充分混匀。用橡皮筋固定毛玻璃,贴上标签,随后放入 40℃恒温箱中,碱液扩散 24 h 后取出(可以观察到内室溶液为蓝色)	(1)由于胶水碱性很强,在涂胶时要特别小心,慎防污染内室 (2)扩散皿在抹有特制胶水后必须盖严,以防漏气。扩散时温度不宜超过 40℃
滴定	以 0.01 mol/L 标准盐酸溶液用微量滴定管滴定扩散皿内室溶液,溶液由蓝色变为微红时即为终点。记下标准盐酸溶液消耗的毫升数 V	滴定时,应用细玻璃棒小心搅动室内溶液,切不可摇动扩散皿,以免溢出,在接近终点时,用玻璃棒从滴定管尖端蘸取少量标准酸滴入扩散皿内
空白试验	在样品测定同时做空白试验,除不加土样外,其他步骤同样品测定	空白器皿与样品器皿一定要同时保温扩散
结果计算	土壤碱解氮含量(mg/kg)$=\dfrac{(V-V_0)\times c\times 14}{m}\times 1\,000$ 式中:V——样液消耗的盐酸的体积,mL; 　　　V_0——空白试验消耗的盐酸的体积,mL; 　　　c——标准盐酸溶液的浓度,mol/L; 　　　14——1 mol 氮的质量,g; 　　　1 000——换算成每千克样品中氮的毫克数的系数; 　　　m——烘干样品重,可以用风干样品重乘以水分系数。	平行测定结果以算术平均值表示,保留整数;平行测定结果允许相对相差≤10%

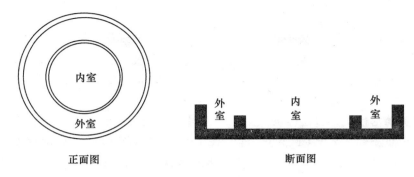

图 1-2-5　扩散皿示意图

（4）参考指标（表 1-2-9）。

表 1-2-9　土壤碱解氮含量参考指标　　　　　　　　　　　mg/kg

土壤碱解氮的含量	<30	30～60	60～90	90～120	120～150	>150
等级	极低	很低	低	中等	高	极高

4. 土壤速效磷含量的测定（碳酸氢钠法浸提—钼锑抗比色法）

土壤速效磷也称土壤有效磷，包括水溶性磷和弱酸溶性磷，其含量是判断土壤供磷能力的一项重要指标。测定土壤速效磷的含量，可为合理分配和施用磷肥提供理论依据。

（1）方法原理。石灰性土壤由于大量游离碳酸钙存在，不能用酸溶液来提取速效磷，可用碳酸盐的碱溶液。由于碳酸根的同离子效应，碳酸盐的碱溶液降低碳酸钙的溶解度，也就降低了溶液中钙的浓度，这样就有利于磷酸钙盐的提取。同时由于碳酸盐的碱溶液也降低了铝和铁离子的活性，有利于磷酸铝和磷酸铁的提取。此外，碳酸氢钠碱溶液中存在着 OH^-、HCO_3^-、CO_3^{2-} 等负离子有利于吸附态磷的交换，因此，碳酸氢钠不仅适用于石灰性土壤，也适用于中性和酸性土壤中速效磷的提取。

本次任务采用碳酸氢钠作为浸提剂提取土壤中的速效磷，提取液用钼锑抗混合显色剂在常温下进行还原，使黄色的磷锑钼杂多酸还原成为磷钼蓝，通过比色计算得到土壤中的速效磷含量。

（2）材料用具。

①主要仪器。往复振荡机、电子天平（1/100）、722 型分光光度计、三角瓶（250 mL 和 100 mL）、烧杯（100 mL）、移液管（10 mL、50 mL）、容量瓶（50 mL）、吸耳球、漏斗（60 mL）、滤纸、洗瓶、坐标纸、擦镜纸、小滴管。

②试剂及配制。

A.0.5 mol/L碳酸氢钠浸提液。称取化学纯碳酸氢钠42.0 g溶于800 mL水中,以0.5 mol/L氢氧化钠调节pH至8.5,洗入1 000 mL容量瓶中,定容至刻度,贮存于试剂瓶中。此溶液贮存于塑料瓶中比在玻璃瓶中容易保存,若贮存超过1个月,应检查pH是否改变。

B.无磷活性炭。将活性炭先用1∶1的盐酸浸泡24 h,在平板瓷漏斗上抽滤,用蒸馏水冲洗多次至无Cl⁻为止,再用0.5 mol/L NaHCO₃溶液浸泡过夜,在平板瓷漏斗上抽滤,用蒸馏水洗尽NaHCO₃,检查至无磷为止,烘干备用。

C.硫酸钼锑贮存液。取蒸馏水约400 mL,放入1 000 mL烧杯中,将烧杯浸在冷水中,然后缓缓注入分析纯浓硫酸208.3 mL,并不断搅拌,冷却至室温。另称取分析纯钼酸铵20 g溶于约60℃的200 mL蒸馏水中,冷却。然后将硫酸溶液徐徐倒入钼酸铵溶液中,不断搅拌,再加入100 mL 0.5%酒石酸锑钾溶液,用蒸馏水稀释至1 000 mL,摇匀,贮存于棕色试剂瓶中,避光保存。

D.钼锑抗混合显色剂 称取1.50 g左旋抗坏血酸溶于100 mL硫酸钼锑抗贮存液中,混匀。此试剂有效期为24 h,宜用前配制,随配随用。

E.磷标准液 准确称取在105℃烘箱中烘干2 h的分析纯KH₂PO₄ 0.219 5 g,溶于400 mL蒸馏水中。加浓硫酸5 mL,转入1 000 mL容量瓶中,加蒸馏水定容至刻度,摇匀,此溶液为50 mg/L磷标准液,此溶液不易久贮。取此溶液稀释20倍即为5 mg/L磷标准液,此液不宜久存。

(3)操作规程(表1-2-10)。

表1-2-10 土壤速效磷含量测定的操作规程

工作环节	操作规程	质量要求
土样称重	称取通过1 mm筛孔的风干土样5.00 g置于250 mL三角瓶中	样品称量精确到0.01 g
土壤待测液制备	准备加入NaHCO₃浸提液100 mL,加入一小勺无磷活性炭,摇匀,用橡皮塞塞紧瓶口,在震荡机上震荡30 min,取出后立即用干燥漏斗和无磷滤纸过滤,滤液承接于100 mL三角瓶中。最初7～8 mL滤液弃去	用碳酸氢钠浸提有效磷时,温度应控制在(25±1)℃;若滤液不清,重新过滤
定容显色	吸取滤液10 mL于50 mL比色管中,然后沿管壁慢慢加入钼锑抗混合显色剂5 mL,小心摇动,排出二氧化碳后加水定容至刻度,再充分摇匀	若有效磷含量较高的,可吸取浸提液5 mL或2 mL,并加浸提剂补足至10 mL后显色,以保持显色时溶液的酸度。二氧化碳气泡应完全排出

续表 1-2-10

工作环节	操作规程	质量要求
空白试验	在样品测定同时进行两个空白试验。除不加土样外,其他步骤同样品测定	
比色测定	30 min 后,在 721 或 722 型分光光度计上用波长 700 nm(光电比色计用红色滤光片)比色,以空白试验溶液为参比液调零点,读出待测的吸光度值	钼锑抗显色以 20～40℃为宜,如室温低于 20℃,可将容量瓶放在 30～40℃的烘箱中保温 20 min,取出冷却后进行比色
标准曲线绘制	分别吸取 5 mg/L 磷标准液 0 mL、1 mL、2 mL、3 mL、4 mL、5 mL 于 50 mL 容量瓶中,各加入浸提液 10 mL 和钼锑抗显色剂 5 mL,慢慢摇动,排出二氧化碳后定容至刻度,充分摇匀,即为 0 mol/L、0.1 mol/L、0.2 mol/L、0.3 mol/L、0.4 mol/L、0.5 mol/L 的磷的系列标准液。静置 30 min 后与待测液同时进行比色,读取吸光度值。在方格坐标纸上以溶液质量浓度为横坐标,读取的吸光度值为纵坐标,绘制成磷标准曲线	标准曲线绘制应与样品同时进行,使其和样品显色时间一致
结果计算	从标准曲线查得待测液的浓度后,按下式计算: $$土壤速效磷(mg/kg) = \frac{c \times V_{显} \times V_{提}}{V_{分} \times W \times 水分系数}$$ 式中:c——从标准曲线上查得待测液浓度,mg/kg; $V_{显}$——在分光光度上比色的显色液体积,50 mL; $V_{提}$——土壤浸提所得提取液的体积,mL; $V_{分}$——显色时分取的提取液体积,mL; W——风干土样质量,g。	平行测定结果以算术平均值表示,保留小数点后一位

（4）参考指标（表1-2-11）。

表 1-2-11 0.5 mol/L 的 NaHCO₃ 测土壤有效磷含量分级参考指标 mg/kg

土壤速效磷含量	<3	3~5	5~10	10~20	20~40	>40
土壤供磷水平	极低	很低	低	中等	高	极高

5. 土壤速效钾的测定（醋酸铵浸提—火焰光度计法）

土壤速效钾包括土壤溶液中的钾和吸附在土壤胶体表面的交换钾，以交换钾为主。土壤速效钾易被植物吸收利用，是当季土壤钾素供应水平的主要指标之一。因此，测定土壤中速效性钾含量，可以反映土壤钾素的供应状况。它对判断土壤肥力，指导合理施用钾肥有重要的意义。

（1）方法原理。以中性 1 mol/L 乙酸铵溶液为浸提剂，溶液中的 NH_4^+ 与土壤胶体表面的 K^+ 进行交换，连同水溶性的 K^+ 一起进入溶液，浸出液中的钾可用火焰光度计法直接测定。

（2）材料用具。

①主要仪器。

天平、振荡机、火焰光度计、三角瓶（250 mL，100 mL）、漏斗、滤纸、坐标纸、角匙、吸耳球、移液管（50 mL）、容量瓶（50 mL）。

②试剂及配制。

A. 浸提剂（1 mol/L 乙酸铵，pH 7.0）：77.1 g 乙酸铵（CH_3COONH_4，分析纯）溶于近 1 000 mL 水中。用稀乙酸或稀氢氧化铵调节至 pH 7.0，最后用水定容至 1 000 mL。

B. 钾标准溶液：称取 0.190 7 g 氯化钾溶于 1 mol/L 乙酸铵溶液中，完全溶解后用 1 mol/L 乙酸铵溶液定容至 1 升，即为含 100 mg/L 钾的标准溶液。

C. 分别吸取此 100 mg/L 钾标准液 0 mL，2 mL，5 mL，10 mL，20 mL，40 mL 放入 100 mL 容量瓶中，用 1 mol/L 乙酸铵溶液定容，即得 0 μg/mL，2 μg/mL，5 μg/mL，10 μg/mL，20 μg/mL，40 μg/mL 钾标准系列溶液。

（3）操作规程（表1-2-12）。

表 1-2-12 土壤速效钾测定的操作规程

工作环节	操作规程	质量要求
土样称量	称取通过 1 mm 筛孔的风干土样 5.0 g 置于 250 mL 三角瓶中	样品称量精确到 0.01 g
土壤浸提液制备	准确加入乙酸铵溶液 50 mL，塞紧瓶口，摇匀，在 20~25℃下振荡 30 min，用干滤纸过滤，滤液盛于小三角瓶中	若滤液不清，重新过滤

续表 1-2-12

工作环节	操作规程	质量要求
标准曲线绘制	将配制好的钾标准系列溶液,用浓度最大的一个定火焰光度计上检流计的满度(90～100),以"0 μg/mL"钾标准系列溶液调仪器的零点,然后由稀到浓依序测定钾标准系列溶液的检流计读数。在方格纸上以检流计读数为纵坐标,钾浓度(μg/mL)为横坐标,绘制工作曲线	标准曲线绘制应与样品同时进行
空白试验	在样品测定同时进行两个空白试验。除不加土样外,其他步骤同样品测定	
比色测定	以乙酸铵溶液调节仪器零点,将滤液直接在火焰光度计测定,记录检流计读数	若样品含量过高需要稀释,应采用乙酸铵浸提剂稀释定容,以消除基体效应
结果计算	从工作曲线上查得待测液中钾的浓度后,按下式计算土壤速效钾含量 $$土壤速效钾含量(mg/kg) = \frac{c \times V_{提}}{W \times 水分系数}$$ 式中:c——从工作曲线上查得待测液钾的浓度,mg/kg; $V_{提}$——土壤浸提液体积,50 mL; W——风干土样质量,g。	平行测定结果以算术平均值表示,结果取整数

(4)参考指标(表 1-2-13)。

表 1-2-13　土壤速效钾含量的分级参考指标(1.0 mol/L NH₄OAc 浸提)　　　mg/kg

土壤速效钾含量	<30	30～50	50～100	100～150	150～200	>200
等级	极低	很低	低	中等	高	极高

(四)工作准备

(1)实施场所。作物生产基地、土样分析化验实训室、多媒体实训室。

(2)仪器与用具。根据各土壤测试项目的需要准备好试验材料和用具,并提前进行各测试项目所需试剂的配制工作。

(3)其他。教材、资料单、PPT、影像资料、相关图书、网上资源等。

【任务设计与实施】

一、任务设计

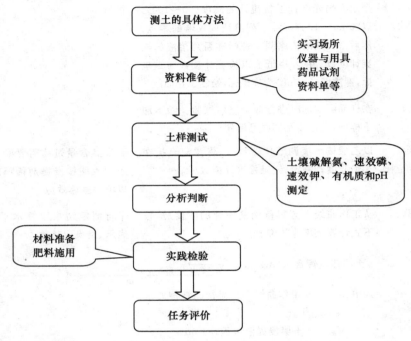

二、任务实施

(一)土壤测试

1. 土壤样品采集

根据班级人数,按 3~4 人一组,分为若干组,各组按如下步骤采集一个混合样品:认识地块→采样线路确定→采样点数目确定→采样方法→土样混合→装袋→填写标签。

2. 土壤样品的制备

据班级人数,按 2 人一组,分为若干组,各组按如下步骤完成样品制备过程:风干→磨细→过筛→混匀→装瓶。

3. 土壤有机质的测定

将全班按 2 人一组分为若干组,各组选择所提供的土壤分析样品,按下列程序进行实训操作:称土→加氧化剂→加热氧化→溶液转移→滴定→计算,并将实训过程的原始数据分别填入表 1-2-14。

表 1-2-14　土壤有机质测定数据记录表

土样号	土样重(g)	初读数(mL)	终读数(mL)	净体积(mL)	有机质含量(%)	平均含量(%)
样品 1						
样品 2						
空白 1						
空白 2						

4. 土壤酸碱度的测定

将全班按 2 人一组分为若干组，每组根据准备好的材料和用具，按如下步骤进行操作：称土→加浸提剂→搅拌→静置→测定，同时熟练掌握酸度计的使用方法。

5. 土壤速效养分测定（碱解氮、速效磷、速效钾含量的测定）

将全班按 2 人一组分为若干组，每组根据准备好的材料、用具和提供的土壤样品，分别按土壤碱解氮、速效磷、速效钾含量的测定步骤进行测定，并将测定结果分别填入表 1-2-15 至表 1-2-17 中，方便结果计算。

表 1-2-15　土壤碱解氮测定记录表

土样号	土样重(g)	消耗盐酸数量(mL)	空白消耗盐酸数量(mL)	碱解氮含量(mg/kg)

表 1-2-16　土壤速效磷测定记录表

标准液浓度	0 (mol/L)	0.1 (mol/L)	0.2 (mol/L)	0.3 (mol/L)	0.4 (mol/L)	0.5 (mol/L)	待测液 1	待测液 2
吸光度值								

表 1-2-17　土壤速效钾测定记录表

标准液浓度	0 (μg/mL)	2 (μg/mL)	5 (μg/mL)	10 (μg/mL)	20 (μg/mL)	40 (μg/mL)	待测液 1	待测液 2
吸光度值								

(二)结果分析

各组根据土壤样品的土壤有机质及速效养分的测定结果，对照土壤养分含量的分级参考指标，评价其肥力等级，同时根据取样地块种植植物情况，提出合理的土壤改良措施及有机肥及氮肥、磷肥、钾肥施用方案。

生产上，除要求将作物种植于适宜的酸碱性土壤外，对于酸性土壤常通过施用石灰来调节,用石膏、硫黄粉、明矾等改良碱性土。对于有机质缺乏的土壤,通过增施有机肥料、秸秆覆盖还田等方式补充。沙土、沙壤土氮肥应该少量多次施用,黏土可减少氮肥施肥次数;碱性土壤施用铵态氮肥应深施覆土;酸性土壤宜选用生理碱性肥料或碱性肥料。重度缺磷土壤要优先施用、足量施用磷肥,中度缺磷土壤要适量施用;含磷丰富土壤要少量施用磷肥;有机质含量高土壤,适当少施磷肥,有机质含量低土壤,适当多施。钾肥应优先施用于缺钾地区,干旱地区钾肥施用量适当增加;在长年渍水、还原性强的水田,盐土、酸性强的土壤,应适当增加钾肥用量。

（三）实践检验

根据制定的肥料施用方案,选择适宜肥料品种,对有问题的取样地块种植的农作物、果树、蔬菜、花卉等植物进行施肥,观察植物长势,检验方案实施效果。

【任务评价】

评价内容	评价标准	分值	评价人	得分
样品测试	操作熟练、正确,方法得当	30分	教师	
结果分析	计算准确,讨论踊跃,分析合理,方案可操作	40分	组间互评	
实践检验	方法得当,观察认真,效果明显	20分	师生共评	
团队协作	小组成员间团结协作	5分	组内互评	
职业素质	责任心强,学习主动、认真、方法多样	5分	组内互评	

【任务拓展】

测土配方施肥仪简介及选用技巧

一、测土配方施肥仪简介

测土配方施肥仪又称土壤养分化验仪,主要是用来快速测量分析土壤养分的。目前,国内许多科研单位研制了测土配方施肥仪投放市场,极大缓解了全国各地农民朋友测土配方施肥的需求。现以潍坊普创仪器有限公司生产的测土配方施肥仪 NK-210 为例(图 1-2-6),介绍测土配方施肥仪的性能及选用技巧。

土壤养分速测仪可测量出土壤养分含量,准确地了解土壤养分含量,可以指导农民正确检测土壤施肥。精确的施肥不仅能够提高作

**图 1-2-6   NK-210 型测土配方
施肥仪示意图**

物的产量和品质,还能有效地避免由于过量施肥而导致的环境问题。

(一)仪器简介

NK-210型测土配方施肥仪可快速检测出土壤、肥料、植株中的速效氮、速效磷、有效钾、全氮、全磷、全钾、有机质、土壤酸碱度及土壤含盐量(定量),除具有存储、打印功能外,仪器还内存80多种农作物生长发育所需养分量配方施肥软件系统,可根据用户需要输出指导施肥量并打印出来,极大缓解了全国各地农民朋友测土配方施肥的需求,同时也为肥料生产企业实现专业化、系统化、信息化、数据化提供了可靠的依据,是农业部门测土配方施肥的首选仪器。该仪器广泛适用于各级农业检测中心、农业科研院校、肥料生产、农资经营、农技服务、种植基地等领域。

(二)功能特点

(1)可检测土壤、植株、化学肥料、生物肥料等样品中的速效氮、速效磷、有效钾、全氮、全磷、全钾、有机质含量,土壤酸碱度及土壤含盐量。

(2)喷塑钢板外壳,坚固、美观、耐用,仪器配有"智能配方施肥专家软件"光盘。内含蓄电池,室内野外两用型。具有时间显示功能,可实现自动将检测样品时间记录与保存。

(3)可储存1000组测试数据(将检测样品时间、地点、各类养分结果)等相关信息存储下来,数据可随时调出查看。

(4)可打印出检测日期、样品编号、检测项目、样品含量、作物品种、肥料品种、施肥数量等相关信息,内容详细丰富。

(5)仪器还内存80多种农作物生长发育所需养分量代替施肥配方软件,可根据用户需要输出指导施肥量并打印出来。

(6)采用液晶中文大屏幕背光显示,中文菜单提示操作,指导操作流程。

(7)测试过程中具有回看功能,因此使产品更加具有方便性和合理性。

(三)仪器技术参数

1. 养分测量技术参数

(1)稳定性:A值(吸光度)3 min内飘移小于0.001。

(2)重复性:A值(吸光度)小于0.003。

(3)线性误差:小于1.0%。

(4)灵敏度:红光$\geq 4.5 \times 10^{-5}$;蓝光$\geq 3.17 \times 10^{-3}$。

(5)波长范围:红光(620±4)nm;蓝光(440±4)nm;绿光(520±4)nm,可选调全波长。

(6)光源:采用最新进口TTP长寿命光源。

（7）抗震性：合格（注：上述技术参数均高于国家标准）。

2.pH（酸碱度）测量技术参数

①测试范围：1～14；②误差：±0.1。

3.盐量（电导）测量技术参数

①测试范围：0.01%～1.00%；②相对误差：±5%。

4.本仪器所用电源

①交流市电：180～240 V、50 Hz；②直流电：18 V、5 W（本仪器自带）。

二、选用测土配方施肥仪的方法与注意事项

（1）到专业性生产或销售单位选购。

（2）检查测土配方施肥仪的稳定性误差，提醒广大用户在选购仪器时要重点实地检查一下仪器的稳定性。俗话说仪器不怕不准就怕不稳，稳定性不合格的仪器是坚决不能用的，一定要予以退换。检查的方法是：①接通电源，将仪器预热 5～10 min。②将仪器遮光盖盖上，调整仪器使显示器读数为 0（吸光度）、100（透光度）。③观察仪器读数变化。1～2 min 内显示数字无漂移（透光度测量），5 min 内数字漂移不超过0.3%（透光度测量）；20 min 内数字漂移不超过 0.5%（透光度测量）、0.001（吸光度测量）；30 min 内数字漂移不超过 0.7%（透光度测量）、0.002（吸光度测量）。若仪器显示数值的最大和最小读数之差超过以上读数，即说明仪器的稳定性不合格。此类仪器不能作为土肥检测所用，更不能作为肥料检测仪器，只是骗人的道具。

标准参数：①稳定性：A 值（吸光度）3 min 内飘移小于 0.003；②重复性：A 值（吸光度）<0.005；③线性误差：<3.0%；④灵敏度：红光≥4.5×10⁻⁵ 蓝光≥3.17×10⁻³；⑤波长范围：红光（620±8）nm 蓝光（440±8）nm。

（3）选择基本测试项目齐全的测土配方施肥仪。测土配方施肥仪的测试项目很多，除土壤氮、磷、钾、有机质外，还可以有微量元素、土壤酸碱度、电导、重金属以及肥料养分测定、植株营养诊断等。选购时必须注意要满足测土施肥基本项目测试的需求。这些基本项目是有效氮（有的地方用全氮）、速效磷、速效钾和有机质。

（4）选择测试全过程最快捷的测土配方施肥仪。测试的快捷性对降低测试成本是很重要的。选购测土配方施肥仪时主要看土壤全处理过程的速度、仪器校准速度、药品配制速度和其他速测配套技术的应用。

（5）选择适合于自己的测土配方施肥仪。测土配方施肥仪使用单位的使用条件可分两类：一类是没有化验室的单位，如乡农技站、庄稼医院、农业科技示范村等。具有这类使用条件的单位一般可选用便携性、配套性好的光电比色类测土配方施肥仪。第二类是有化验室的单位，如县土肥站、农资分公司检测中心等。这类

单位有实验室配合,不要求测土配方施肥仪有配套性和便携性,台式或便携式光电比色类测土配方施肥仪均可选用。

(6)选择售后服务好的测土配方施肥仪。测土配方施肥仪生产单位有两类:一类是仅提供仪器(或负责培训、维修)不管使用效果的厂家,另一类是为用户提供全方位售后服务的厂家,这一类有实力的单位还提供速测施肥技术指导(有的厂家拿速测与常规对比相关性鼓吹提供换算系数,这个是很不科学的,因为在很多地方速测与常规根本就不具备可比性),并且与各地土肥系统或其他有能力的农化服务单位合作,建立省区的服务网络。选购测土配方施肥仪时应对厂家的服务能力进行比较,选择售后服务好、专业能力强的厂家。

(7)测土配方施肥仪是一种实用型农用仪器,其使命是为了服务广大基层农业技术推广者,以及涉农人士,为农民提供科学施肥指导的一种有别于一般仪器设备,并具有独特的低成本、便携性、快捷性、准确性、实用性的一种科学的技术设备。

任务三　田间监测

【任务准备】

一、知识准备

测土配方施肥是一个动态管理的过程,施用配方肥料之后,既要观察农作物生长发育,还要看收成结果,从中调查,做出分析。一般是在农业专家指导下,基层专业农业科技人员或农民技术员和农户相结合的原则下,进行田间监测,结合土壤、植物分析,测定诊断,并做好详细记录,纳入地力管理档案,然后及时反馈到专家和技术咨询系统,得出合理的作物营养诊断结果,作为调整修订配方的重要依据。那么如何通过田间监测及土壤、植株分析测定进行作物营养诊断呢?下面简要介绍如下。

(一)实地调查访问

测土配方施肥是一项技术性很强的工作,配方设计和校验除了依靠肥料试验和测土结果之外,还需要参考测土点土壤性状、前茬作物种类、施肥水平和栽培管理等信息。因此,在田间取样的同时,调查田间基本情况。调查内容主要有:取土地块土壤基本性状、前茬作物种类、产量水平和施肥水平等,填写取样土块基本情况表(表 1-3-1)。

表 1-3-1　测土配方施肥采样地块基本情况调查表

统一编号：_____　　调查组号：_____　　采样序号：_____

采样目的：_____　　采样日期：_____　　上次采样日期：_____

地理位置	省(市)名称		地(市)名称		县(旗)名称	
	乡(镇)名称		村组名称		邮政编码	
	农户名称		地块名称		农户电话	
	地块位置		距村距离(m)		—	—
	纬度		经度		海拔(m)	
自然条件	地貌类型		地形部位		—	—
	地面坡度(°)		田面坡度(°)		坡向	
	通常地下水位(m)		最高地下水位(m)		最低地下水位(m)	
	常年降雨量(mm)		常年有效积温(℃)		常年无霜期(天)	
生产条件	农田基础设施		排水能力		灌溉能力	
	水源条件		输水方式		灌溉方式	
	熟制		典型种植制度		常年产量水平(kg/亩)	
土壤情况	土类		亚类		土属	
	土种		俗名		—	—
	成土母质		剖面构型		土壤质地(手测)	
	土壤结构		侵蚀程度		障碍因素	
	耕层厚度(cm)		采样深度(cm)		—	—
	田块面积(亩)		代表面积(亩)			
来年种植意向	茬口	第一季	第二季	第三季	第四季	第五季
	作物名称					
	品种名称					
	目标产量					
采样调查单位	单位名称				联系人	
	地址				邮政编码	
	电话		传真		采样调查人	
	E-mail					

注：1 亩≈667 m²。

　　开展农户施肥情况调查，数据收集的主要途径是填写问卷，一般采用面访式问卷调查，即调查人与农户面对面，调查人提问，农户回答。测土配方施肥技术中农户调查有两类：一是一次性调查，即采用一次性面访式问卷调查，并填写事先准备好的调查表格。二是跟踪调查，要求实施的技术人员要跟踪一部分农户的施肥管理等情况，填写农户施肥情况调查表（表 1-3-2）。

表 1-3-2 农户施肥情况调查表

统一编号：

施肥相关情况	播种季节		作物名称		品种名称	
	生长季节		收获日期		产量水平	
	生长期内降水次数		生长期内降水总量		—	—
	生长期内灌水次数		生长期内灌水总量		灾害情况	

推荐施肥情况	是否推荐施肥指导		推荐单位性质		推荐单位名称		
配方内容	目标产量（kg/亩）	推荐肥料成本（元/亩）	化肥（kg/亩）			有机肥（kg/亩）	
			大量元素		其他元素	肥料名称	实物量
			N　P₂O₅　K₂O		养分名称　养分用量		

实际施肥总体情况	实际产量（kg/亩）	实际肥料成本（元/亩）	化肥（kg/亩）		有机肥（kg/亩）	
			大量元素	其他元素	肥料名称	实物量
			N　P₂O₅　K₂O	养分名称　养分用量		

实际施肥明细	汇总				施肥情况					
	施肥明细	施肥序次	施肥时期	项目	第一种	第二种	第三种	第四种	第五种	第六种
		第一次		肥料种类						
				肥料名称						
				养分含量情况（%）大量元素 N						
				P₂O₅						
				K₂O						
				其他元素 养分名称						
				养分含量						
				实物量（kg/亩）						
		第二次		肥料种类						
				肥料名称						
				养分含量情况（%）大量元素 N						
				P₂O₅						
				K₂O						
				其他元素 养分名称						
				养分含量						
				实物量（kg/亩）						
		第三次		肥料种类						
				肥料名称						
				养分含量情况（%）大量元素 N						
				P₂O₅						
				K₂O						
				其他元素 养分名称						
				养分含量						
				实物量（kg/亩）						
		第四次		肥料种类						
				肥料名称						
				养分含量情况（%）大量元素 N						
				P₂O₅						
				K₂O						
				其他元素 养分名称						
				养分含量						
				实物量（kg/亩）						

(二)植物形态观察

作物外表形态的变化是内在生理代谢异常的反映,作物处于营养元素失调时,与某元素有关的代谢受到干扰而紊乱,生育进程不正常,就会在形态上出现异常的症状,即所谓的缺素症,如失绿、现斑、畸形等。由于各种营养元素生理功能不同,缺乏的元素不同,症状出现的部位和形态也不相同,故缺素症常有它的特点和规律,根据形态症状及其出现部位可以推断缺乏哪种元素(图 1-3-1、表 1-3-3)。

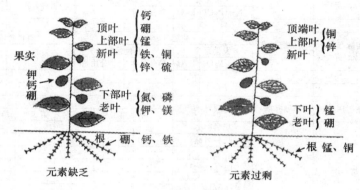

图 1-3-1　营养元素缺乏症与过剩症易发生的部位

表 1-3-3　植物营养缺乏症状检索表

N	斑点出现	N	不易出现	N	新叶淡绿,老叶黄化枯焦、早衰……缺N
				P	茎叶暗绿或呈紫红色,生育期延迟……缺P
		NPKMgZn		K	叶尖及边缘先焦枯,并出现斑点,症状随生育期而加重,早衰……缺K
			易出现	Zn	叶小簇生,叶面斑点可能在主脉两侧先出现,生育期延迟……缺Zn
				Mg	叶脉间明显失绿,出现清晰网状脉纹,有多种色泽斑点或斑块……缺Mg
			顶芽是否易枯死	Ca	叶尖弯钩状,并相互粘连,不易伸展……缺Ca
		BCaFeSMnMoCu	易枯死	B	茎叶柄变粗、脆、易开裂,花器官发育不正常,生育期延长……缺B
				S	新叶黄化,失绿均一,生育期延迟……缺S
			不易枯死	Mn	脉间失绿,出现细小棕色斑点,组织易坏死……缺Mn
				Cu	幼叶萎蔫,出现白斑,果、穗发育不正常……缺Cu
				Fe	脉间失绿,发展至整片叶淡黄或发白……缺Fe
				Mo	叶片生长畸形,斑点散布在整个叶片……缺Mo

NPKCaMgFeSBMnZnMoCu　症状出现的部位　老组织先出现　新生组织先出现

形态诊断的最大优点是不需要任何仪器设备,简单方便,对于一些常见的有典型或特异症状的失调症,常常可以一望而知。但形态诊断有它的缺点和局限性,一是凭视觉判断,粗放、误诊可能性大,遇疑似症,重叠缺乏症等难以解决。二是经验型的,实践经验起着重要作用,只有长期从事这方面工作具有丰富经验的工作者才可能应付自如。三是形态诊断是出现症状之后的诊断,此时作物生育已显著受损,产量损失已经铸成,因此,对当季作物往往价值不高。

(三)化学诊断

化学诊断是分析作物或土壤的元素含量及预先拟订含量标准比较,或就正常与异常标本进行直接的比较而作出的元素丰缺判断。

1.植株化学诊断

作物营养失调时,体内某些元素含量必然失常,分析作物体内元素含量与参比标准比较作出丰缺判断,是诊断的基本手段之一。植株成分分析可分全量分析和组织速测两类,前者测定作物体元素的含量,目前的分析技术可能测定全部植物必需元素以及可能涉及的元素,精度高,所得数据资料可靠,通常是诊断结论的基本依据。全量分析费工费时,一般只能在实验室里进行。组织速测测定作物体内未同化部分的养分,都利用呈色反应、目测分级,简易快速,一般适于田头诊断,因比较粗放,通常作为是否缺乏某种元素的大致判断,测试的范围目前局限于几种大量元素如氮、磷、钾等,微量元素因为含量极微,精度要求高,速测难以实现。

(1)叶片分析诊断。植物的生长除受光照、温度与供水等环境因素影响外,还与必需营养元素的供应量密切相关。植物养分浓度与产量密切相关,因此,植物组织养分浓度可以作为判断植物营养丰缺水平的重要指标。叶片是营养诊断的主要器官,养分供应变化在叶片上的反映比较明显,叶片分析是营养诊断中最易做到标准化的定量手段。

以叶片为样本分析各种养分含量,与参比标准比较进行丰缺判断,是植株化学诊断的一个分支,由于叶分析结果在指导果树施肥,实现预期产量,进行品质控制中取得较大的成功,受到广泛重视并发展成为果树营养诊断的一项专门技术。果树是多年生作物,叶片寿命较长,养分含量有一个较长的稳定期,且与树体营养状况以及产量有良好的相关性;果树养分临界值受地域影响很小,发现一种果树某一元素的缺乏或毒害水平在各地有一致性,其中微量元素尤其如此。例如 Mn 在许多果树中,叶片含量低于 30 mg/kg 时都会出现缺乏病。再者,根据叶分析诊断结果采取的补救措施在时间上也赶得上,当季能奏效。

(2)组织速测诊断。用速测方法测定植株新鲜组织的养分作丰缺判断,是一种半定量性质的分析测定,被测定的养分是尚未同化或已同化但仍游离的大分子养分,结果以目视比色判断。此法最大的特点是快速,通常可在几分钟或几十分钟内完成一个项目的测试。组织速测一般以供试组织碎片直接与提取剂、发色剂一起在试管内反应呈色;或者把组织液滴于比色板或试纸上与试剂作用呈色,后者所需试剂极少,又叫"点滴法"。运用组织速测进行诊断,在技术上应注意:取样要选择对某元素反应敏感的部位,以最能反映缺乏状况(养分浓度最低)的为适宜部位;养分划分等级要少,一般分缺乏、正常、丰富三级足够,等级少,级差大,利于判断,细分无益;作点滴法测试所用样本少,重复次数要多,以减少误差;要注意相关元素的测定,如作缺磷作物的诊断,可同时测氮,因缺磷植株 NO_3^- 硝态氮的含量通常偏高,对结果判断有帮助;应把测定结果结合作物长相、形态症状、土壤条件、栽培施肥等因素作综合分析。

2.土壤化学诊断

测定土壤养分含量与参比标准比较进行丰缺判断。作物需要的矿质养分基本上都是从土壤中吸取,产量高低的基础是土壤的养分供应能力,所以土壤化学诊断一直是指导施肥实践的重要手段。根据土壤养分含量与作物产量关系划分养分等级,通常分三级,以高、中、低表示。高:施肥不增产;中:不施肥可能减产,但幅度不超过 20%~25%;低:不施肥显著减产,减产幅度>25%。土壤养分临界值与植株养分临界值不同之处是后者极少受地域、土壤的影响,而土壤临界值则受土壤pH、质地等的显著影响,例如作物从黏土吸收养分比从沙土中要难,前一种的临界值高。

土壤分析是应用化学分析方法来诊断树体营养时最先使用的方法。植物组织分析反映的是植物体的营养状况,而通过土壤(基质)分析则可判断土壤环境是否适宜根系的生长活动,即土壤提供生长发育的条件。土壤分析可提供土壤的理化性质及土壤中营养元素的组成与含量等诸多信息,从而使营养诊断更具针对性,也可以做到提前预测,同时该法还具有诊断速度快、费用低、适用范围广等优点。

(四)施肥诊断

施肥诊断是对作物施用拟试的某种元素,直接观察作物对被怀疑元素的反应,结果可靠。

1.根外施肥诊断

将拟试元素肥料采用叶面喷洒、涂布、切口浸渍、枝干注射等办法供给作物,观察植物反应,看症状是否得到改善以此作出判断。此法在果树微量元素缺乏的诊断上应用较多,易吸收见效快,用量少,经济省事等优点。同时,供试液不与土壤接触,避免土壤干扰,对易被土壤吸收固定的元素如铁、锰、锌等元素尤为适宜。但在施用技术上应注意:所用的肥料或试剂应是水溶、速效的,浓度一般不超过 0.5%,

对于铜、锌等毒性较大的元素有时还需要掺入与元素盐类同浓度的生石灰作预防。

2.土壤施肥诊断

将拟试元素施于作物根部,以不施肥作对照,观察作物反应作出判断,除易被土壤固定而不易见效的元素如铁之外,大部分元素都适用。如为探测土壤可能缺乏某种或几种元素,可采用抽减试验法:根据需要检测的元素,在施完全肥料(N、P、K＋拟试元素肥料)处理基础上,设置不加(即抽减)待测元素的处理,同时检测几种元素时则设置相应数量的处理。再外加一个不施任何肥料的空白处理,其试验处理数是 n(需要检测元素数)＋2,结果以不施某元素处理与施全量肥料处理比较,减产达显著水准,表明缺乏,减产程度可说明缺乏的程度。

3.监测试验

土壤营养元素的监测试验广义上说也是施肥诊断的一种。对一个地区土壤的某些元素的动态变迁,通过选择代表性土壤,设置相应的处理进行长期定点来监测,便可拟定相应的施肥措施。现举国际水稻所 1970—1976 年定位试验资料为例说明。就钾而言,1973 年以前施钾与否,该地块的产量无变化,即施钾无效,说明当时土壤不缺钾。但 1976 年以后施钾明显增产,不施钾处理,其产量逐渐下降,施钾与不施钾的差异越来越显著,表明土壤钾在不断被消耗而日益缺乏。

(五)酶学诊断

近年来生物化学方法——酶测法,也被应用于营养诊断。酶测法的原理是:许多元素是酶一部分或活化剂,所以当缺乏某种元素时,与该元素有关的酶的含量或活性就发生变化。故测定酶的数量或活性可以判断这种元素的丰缺情况。酶测法具有以下几个优点。

(1)酶促反应灵敏度高。有些元素在植物体内含量极微,例如钼,常规测定比较困难,而酶测法则能克服此难点。

(2)酶促与元素含量相关性好。例如碳酸酐酶,它的活性与锌的含量曲线基本上是一致的,有很好的相关性。

(3)酶促反应的变化远远早于植株形态变异,这一点尤其有利于早期诊断或进行潜在性缺乏的诊断。如水稻播后 15 d,在不同锌处理间,叶片锌含量仅有极微的差异情况下,叶片核糖核酸酶的活性差异已经达到极显著差异。所以说,酶学诊断是一种有发展前途的植物营养诊断法。

造成植物缺素症状还有以下几种原因:

①在干旱、土壤反应(pH)不适、吸附固定、元素间不协调以及土壤理化性质的不良等条件下,土壤中本来含有该种元素,但是植物不能吸收。

②不良的气候条件,主要是低湿的影响。低湿一方面减缓土壤养分的转化,另

一方面削弱作物对养分的吸收能力,故低湿容易促发缺素症状。所以通常寒冷的春天容易发生各种缺素症。

③由于土壤管理不善造成土壤紧实,温度、水分调节不当等导致作物缺素症的发生。

二、工作准备

(1)实施场所。作物生产基地、多媒体实训室。

(2)仪器与用具。土壤调查记载表、天平、量筒、放大镜、塑料桶等。

(3)标本。植物缺素彩色图谱、植物缺素症照片、标本或当地出现缺素症的植物。

(4)其他。教材、资料单、PPT、影像资料、相关图书、网上资源等。

【任务设计与实施】

一、任务设计

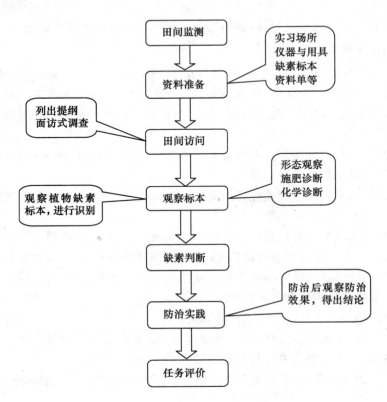

二、任务实施

(一)调查访问

为进一步了解采样地块的土壤性状、前茬作物种类、施肥水平和栽培管理等信息,为配方施肥提供依据。将全班分成4~5组,以组为单位分别拟出提纲,各组采取随机方法选择具有代表性的农户,通过请当地专业技术人员、种植专业户介绍或跟他们进行座谈,开展面访式问卷调查,调查内容主要有:取土地块土壤基本性状、前茬作物种类、产量水平和施肥水平等,填写取样土块基本情况表(表1-3-1)和农户施肥情况调查表(表1-3-2)。调查时填写的数据要经多途径核对并确保数据的单位、名称、数量的统一。

(二)植物缺素症观察、分析

1.植物形态诊断

对照植物缺素症状检索表(表1-3-3)及有关图谱资料,对植株标本或植物生长的田间现场进行详细观察记载,做出缺素鉴定。观察时,要对比正常植株,首先观察症状出现的部位:症状主要发生在下部老叶,或在新叶或顶芽。其次要观察叶片颜色:叶片是否失绿变褐变黄,叶色是否均一,叶肉和叶脉的颜色是否一致,叶上有无斑点或条纹。再次要观察叶片形态:叶片是否完整,是否卷曲,叶尖、叶缘或整个叶片是否焦枯。最后再观察症状发展过程:症状最先出现在叶尖、叶基部、叶缘或是主叶脉两侧;症状发生以后又怎样发展,观察顶尖是否扭曲、焦枯或死亡。

2.根外喷施诊断(施肥诊断)

如果形态诊断不能肯定缺乏某种元素,则可采用此法。具体做法是配制一定浓度(一般为0.1%~0.2%)的含某种元素的溶液,喷到病株叶部或采用浸泡、涂抹等方法,将病叶浸泡在溶液中1~2 h和将溶液涂抹在病叶上,隔7~10 d观察施肥前后叶色、长相、长势等变化,进行确认。

3.化学诊断

若植物形态诊断和根外喷施诊断不能确定缺乏某种元素时,可采用化学分析方法测定土壤和植株中营养元素含量,根据测定结果对照各种营养元素缺乏的临界值加以判断元素的缺乏情况。

根据植株缺素症状的观察、诊断资料综合分析,得出植物缺素的正确诊断结论,同时提出合理的施肥建议,对作物所缺元素,及时加以补充,即缺氮时应及时追施氮肥,缺磷时应及时喷施磷肥,缺锌时及时喷施锌肥。

(三)防治实践

根据制定的科学施肥方案,选择适宜肥料品种,对有缺素症状的植株或地块进行对症施肥,观察植物长势、长相及叶色变化,检验方案实施效果。一般施用含所缺元素的肥料后,作物缺素症就可以逐渐减轻或消失,可大大减轻产量损失。

【任务评价】

评价内容	评价标准	分值	评价人	得分
田间调查访问	调查认真,方法准确,数据填写真实准确	20分	组内互评	
植物缺素症状观察、分析	观察认真,操作熟练,判断准确,提出的方案切实可行	30分	组间互评	
防治实践	方法得当,观察仔细,结果符合实际情况	30分	教师	
团队协作	小组成员间团结协作	10分	组内互评	
职业素质	责任心强,主动、认真去做,方法多样	10分	组内互评	

【任务拓展】

土壤、植株测试推荐施肥技术

土壤、植株测试推荐施肥技术作为养分资源管理技术的一个重要组成部分,它综合了目标产量法、养分丰缺指标法和作物营养诊断法的优点,已经应用于冬小麦、夏玉米、春玉米、水旱轮作、蔬菜和果树等多种作物上,并取得了显著效果,得到了示范区的认可。对于大田作物,在综合考虑有机肥、作物秸秆应用和管理措施的基础上,根据氮、磷、钾和中、微量元素养分的不同特征,采取不同的养分优化调控与管理措施。主要包括氮素实时监控施肥技术、磷钾养分恒量监控施肥技术和中、微量元素养分矫正施肥技术。其中氮素推荐是根据土壤供氮状况和作物需氮量,进行实时动态监测和精确调控,包括基肥和追肥的调控;磷钾肥通过土壤测试和养分平衡进行施肥监控;中、微量元素采用因缺补缺的矫正施肥策略。

一、氮素实时监控施肥技术

根据不同土壤、不同作物、不同目标产量确定作物需氮量,以需氮量的30%～60%作为基肥用量。具体基肥比例根据土壤全氮含量,同时参照当地丰缺指标来确定。一般在全氮含量偏低时,采用需氮量的50%～60%作为基肥;在全氮含量中等时,采用需氮量的40%～50%作为基肥;在全氮含量偏高时,采用需氮量的30%～40%作为基肥。根据上述方法确定30%～60%基肥比例,并通过回归最优设计田间试验进行校验,建立当地不同作物的施肥指标体系。有条件的地区可在播种前对0～20 cm耕层土壤无机氮(或硝态氮)进行监测,调节基肥用量。

$$基肥用量(mg/hm^2)=\frac{(目标产量需氮量-土壤无机氮含量)\times(30\%～60\%)}{肥料中养分含量\times肥料当季利用率}$$

式中:土壤无机氮含量(kg/hm^2)=土壤无机氮测试值$(mg/kg)\times2.25\times$土壤校正系数$(\%)$

氮肥追肥用量推荐以作物关键生长发育期的营养状况诊断或土壤硝态氮的测试为依据,这是实现氮肥准确推荐的关键环节,也是控制过量施氮或施氮不足、提高氮肥利用率和减少损失的重要措施。测试项目主要是土壤全氮含量、土壤硝态氮含量或小麦拔节期茎基部硝酸盐浓度、玉米最新展开叶叶脉中部硝酸盐浓度,水稻采用叶色卡或叶绿素仪进行叶色诊断。

二、磷钾养分恒量监控施肥技术

根据土壤有(速)效磷、钾含量水平,以土壤有(速)效磷、钾养分不成为实现目标产量的限制因子为前提,通过土壤测试和养分平衡监控,便土壤有(速)效磷、钾含量保持在一定范围内。对于磷肥,基本思路是根据土壤有效磷测试结果和养分丰缺指标进行分级,当有效磷水平处在中等偏上时,可以将目标产量需要量(只包括带出田块的收获物)的 $100\% \sim 110\%$ 作为当季磷肥用量;随着有效磷含量的增加,需要减少磷肥用量,直至不施;随着有效磷的降低,需要适当增加磷肥用量,在极缺磷的土壤上,可以施到需要量的 $150\% \sim 200\%$。在 $2\sim3$ 年后再次测土时,根据土壤有效磷和产量的变化再对磷肥用量进行调整。钾肥首先需要确定施用是否有效,再参照上面方法确定钾肥用量,但需要考虑有机肥和秸秆还田带入的钾量。一般大田作物磷、钾肥料全部做基肥。

三、中、微量元素养分矫正施肥技术

中、微量元素养分的含量变幅大,作物对其需要量也各不相同。主要与土壤特性(尤其是母质)、作物种类和产量水平等有关。矫正施肥就是通过土壤测试,评价土壤中、微量元素养分的丰缺状况,进行有针对性的因缺补缺的施肥。

【思考题】

一、填空题

1. 取样分析要选择重点区域、_____ 地块。

2. 土样采集一般在秋收后,即 _____ 后或 _____ 前进行采集。果园土样采集应该在 _____ 后及下一次施肥前进行。

3. 在土壤采样前,首先要详细了解采样地区的 _____ 类型、_____ 差异和地形等因素。

4. 土壤采样时应沿着一定的线路,按照 _____、_____ 和 _____ 的原则进行采样。

5.采集的土样入袋后,内外都要挂放标签,标明取样_____、_____、_____、采样深度及经纬度等有关内容。

6.土壤基础化验项目有碱解氮,有效磷,_____,_____,_____。

7."测土"是配方施肥的基础,也是制定肥料配方的重要依据。它包括_____和_____两个环节。

8."配方"就是根据_____中营养元素的丰缺情况和_____等问题提出施肥的种类和数量。

二、选择题

1.为能够较好地克服耕作、施肥等所造成的误差,土壤采样一般采用(   )布点采样。在地形变化小、地力较均匀、采样单元面积较小的情况下,也可采用梅花形布点取样。

A. I 形　　　　　B. K 形　　　　　C. S 形　　　　　D. X 形

2.为了解水田土壤耕层中养分的供应状况,采样深度一般为(   )cm。

A. 0~10　　　　B. 0~20　　　　C. 0~30　　　　D. 0~40

3.缺(   )会引起玉米"花白叶"、水稻的"矮化症"。

A. 氮　　　　　B. 钾　　　　　C. 铁　　　　　D. 锌

4.水稻的"褐色叶斑病"、棉花的"枯萎病"与缺(   )有关。

A. 磷　　　　　B. 钾　　　　　C. 钙　　　　　D. 硼

5.缺(   )会引起棉花"蕾而不花"、油菜"花而不实"、小麦"亮穗"等生理病症。

A. 硫　　　　　B. 镁　　　　　C. 钼　　　　　D. 硼

三、判断题

1.每个土壤采样点的取土深度及采样量应保持均匀一致,上层土样应多于下层。(   )

2.测定微量元素的土壤样品必须用不锈钢取土器采样。(   )

3.植物表现缺素症状,肯定是因为土壤中营养元素不足引起。(   )

4.土壤理化性质不良、元素间不协调、pH 不适、吸附固定、温度、水分调节不当都会导致作物缺素症的发生。(   )

5.大白菜缺磷会导致"干烧心"病。(   )

6.番茄缺钙会导致蒂腐病。(   )

项目二 肥料配方的确定与加工购置

【学习目标】

完成本学习任务后,你应该能

1. 了解配方施肥的理论依据、常用的技术参数及其必要性。

2. 掌握简单的施肥量的确定方法及其相关计算。

3. 掌握配方肥料的加工和材料购置。

4. 了解各种常用肥料的概念及种类、性质特点、损失途径及提高肥效的方法。

【工作任务描述】

本项目分为肥料配方的确定、肥料配方的加工与购置及配方施肥的肥料准备3个任务。通过本项目各任务的操作与学习,能让学员了解配方施肥的必要性;掌握简单的施肥量的确定方法及其相关计算;掌握配方肥料的加工和材料购置等,增强对本项目工作任务的学习兴趣,培养查阅资料、调研总结、施肥量的确定方法及其相关计算,并制定出各种肥料优化搭配施用的方案,提高岗位工作的职业素质。

【案例】

施肥没能见效的原因

某地一乡镇的 40 多户农民,从当地一农资经销商处购买了一批三要素有效含量标识为 15-15-15 的复合肥,施用处于果实膨大期的柑橙果树后,经过 1 个月,不但没有看到肥料效果,各户的果树反而出现了大量落果。农户很焦急,拿着剩下没有施用的少量肥料到农业技术推广部门,请求化验。推广部门对肥料样品三要素含量进行了化验分析,发现其含量仅为 2.1-0.1-0.3,与其标识相差甚远,是一种典型的假冒劣质肥料。通过技术人员的指导,不仅增加了三要素的量,并且调整了肥料养分的配比后,植物的营养状况得到了补救和改善。

在本案中,农户的施肥没有效果,主要是因为肥料是假冒的,在养分供应种类、比例、数量上均没能满足柑橙果树的需要所致。那么如何确定某种作物肥料的用量和比例、如何鉴别肥料的真伪呢？通过本项目的学习，你会得到答案的。

任务一　肥料配方的确定

【任务准备】

一、知识准备

（一）配方施肥的必要性

1. 土壤肥力是决定作物产量高低的基础

植物生长所必需的光、水、肥、气、热诸因素中，除光照来自太阳外，其余的四个因素水、肥、气、热全部或绝大部分来自土壤（图 2-1-1）。

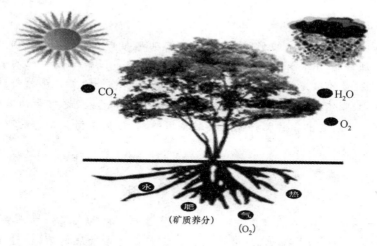

图 2-1-1　植物生长要素及其来源示意图

土壤肥力就是指土壤能够供应和协调植物必需的水分、养分、空气、热量及其他生活条件的能力。在测土配方施肥中，通常把不施肥的空白田产量当作土壤肥力的综合指标，空白田产量高则说明土壤肥力高，反之则低。大量的田间试验表明，作物产量构成中，所需养分的 40%～80% 来源于土壤供应，而且作物产量越高，依赖土壤肥力的程度就越大，换言之，即作物从土壤吸收养分所占的比例就越大（图 2-1-2）。

由此可见,要提高作物产量,首先要提高的是土壤肥力,而不是增施化学肥料。只有在高肥力的基础上才能实现作物的高产、稳产、省肥。土壤有机质是土壤肥力最重要的指标之一,因为土壤有机质对土壤的水、肥、气、热及其他因素具有全面的供应和调节作用,所以要提高或维持土壤肥力,就必须向土壤施用一定数量的有机肥。

产量(kg)									
150	43.4%								
200		53.9%							
250			61.5%						
300	土			68%					
350		壤			73.6%				
400			供			78.3%			
450				肥			82.4%		
500					能			86.2%	
550						力			89.6%

%:表示土壤供肥能力　＼:表示肥料的增产效果

图 2-1-2　某地水稻产量对土壤肥力的依赖程度示例

2.植物完成其生活周期所必需的营养元素种类

植物必需营养元素为16种(图 2-1-3),其中碳、氢、氧来源于空气与水;其余13种元素除少部分氮素可来自空气外,均来自土壤与肥料,称为矿质营养元素。

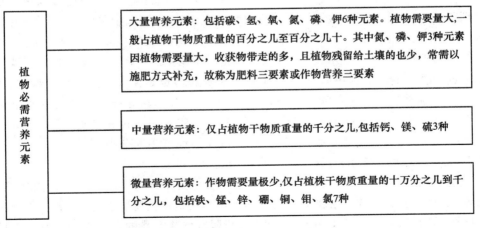

图 2-1-3　植物必需营养元素的种类及分组

此外,还有一些元素虽不一定是所有植物必需的,却对某些植物是有益的,甚至是不可缺少,如硅、钠、钴、硒元素等,称有益元素。

3. 用地和养地的关系

在 19 世纪 40 年代,德国化学家李比希提出养分归还学说,其内容是:植物从土壤中吸收养分,每次收获都从土壤中带走养分,使土壤贫瘠化,要恢复土壤地力和维持植物产量,就必须以施肥方式归还植物带走的全部养分。从这个学说提出后人类 170 多年的实践来看,一季作物生产下来,人类收获产品,甚至连同秸秆一起带出农田,如此就必然要从土壤带走部分养分,这样施肥对于恢复地力、保证植物增产就显得意义非常重大,但也不是像李比希所说的,植物带走的全部养分都要归还,如在石灰性土上种植豆科植物,就不必归还植物带走的钙;此外,该学说对有机肥的重要作用也认识不够,事实上有机肥不仅供应矿质养分和氮素,还可起到改土作用,所以李比希的养分归还学说,虽然有一定的片面性,但提示了在植物生产(用地)中如何处理好用地与养地关系的问题,从而为合理施肥奠定了坚实的理论基础,强化了人们的投肥意识。作物的生长,不但消耗土壤养分,同时也消耗土壤有机质。因此,正确处理好肥料(有机与无机肥料)投入与作物产出、用地与养地的关系,是提高作物产量和改善品质,也是维持和提高土壤肥力的重要措施。

4. 植物生长所必需的多种营养元素之间有一定的比例

德国化学家李比希继提出养分归还学说之后,又进一步提出了最小养分律。这一理论的内容是,植物产量的高低取决于土壤中供应能力最小的那种养分(即最小养分)的量的多少,并随着最小养分供应量的多少而变化。这个理论可以用木桶原理来解释,一个木桶由代表不同养分含量的若干块长短不同的木板拼成,桶的装水量(植物的产量)决定于最短木板(最小养分)的高度(多少)。这就提示了,要想增加植物的产量(桶的装水量)就必须补充最小养分(加高最短木板),如果无视最小养分的存在,补充、施用的不是最小养分,补充再多也是无法提高植物产量的(图2-1-4),只能造成浪费和危害。此外,在应用最小养分律指导施肥时还应注意下列几个问题:①最小养分是制约植物产量的关键,施肥时必须优先补充;②最小养分不是一成不变的,而是随着条件变化而变的;当某种最小养分得到满足以后,这种养分就不再是最小养分了,另一种养分又会成为新的最小养分(图2-1-5)。

这个规律还揭示了植物营养与土壤养分之间在养分种类、数量、比例上的供、需矛盾,实质上也反映了植物营养元素的生理作用是可代替、同等重要的。在施肥实践中,只有深刻领会最小养分律,具体分析限制作物产量的最小养分并有针对性地解决,按照植物营养需求与土壤养分的供应状况上的矛盾,在有针对性地选择肥料种类(即缺啥补啥)的同时,实行氮、磷、钾和微量元素肥料的配合施用,发挥诸养分之间的互相促进作用,这是配方施肥的重要依据。

图 2-1-4　最小养分律的木桶图解示意图

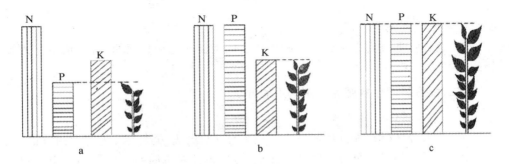

图 2-1-5　最小养分及其变化示意图

a. 磷是最小养分,产量受其限制;b. 施用磷肥后,钾成为新的最小养分,产量受钾的限制;

c. 只有当氮、磷、钾 3 种养分都调节至满足植物需要时,产量方能达到理想水平

5. 植物不会因施肥量的增加而永远增产

18 世纪后期,欧洲经济学家杜尔哥等根据投入与产出的关系提出了报酬递减律,该定律的中心内容是,在一定土壤上得到的报酬是随着向该土地投入的资金的增加逐渐减少的,即最初的投资所得的报酬最高,以后递增的单位投资所得的报酬是逐渐递减的。后来农业化学家将这一规律应用到农业上,众多的氮肥施用量试验表明,当施氮量超过最适施肥量后,植物产量与施氮量之间的关系呈现抛物线状态(图 2-1-6)。甚至造成肥害、产量下降,肥料报酬出现负值,这就是平常所说的盲目施肥。这说明了植物不会因施肥量的增加而永远、不断地增产。

应该说明的是,在其他生产技术条件(品种、光照、温度等)不变或无法控制的情况下,投入与产出之间的报酬递减关系是客观存在的,这就要求在施肥实践中,对某一作物品种的肥料投入量应有一定的限度,过量投入肥料的,不论是高产地区还是中低产地区,都会导致肥料效益下降,以致减产的后果。因此,确定最经济的

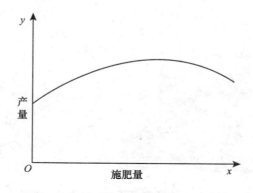

图 2-1-6 肥料增产效应的抛物线示意图

肥料用量是配方施肥的核心。

综上所述,通过配方施肥可以改善作物的生长环境和必须的条件,从而保证作物的增产。

(二)配方施肥中施肥量确定常用的方法

1. 地力分区(级)配方法

(1)地力分区(级)配方法的概念。地力分区(级)配方法主要内容有两方面:先根据地力情况,将田地分成不同的区或级,然后再针对不同的区或级的田块的特点进行配方施肥。

(2)地力分区(级)的方法。地力分区(级)的方法,可以根据土壤普查时土壤样品的化验结果(或耕地地力调查时土壤样品分析的结果),按测定的土壤养分的值高低,划分出高、中、低不同的地力等级;也可根据产量基础,划分若干肥力等级。在较大区域内(如一个市或县、区),可以根据地形、地貌和土壤质地等条件对农田进行分区划片,然后再将每区划分成若干个地力等级,每一个地力等级作为一个配方区。

(3)根据地力等级配方。由于不同配方区的地力差别大,应在分区的基础上,针对不同配方区的特点,利用土壤普查资料(区域内大量土壤养分测试结果)和田间试验结果,结合当地群众的实践经验,估算出适合不同配方的适宜肥料种类、施用量及具体的实施方法。

地力分区(级)配方法的优点是针对性强,虽然在定量施肥的准确性方面较差,但较过去传统的看天、看地、看苗情的经验施肥技术还是提高了一步。由于同一配方区(级)内的自然条件、产量水平、土壤肥力等差异较小,所提出的肥料种类及用量配方也比较接近配方区的实际情况。地力分区(级)配方的缺点是地区局限性大,比较粗放,而且较多地依赖于经验,所以基本上还是一种定性的初级配方施肥技术,仅适合在生产水平差异较小,基础条件较差的地区推广应用。

2.目标产量配方法

(1)目标产量配方法的概念。目标产量配方法是根据作物的产量的构成,按照土壤和肥料两方面供应养分的原理来计算施肥量。目标产量确定以后,计算作物需要吸收多少养分来确定施肥量。

(2)目标产量配方法的分类。目标产量配方法目前通用的有养分平衡法和地力差减法两种方法。

①养分平衡法。

A.基本原理。养分平衡法是目前国际上应用较广的一种估算施肥量的方法,是通过施肥达到作物需肥和土壤供肥之间养分平衡的一种配方施肥方法。其原理是:在施肥条件下农作物吸收的养分来自于土壤和肥料,用目标产量施肥量减去土壤供肥量,其差额部分通过施肥进行补充,以使作物目标产量所需要的养分量与土壤供应养分量之间达到平衡。养分平衡法施肥量计算公式是:

$$施肥量(kg/亩)=\frac{目标产量所需养分含量-土壤养分供应量}{肥料中有效养分含量\times肥料当季利用率}=$$

$$\frac{作物单位产量的养分吸收量\times目标产量-土壤养分测定值\times0.15\times有效养分校正系数}{肥料中有效养分含量\times肥料当季利用率}$$

B.参数确定。

a.目标产量。目标产量即计划产量,是确定肥料用量的原始依据。土壤肥力是决定作物产量高低的基础,所以目标产量应根据土壤肥力来确定。通常以空白田产量(或无肥区产量)作为土壤肥力的指标。确定目标产量的方法有很多,主要有以地定产和以水定产两种。

以地定产:这是一种应用最广泛的方法。具体做法是,在不同土壤肥力条件下,通过多点试验,获得大量成对产量数据,然后根据这些数据,以空白区产量为土壤肥力指标,建立一元一次方程式,求出其目标产量与地力的函数关系,通式为:

$$Y=a+bx$$

式中:Y——最高产量;

　　x——空白产量;

　　a——增产效应系数;

　　b——系数。

根据这一公式,只要知道某地块的空白产量,就可以计算出该地块的目标产量。但在推广配方施肥时,常常不能预先获得空白产量,可采用当地前3年作物的平均产量为基础,增加10％～15％的增产量作为目标产量较为切合实际。目前我们推荐这种方法,其计算公式是:

$$目标产量＝(1＋递增率)×前3年平均单产$$

一般粮食作物递增率10％～15％为宜,露地蔬菜一般为20％左右,设施蔬菜为30％左右。

以水定产:干旱年份,农作物的产量往往受控于土壤水分状况或生育期降水量。正常年份,农作物的需水量能够得到满足,作物的产量基本上不受水分的限制。干旱年份,作物的产量受水分的影响较大。水分成为限制产量的主要因子,因此,在干旱年份通常以水定产。

b. 作物单位产量养分吸收量。作物单位产量养分吸收量是指每生产一个单位(如每100 kg)经济产量时,作物地上部分养分吸收总量。一般可用下公式计算。

$$作物单位产量养分吸收量＝\frac{作物地上部分养分吸收总量}{作物经济产量}×应用单位$$

作物地上部分养分吸收总量可分别测定茎、叶、子实的重量及其养分含量,分别计算,累加获得。由于作物对养分具有选择吸收的特性,同时作物组织的化学结构也比较稳定,所以作物单位产量养分吸收量在一定范围内变化,一般在科技文献中可以查到,或者采样分析植株和产品的养分含量,从而算出单位产量养分吸收量。主要作物地上部分氮、磷、钾养分含量见表2-1-1。

表 2-1-1　主要作物地上部分氮、磷、钾养分含量　　　　　　　　　　％

作物	收获部分			茎、叶		
	氮(N)	磷(P_2O_5)	钾(K_2O)	氮(N)	磷(P_2O_5)	钾(K_2O)
水稻	1.212	0.687	0.444	0.773	0.298	2.165
玉米	1.465	0.726	0.634	0.748	0.934	1.519
小麦	2.160	0.847	0.510	0.565	0.153	1.536
棉花	3.290	1.438	1.105	1.167	0.561	2.077
油菜	3.966	1.555	1.483	1.105	1.167	0.561
大豆	6.272	1.456	2.056	1.289	0.396	1.544
花生	4.182	0.698	0.868	1.343	0.291	1.009
豌豆	4.377	0.939	1.320	1.400	0.350	0.498
大麦	2.016	0.657	1.006	0.479	0.236	1.319

续表 2-1-1

作物	收获部分			茎、叶		
	氮（N）	磷（P₂O₅）	钾（K₂O）	氮（N）	磷（P₂O₅）	钾（K₂O）
高粱	1.236	0.882	0.476	0.436	0.389	1.447
谷子	1.456	0.611	0.710	0.595	0.156	2.062
荞麦	1.100	0.412	0.276	0.850	0.710	2.172
蚕豆	3.959	1.223	1.320	4.160	0.229	1.322
红豆	5.580	3.321	3.000	1.195	1.855	0.594
红薯	0.671	0.605	0.715	1.453	0.678	1.600
马铃薯	1.167	0.414	1.511	0.987	0.197	0.802
芝麻	3.028	1.530	0.602	0.386	0.245	2.528
烤烟	2.634	0.421	2.219	1.626	0.655	3.257
甘蔗	0.221	0.110	0.354	0.061	0.185	0.564

c.作物目标产量所需养分量。通过对正常成熟的农作物全株养分的化学分析,测定各种作物 100 kg 经济产量所需养分量,经计算即可获得目标产量所需养分量。计算公式如下：

$$作物目标产量所需养分含量（kg）=\frac{目标产量（kg）}{100}\times 100\ kg\ 产量所需养分量$$

部分作物形成 100 kg 经济产量所需要的养分数量见表 2-1-2。

表 2-1-2 不同作物形成 100 kg 经济产量所需要的养分数量

作物	收获物	从土壤中吸收氮、磷、钾的数量（kg）[①]		
		氮（N）	磷（P₂O₅）	钾（K₂O）
水稻	稻谷	2.10	1.25	3.13
冬小麦	籽粒	3.00	1.25	2.50
春小麦	籽粒	3.00	1.00	2.50
大麦	籽粒	2.70	0.90	2.20
荞麦	籽粒	3.30	1.60	4.30
玉米	籽粒	3.57	0.86	2.14
谷子	籽粒	2.50	1.25	1.75
高粱	籽粒	2.60	1.30	3.00
甘薯	块根[②]	0.35	0.18	0.55

续表 2-1-2

作物	收获物	从土壤中吸收氮、磷、钾的数量(kg)①		
		氮(N)	磷(P₂O₅)	钾(K₂O)
马铃薯	块根	0.50	0.20	1.06
大豆③	豆粒	7.20	1.80	4.00
花生	荚果	6.80	1.30	4.00
棉花	籽棉	5.00	1.80	4.00
油菜	菜籽	5.80	2.50	4.30
芝麻	籽粒	8.23	2.07	4.41
烟草	鲜叶	4.10	1.00	6.00
大麻	纤维	8.00	2.30	5.00
甜菜	块根	0.40	0.15	0.60
甘蔗	茎	0.19	0.07	0.30
黄瓜	果实	0.40	0.35	0.55
茄子	果实	0.30	0.10	0.40
番茄	果实	0.45	0.50	0.50
胡萝卜	块根	0.31	0.10	0.50
萝卜	块根	0.60	0.31	0.50
甘蓝	叶球	0.41	0.05	0.38
洋葱	葱头	0.27	0.12	0.23
芹菜	全株	0.16	0.08	0.42
菠菜	全株	0.36	0.18	0.52
大葱	全株	0.30	0.12	0.40
柑橘	果实	0.60	0.11	0.40
苹果	果实	0.30	0.08	0.32
梨	果实	0.47	0.23	0.48
柿	果实	0.59	0.14	0.54
葡萄	果实	0.60	0.30	0.72
桃	果实	0.48	0.20	0.76

注:①包括相应的茎、叶等营养器官的养分数量;
　　②块根、块茎、果实均为鲜重,籽粒为干重;
　　③大豆、花生等豆科作物从土壤中吸收其氮素的1/3左右。

d. 土壤养分供应量。确定土壤养分供应量一般有以下几种方法：

无肥区产量法：用无肥区或不施该养分的小区的作物产量所吸收的养分量作为土壤养分供应量。即在地块上设置不施肥区(CK)、施氮磷不施钾区(NP)、施氮钾不施磷区(NK)、施磷钾不施氮区(PK)和氮磷钾全施区(NPK)5个处理，用不施肥区的产量计算土壤氮、磷、钾的供应量，公式表达为：

$$土壤养分供应量＝CK区作物产量×单位产量养分吸收量$$

此法一方面既直观又实用，但另一方面，空白产量常受最小养分的制约，产量水平很低。因此，在肥力较低的土壤上，用它估计出来的施肥量往往偏高。而在肥力较高的土壤上，由于作物对土壤养分的依赖率较低较大(作物一生中从土壤中吸收养分的比例较大)，据此估算出来的获得一定产量的施肥量往往偏低。为了使土壤养分供应量能够接近实际，在有试验条件的情况下，应用缺素区产量来表示土壤养分供应量。因为缺素区产量是在保证除缺乏元素外其他主要养分正常下获得的，所以产量水平比空白田产量要高。因此，用缺素区产量表示土壤养分供应量，并以此估算的施肥量比较合理。例如，以PK区的产量计算土壤供氮量，公式表达为：

$$土壤供氮量＝PK区土壤供氮量×单位产量N养分吸收量$$

同理，分别以NP区和NK区的产量计算出土壤供钾量和供磷量。

建立土壤有效养分测定值与土壤养分供应量之间的数学模型：在布置CK、NP、PK、NK、NPK 5区田间试验的基础上，试验前采集供试土壤耕层混合土样，用科学方法分析土壤有效养分含量(称为"土测值")，试验后用上法计算土壤供肥量，然后建立土测值与土壤供肥量之间的数学模型。经大量研究发现，土壤供肥量与土测值间是对数曲线关系而非直线关系。为所得数学模型达到显著以上水平，必须在同类型土壤的不同肥力水平地块上(肥力高、中、低均匀分布)多点(30点以上)进行田间试验。一经得到该地区土测值与土壤供肥量间的显著回归方程(针对某一作物而言)，以后就可直接测定土壤有效养分含量，代入回归方程即可快速算出土壤养分供应量。

土壤养分测定值换算法：选用经研究证明作物产量与土壤养分测定值相关性很好的化学测试方法测定土壤中养分含量。土壤养分测定值(用mg/kg表示)在一定程度上反映出土壤中当季作物被吸收利用的有效养分含量，因而可以更好地用以表示土壤养分供应量。计算公式如下：

$$土壤养分供应量(kg/亩)＝土壤养分测定值(mg/kg)×0.15×校正系数$$

式中 0.15 是一种换算系数,即把 1 mg/kg 的速效养分按每亩耕层土壤 15 万 kg 换算成每亩土壤养分的千克数。

校正系数是作物实际吸收值占土壤测得值的百分数,因测定的养分是在不断变化的,因此吸收值可能大于或小于测定值,所以必须校正。用下式求得:

$$校正系数 = \frac{作物实际吸收值}{土壤测定值} \times 100$$

$$= \frac{\dfrac{空白产量}{100} \times 100\text{ kg 产量所需养分量}}{土壤养分测定值(mg/kg)} \times 100$$

一般情况下土壤有效养分校正系数分别是碱解氮在 0.3～0.7,有效磷在 0.4～0.5,速效钾在 0.5～0.85。实际应用时校正系数可参考各地的试验结果。

e. 肥料中养分含量。化学肥料养分含量都较稳定,一般在肥料包装袋上都有标注,也可以查肥料手册或其他资料;有机肥料养分含量不大一致,一般需采样测定其养分含量。

f. 肥料利用率。肥料当季利用率是指当季作物从肥料中吸收利用的养分数量占肥料中该养分总量的百分数。目前,测定肥料利用率通过田间差减法来计算。

$$肥料利用率 = \frac{施肥区作物吸收养分量 - 无肥区作物吸收养分量}{肥料施用量 \times 肥料中养分含量} \times 100\%$$

例如:某农田无氮肥区每亩产量 300 kg,施用尿素(含氮 46%)15 kg 后小麦产量达 400 kg,已知小麦 100 kg 产量吸收氮素 3 kg,则尿素利用率为:

$$尿素利用率 = \frac{\dfrac{(400-300)}{100} \times 3}{15 \times 46\%} \times 100\% = 43.2\%$$

养分平衡法的优点是概念清楚,容易掌握。缺点是土壤养分供应量的计算需要通过田间试验取得校正系数加以调整,而校正系数变异较大,且不易搞准。另外,化验分析工作也较麻烦,需要由专业测定人员来完成。

② 地力差减法。

地力差减法是根据目标产量和土壤生产的产量差值与肥料生产的产量相等的关系来计算肥料的需要量,进行配方施肥的方法。所谓地力就是土壤肥力,在这里用产量作为指标。作物的目标产量等于土壤生产的产量加上肥料生产的产量。土壤生产的产量是指作物不施任何肥料的情况下所得到的产量,即空白产量,它所吸收的养分全部来自于土壤,从目标产量中减去空白产量,就是施肥后所增加的产量。肥料的需要量可按下列公式计算。

$$施肥量(kg/亩)=\frac{作物单位产量养分吸收量×(目标产量-空白产量)}{肥料中有效养分含量×肥料当季利用率}$$

$$=\frac{\dfrac{目标产量-空白产量}{100}×100\,kg\,产量所需养分量}{肥料中有效养分含量×肥料当季利用率}$$

地力差减法的优点是不需要进行土壤测试，避免了养分平衡法每季都要测定土壤养分的麻烦，计算也比较简便。但是空白产量不能预先获得，必须事先开展肥料要素试验，然后根据其结果进行各种肥料用量的计算。这样所需时间较长，同时空白产量是构成产量各种因素综合反映的结果，有时无法真实反映土壤营养状况的丰缺，试验代表性有限，给推广工作带来一定困难。

3. 田间试验配方法

(1)田间试验配方法的概念。选择有代表性的土壤，通过简单的对比试验或应用肥料用量试验，甚至应用正交、回归等试验设计，进行多年、多点田间试验，然后根据对试验资料的统计分析结果，确定肥料的用量和最优肥料配合比例的方法称为田间试验配方法。

(2)田间试验配方法的分类。主要有肥料效应函数法、养分丰缺指标法和氮、磷、钾比例法三种方法。

①肥料效应函数法。

基本原理：肥料效应函数法是以田间试验为基础，采用先进的回归设计，将不同处理得到的产量进行数理统计，求得在供试条件下产量与施肥量之间的数量关系，肥料效应函数或称肥料效应方程式。从肥料效应方程式中不仅可以直观地看出不同肥料的增产效应和两种肥料配合施用的交互效应，而且还可以计算最高产量施肥量(即最大施肥量)和经济施肥量(即最佳施肥量)，以作为配方施肥的主要依据。此法对农户而言有一定难度，这里不再赘述。

②养分丰缺指标法。

A. 基本原理。利用土壤养分测定值与作物吸收养分之间存在的相关性，对不同作物通过田间试验，把土壤养分测定值以作物相对产量的高低分等级，制成养分丰缺指标及相应施肥量的检索表。当取得某一土壤的养分值后，就可以对照检索表了解土壤中该养分的丰缺情况和施肥量的大致范围。

B. 指标的确定。养分丰缺指标是土壤养分测定值与作物产量之间相关性的一种表达形式。确定土壤中某一养分含量的丰缺指标时，应先测定土壤速效养分，然后在不同肥力水平的土壤上进行多点试验，取得全肥区和缺素区的相对产量，用相对产量的高低来表达养分状况。

为了制定养分丰缺指标，首先要在不同田地上安排田间试验，设置全肥区（如 NPK）和缺肥区（如 NP、NK、PK 等）四个处理，最后测定各试验地土壤速效养分含量，并计算不同养分水平下的相对产量（即 NP 区产量/NPK 产量×100%、NK 区产量/NPK 区产量×100%、PK 区产量/NPK 区产量×100%）。相对产量越接近 100%，施肥的效果越差，说明土壤所含养分丰富。在实践中一般以相对产量作为分级标准。通常分级指标是：相对产量大于 95% 归为"极丰"，85%～95% 为"丰"，75%～85% 为"中"，50%～75% 为"缺"，小于 50% 为"极缺"。在养分含量极缺和缺的田块施肥，肥效显著，增产幅度大；在养分含量中等的田块施肥，肥效一般，可增产 10% 左右；在养分含量丰富和极丰富的田块施肥，肥效极差或无效。

C.方法评价。此法的优点是简单易行，直观性强，确定施肥种类和施肥量简捷方便。缺点是精确度较差。由于土壤理化性质的差异，土壤中氮的测定值和作物产量之间的相关性较差，不宜使用此法确定氮肥用量，该法一般只适用于确定磷、钾肥和微量元素肥料的用量。

③氮、磷、钾比例法。这种方法是首先通过田间试验，确定氮、磷、钾三要素的最适用量，并计算出三者之间的比例关系；然后通过一种养分的定量，并依据各种养分之间的比例关系，再决定其他养分的肥料用量。例如，以氮定磷、钾用量，以磷定氮等，这种定肥方法叫氮、磷、钾比例法。

这种方法的优点是减少了工作量，也容易为群众所理解和掌握。缺点是存在地区和时效的局限性，而且作物对养分吸收的比例和应施肥料养分之间的比例是不相等的，在实用上不一定能反映养分丰缺的真实情况。由于土壤各养分的供应强度不同，因此，作为补充养分的肥料的需要量只是弥补了土壤的不足。所以推行这一定肥方法时，必须预先做好田间试验，对不同土壤条件和不同作物相应地做出符合客观要求的氮、磷、钾的比例。

二、工作准备

（1）实施场所：农村田间调查、根据调查数据应用养分平衡和目标产量法计算肥料用量、多媒体实训室。

（2）用具：调查记载表。

（3）材料：挂图。

（4）其他：教材、资料单、PPT、影像资料、相关图书、网上资源等。

【任务设计与实施】

一、任务设计

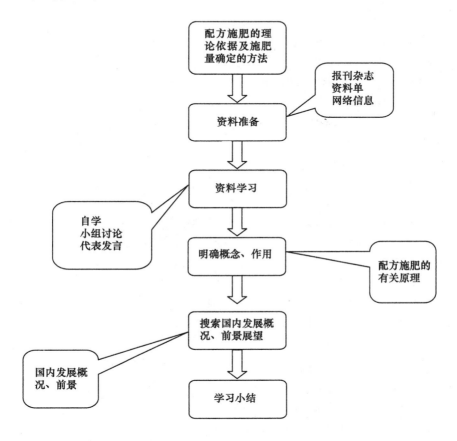

二、任务实施

(1)安排学生课前预习配方施肥的理论依据、施肥量的确定方法及简单计算有关内容内容。田间实地调查产量和施肥情况。根据实情按以下步骤操作:确定目标产量—测定土壤养分含量—测定有机肥养分含量—计算出目标产量所需养分总量—计算出肥料用量。

【**案例1**】某地块冬小麦目标产量为 400 kg/亩,化验知土壤碱解氮(N)80 mg/kg,五氧化二磷(P_2O_5)16 mg/kg,氧化钾(K_2O)144 mg/kg,计划每亩施用厩肥 1 500 kg(厩肥含氮 0.5%、利用率 20%;含 P_2O_5 0.2%、利用率 25%;含 K_2O 0.4%、利用率 50%),计算每亩需尿素、过磷酸钙、硫酸钾各多少千克?

尿素含氮 46%、利用率 40%；过磷酸钙含 P_2O_5 18%、利用率 25%；硫酸钾含 K_2O 50%、利用率 50%。校正系数 N 52.6%、P_2O_5 82.4%、K_2O 44.3%。

解：

目标产量吸收养分量

氮：$400 \times 3\% = 12$（kg）

五氧化二磷：$400 \times 1.25\% = 5.0$（kg）

氧化钾：$400 \times 2.5\% = 10.0$（kg）

土壤供应养分量

氮：$80 \times 0.15 \times 52.6\% = 6.25$（kg）

五氧化二磷：$16 \times 0.15 \times 82.4\% = 1.98$（kg）

氧化钾：$144 \times 0.15 \times 44.3\% = 9.57$（kg）

厩肥提供的养分量

氮：$1\,500 \times 0.5\% \times 20\% = 1.5$（kg）

五氧化二磷：$1\,500 \times 0.2\% \times 25\% = 0.75$（kg）

氧化钾：$1\,500 \times 0.4\% \times 50\% = 3.0$（kg）

需补充的养分量

氮：$12 - 6.52 - 1.5 = 3.98$（kg）

五氧化二磷：$5.0 - 1.98 - 0.75 = 2.27$（kg）

氧化钾：$10 - 9.57 = 0.43$（kg）

应补充的肥料量

$$尿素 = \frac{3.98}{0.46 \times 0.4} = 22（kg）$$

$$过磷酸钙 = \frac{2.27}{0.18 \times 0.25} = 50.44（kg）$$

钾肥因有机肥提供 K_2O 3 kg，故不需补充。

所以要达到目标产量，在每亩施用厩肥 1 500 kg 的基础上，应该施用尿素 22 kg，过磷酸钙 50.44 kg。

【案例 2】某地块经试验得知不施肥（空白区）玉米产量为 350 kg，计划目标产量为 600 kg，若达到目标产量，需尿素（含 N 46%、利用率 35%）、过磷酸钙（含 P_2O_5 18%、利用率 20%）和氯化钾（含 K_2O 60%、利用率 55%）各多少 kg？

解：先查有关资料，得知形成 100 kg 玉米籽粒需要的养分氮（N）2.6 kg、磷（P_2O_5）0.9 kg、钾（K_2O）2.1 kg

$$尿素用量 = \frac{\frac{600-350}{100} \times 2.6}{46\% \times 35\%} = 40.37（kg）$$

$$过磷酸钙用量 = \frac{\frac{600-350}{100} \times 0.9}{18\% \times 20\%} = 112.5(kg)$$

$$氯化钾用量 = \frac{\frac{600-350}{100} \times 2.1}{60\% \times 55\%} = 15.91(kg)$$

（2）每人写一份学习收获。小组讨论，用集体的智慧完成一份较好的学习收获体会。

（3）每组选一个代表，在全班讲解小组的学习路径、学习收获，组员补充收获的内容。

（4）教师组织发动全班同学讨论、评价各小组的学习情况，达到全班同学共享学习资源和收获体会，巩固所学的知识内容。

【任务评价】

评价内容	评价标准	分值	评价人	得分
配方施肥的理论依据	理解并掌握	20分	组内互评 老师参与	
施肥量的简单确定方法及计算	理解并掌握	20分	组内互评 老师参与	
田间调查产量和施肥情况	调查认真，记录详细	20分	组内互评	
计算施肥量，制定配方肥料	准确	20分	教师	
总结	讨论认真，结论正确	10分	师生共评	
团队协作	小组成员间团结协作，本组任务完成好	5分	组内互评	
职业素质	责任心强，学习主动、认真、方法多样	5分	组内互评	

【任务拓展】

一、植物必需养分元素的相互关系

（一）植物必需营养元素的相互关系

尽管植物对16种必需营养元素的需要量有多有少，有大量、中量、微量之分，但就每一种营养元素对植物的生理作用而言都是缺一不可、同等重要、不能互相代替的，缺少任何1种元素都会出现营养缺乏症，进而影响作物产量。如作物缺乏微量元素硼时，会导致生长点死亡、"花而不实"等症状，严重者会颗粒无收。这就是营养元素的同等重要、不可代替律。在施肥实践中要注意用这个规律为指导,按照植物要求,根据土壤养分状况,考虑不同种类肥料配合施用,避免植物出现营养失调症,促进植物健壮生长、高产、优质。

(二)植物必需营养元素的相互作用

在土壤—植物体系中,营养元素通常不是孤立存在,而是相互作用的,其相互作用对根系吸收养分的影响相当复杂,主要表现为促进作用、拮抗作用两种情况(图2-1-7),值得注意的是,这两种相互作用情况是相对的,它们既可发生于两种养分元素之间,也可发生在3种元素之间;同时是对一定作物、一定生育期、一定的养分浓度而言,有时在低浓度时表现是促进作用,可在高浓度时则发生拮抗作用,反之。在生产中应该注意利用这些作用,通过合理施肥,扬长避短,达到高产、优质、高效的目的。

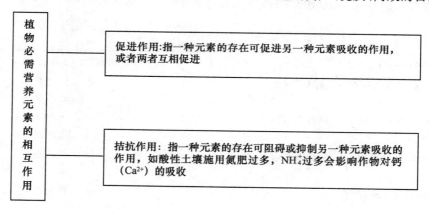

图2-1-7 植物营养元素相互作用的两种情况

二、化肥施用对环境与人类健康的影响

新中国成立60多年来,我国用占世界9%的耕地生产的农产品养活了占世界近1/4的人口,这是值得中国农业工作者翘首自豪的成就,但我们仅占世界9%的耕地施用了占世界35%的化肥,部分地区施肥量相对更高,这又是值得全世界尊重科学的人们深思的问题。化肥对农业生产的高产、优质,进而对保障人类的衣、食安全起到了重要作用,但如果施肥的时间、方法不当,施肥量过高,不仅会对农业生产不利,而且会对人类生存的环境产生污染。

(一)氮肥施用对环境和生物的影响

1.对大气环境的影响

(1)氮肥的生产过程是要消耗煤和石油能源的,而这些能源物质的燃烧必然产

生大量的 CO_2、SO_2 等污染大气,导致地球温室效应。

(2)氮肥施用到土壤中,会因反硝化作用产生的 NO 和 N_2O 进入大气中,消耗地球上空臭氧层中的臭氧,导致臭氧层因臭氧减少而变薄甚至出现空洞。臭氧层的作用是维持平流层能量平衡,吸收阳光中的紫外线。因此,臭氧层臭氧减少就会引起到达地面的紫外线增多,不仅使植物受害,人、动物患白内障、皮肤癌等机率增多,而且使平流层能量平衡遭到破坏,气候发生异常,自然灾害增多。

2. 对土壤环境的影响

过量使用氮肥,会使得土壤碳氮比下降,增加土壤有机质矿化速率,导致土壤结构破坏。

3. 对水体环境的影响

过量使用氮肥,作物利用不完的部分进入水体,导致地表水、地下水 NO_3^- 超标,使水体富营养化。

4. 对生物的影响

(1)对植物的影响。除水稻主吸收 NH_4^+ 外,大多数植物主要吸收硝酸盐(NO_3^-),NO_3^- 被吸收后会很快被同化,在植物体内累积不多,但其含量因植物种类、器官、生育期及施用技术不同而差异很大,如单施氮肥生产的芹菜 NO_3^- 含量要比有机肥配施氮肥的高 10 多倍。由于植物体被动物食用后,其内含 NO_3^- 会转化为亚硝酸盐(NO_2^-),故含硝酸盐越高的植物产品就越易对动物发生毒害。

(2)对人、动物健康的影响。大量的氮、磷进入水中,会刺激藻类生物或水葫芦等茂盛生长,使得水体缺氧,导致水中的鱼类因缺氧而死亡。水、食品、饲料中硝酸盐对人与动物的毒性,一般是要转化成亚硝酸盐后方表现出来的,这是因为硝酸盐摄入后 90% 从尿排出,毒性不大,只有转化成亚硝酸盐后毒性就大为增强了。据有关报道,新鲜植物检测不出亚硝酸盐,而储存 3 d 后有 15%～43% 的硝酸盐转化成亚硝酸盐。所以现在用卫生标准控制食品中的硝酸盐与亚硝酸盐水平,防止人体过多摄取亚硝酸盐。世界卫生组织建议,饮水中 $NO_3^- \leqslant 45$ mg/L,我国也规定腊肉、香肠等肉制品中 $NO_2^- \leqslant 0.02\%$。

(二)磷肥施用对环境的影响

(1)磷肥在土壤中易被固定,移动性差,虽然不会像氮肥那样易随水淋失和气化损失,但还是会随水土流失进入径流中,与流失的氮素一道使水体富营养化。

(2)磷肥是磷矿经开采、加工制成的,而磷矿本身含有种类众多的重金属(如砷、镉、铅等)、氟、放射性元素(如铀、镭等),在加工过程中这些有害元素仍然留在磷肥产品中,随着磷肥的施用,其对环境的污染及潜在的危险、危害也不容忽视。

(三)减少化肥污染的途径

1. 大力提倡科学施肥

建立多品种、小批量、专业化的化肥二次加工体系,推广测土配方施肥,施肥时依据植物的需肥特性和土壤供肥特点,有机肥与化肥配合施用,大量、中量元素配合施用,适时适量施肥,使肥料利用率得以提高,同时有机肥能增加土壤有机质,起到改善土壤理化性质,增强土壤对重金属的吸附能力,减轻重金属危害。

2. 发展生物固氮,减少化学氮肥的施用

自然界中有一些能够直接固定大气中的氮气为植物可利用的氮素形态的微生物,如土壤中的自生固氮菌、联合固氮菌、豆科植物的根瘤菌等,充分利用这些固氮微生物进行固氮,丰富植物氮素来源,可减少化学氮肥的施用,从而节约氮肥的生产、运输、施用的成本;同时生物固氮不需消耗能源,避免因能源使用产生的大气污染。

3. 化肥生产应与循环经济结合起来

一是资源开发利用方面,对磷矿资源、硫资源、钾矿资源开发统筹规划,实现科学开发、综合利用,提高中低品位磷矿、硫铁矿、钾矿伴生资源的开发利用水平;二是采用先进技术和装备进行节能、降耗技术改造,实现废弃物减量化,提高资源利用效率;三是综合利用方面,对化肥生产过程排放物,如煤渣、炉渣、煤末、磷石膏、氟化物等进行再利用,实现废弃物资源化。

4. 氮肥应配合硝化抑制剂施用

任务二　肥料配方的加工与购置

【任务准备】

一、知识准备

(一)配方确定

配方的确定通常是由农业专家和专业的农业科技人员来完成。如聘请一些农业院校、农业科学院和土肥管理站的知名土肥专家组成专家组,针对地块和作物,分析研究有关技术数据资料,科学确定肥料配方。

不同的地块以及种植不同的作物,肥料的配方都不一样。首先要由农户提供各个地块种植的作物品种及其规划的产量指标,农业科技人员根据一定产量指标的作物需肥量、土壤的供肥量和不同肥料的当季利用率,确定肥料的配比和具体施肥量。已经确定的肥料配方再由各地的农业技术推广中心或土肥站负责肥料的配制。这个肥料配方应该按照测试的地块落实到户。按农户和作物开方,按方配肥,以便农户能直接买到现成的配方肥,"对症下药",方便实用,效果较好。

(二)配方肥加工

配方肥料的加工就是依据配方,以各种单质或复混(合)肥料为原料,配制配方肥。加工配方肥目前主要采取两种模式:一是农民根据根据施肥建议卡自行购买各种肥料,配合施用。二是由配方肥定点企业配方加工生产配方肥,建立肥料营销网络和销售台账,向农民供应配方肥。以第二种方式为重点。这种市场化运作,工厂化生产的模式是最具活力的运作模式,要求有严密的组织和系列化的服务,集行业主管部门、教育、科研、推广、肥料企业、农业服务组织于一体,实行统一测土、统一配方、统一供肥、统一技术指导的一条龙体系,为广大农民服务。

无论是通过哪种途径加工配方肥,配方肥加工的第一关,就是要把住原料肥的关口,要选择国内外的知名品牌和信誉好的肥料厂家,使用质量好,价格合理的原料肥。第二关,是科学配肥,最好是由县(市)级农业技术推广部门建立统一的配肥厂,开展配肥工作,这样,技术措施都能比较到位,配方肥料的质量也会较高,并且也弥补了农民自己配肥费时,费力,效果不理想的缺点。当然,在配方很简单的情况下,农民可以自己配制。配肥时一定要严格按照配方上的要求来具体操作,明确各种肥料的数量,注意不同肥料的特性,混合均匀,防止"开对了方,配错了药"。

(三)按方购肥

经过多年的实践,在推广测土配方施肥工作上,一些地方已经摸索出了比较理想的配方肥的供应办法。县农业技术推广中心在进行了测土和配方工作之后,把配方按农户和作物写成清单,县推广中心、乡镇综合服务站和农户名一份。由乡镇农业综合服务站或县推广中心按方配肥,再销售给农户。我国现在搞的测土配方施肥,应当说还是一个过渡阶段。但发展趋势会越来越好,越来越科学。一定要认真解决过去生产中出现的"只测土不配方、只配方不按方买肥"的问题,全面落实测土配方施肥的操作程序,不断地提高农业施肥的科学化水平。美国做法是按照不同的土壤肥力条件,确定若干个适应不同作物的施肥配方。当用机械进行播种或施肥等田间作业时,由卫星监视机械行走的位置,并与控制施肥配方的电脑系统相连接,机械走到哪个土壤类型区,卫星信息系统就控制电脑采用哪种配方施肥模式,并控制机械直接操作,既精确又简单,这种施肥是变量的,精确的,这是当今世界上最先进的科学施肥方法。

(四)按方购肥

在施用有机肥的基础上,根据不同的土壤、不同的作物和不同的气候区域选择合适的化肥品种,可以是单质化肥,也可以是复合肥。

二、工作准备

(1)实施场所:配方肥生产基地、多媒体实训室、农资商店。

(2)仪器与用具:搅拌机、肥料的配方等。

(3)标本与材料:将需要的各种肥料按配方购买齐。

(4)其他:教材、资料单、PPT、影像资料、相关图书、网上资源等。

【任务设计与实施】

一、任务设计

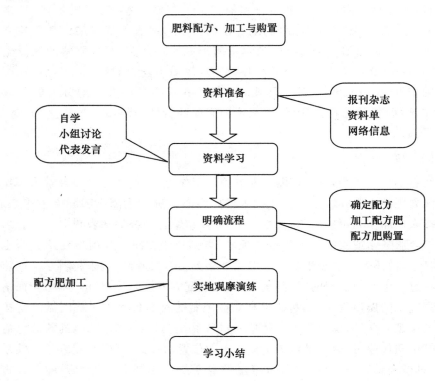

二、任务实施

(1)施肥量和肥料种类确定后,按单购置各种肥料。理论联系实际按各种配比好的肥料现场观摩并操作。既可工厂化生产,也可田间现配现用。

(2)每人写一份学习收获。小组讨论,用集体的智慧完成一份较好的学习收获体会。

(3)每组选一个代表,在全班讲解小组的学习路径、学习收获,组员补充收获的内容。

(4)教师组织发动全班同学讨论、评价各小组的学习情况,达到全班同学共享学习资源和收获体会,巩固所学的知识内容。

【任务评价】

评价内容	评价标准	分值	评价人	得分
施肥量和肥料种类的确定,按单购置	准确无误	40分	组内互评 老师参与	
现场观摩并亲手操作	认真细致	20分	组内互评	
制出成品	准确	20分	教师	
总结	讨论认真,结论正确	10分	师生共评	
团队协作	小组成员间团结协作,本组任务完成好	5分	组内互评	
职业素质	责任心强,学习主动、认真、方法多样	5分	组内互评	

【任务拓展】

农户如何自行开方配肥

目前农户从市场上只能购买到适合一个地区某些作物的配方肥,因此,农户根据所学知识逐渐学会自行开方配肥购肥用肥是十分必要的,那么如何开方配肥呢?

(一)确定耕地土壤的供肥能力

将耕地供肥能力划分为高、中、低三档,确认耕地肥力所属等级,高肥力耕地供肥能力按8成计算,中等按7成,低等按6成,(旱坡地相应减1成)。

(二)计算出实现作物目标产量需要吸收的养分总量

作物目标产量需要吸收的养分总量=目标产量(百kg)×每百kg吸收养分量

(三)了解当地主要化肥的当季利用率

一般而言,目前化肥的利用率为氮肥30%～40%,磷肥10%～25%,钾肥

40%～50%。

(四)计算出需施用的肥料用量

【例】某农户计划水稻产量为 500 kg/亩,土壤肥力中等,试计算需施化肥多少?

每百千克稻谷需吸收的氮、磷、钾量依次为 2.1 kg、1.25 kg、3.13 kg 如此可算出 550 kg 稻谷氮、磷、钾吸收量依次为 10.5 kg、6.25 kg、15.65 kg,土壤供给量按 7 成,肥料供给量按 3 成计算,则需要施化肥的实物量计算式为:

施化肥的实物量＝化肥供给量÷化肥养分含量÷化肥当季利用率

如利用尿素作氮肥,则需施尿素量＝10.5 kg×0.3÷46%÷40%＝17.12 kg。磷肥、钾肥实物施用量也如此类推。至于钾肥,如是富钾地块,则可少施或不施了。

任务三　配方施肥中常用肥料的认知和准备

【任务准备】

一、知识准备

(一)化学肥料

1.化学肥料的概念

凡是通过化学方法制造的或者开采矿石经过加工制成的肥料,统称为化学肥料,简称为化肥。

2.化学肥料的分类

(1)结合测土配方施肥按营养元素的个数分:

化肥 { 单质肥料——含有供给植物某一种主要养分元素的肥料
　　　 复混肥料——含有供给植物某两种或者两种以上主要养分元素的肥料

(2)按其所含主要养分元的种类分:

化肥 { 氮肥——所含的主要养分元素为氮。如碳酸氢铵等
　　　 磷肥——所含的主要养分元素为磷。如过磷酸钙等
　　　 钾肥——所含的主要养分元素为钾。如硫酸钾等
　　　 复混肥料——所含的主要养分元素为氮、磷、钾中任意两种或两种以上的肥料,
　　　　　　　　　 如磷酸铵等
　　　 中量元素肥料——所含的主要养分元素为硫、钙、镁。如石膏、石灰、硫酸镁等
　　　 微量元素肥料——所含的主要养分元素为硼、锌、钼、锰、铁、铜。如硼酸、硫酸
　　　　　　　　　　　 锌、钼酸铵、硫酸锰、硫酸亚铁等

3.常用化学单质氮肥

（1）铵态氮肥。以铵离子（氨）形态氮存在的单质氮肥称为铵（氨）态氮肥。如碳酸氢铵、硫酸铵、氯化铵、氨水、液氨等。它们的共同特点：①易溶于水，能被植物直接吸收利用，肥效迅速。②肥料中的铵离子解离后能被土壤胶粒吸附，在土壤中移动性小，不易流失，供肥时间长，肥效较平稳。③遇到碱性物质会分解释放出氨气。尤其是液氨和不稳定的固态氮肥本身就易挥发，遇碱性物质后加剧挥发损失。④在通气良好的土壤中，铵（氨）态氮可进行硝化作用，转化为硝态氮，增强了氮素在土壤中的移动性，在便于作物吸收的同时，氮素也容易流失和反硝化损失。

碳酸氢铵　简称碳铵。分子式为 NH_4HCO_3，含氮17%左右。可作为生产三元复合肥的原料。

a.性质特点：碳铵是一种无色或白色化合物，呈粒状、板状、粉状或柱状细结晶，易溶于水，化学碱性，pH 为 8.2～8.4，生理中性。

b.注意问题：碳铵分子极不稳定，即使在常温（20℃）条件下，也很容易分解为氨、二氧化碳和水。影响碳铵分解的主要因素是温度、本身的含水量和在空气中暴露的时间长短。随着温度的升高，碳铵的分解由慢到快。随着自身含水量的增加分解也加快。在空气中暴露时间越长，分解速度越快。

合理施用碳铵应做到以下几个方面：第一是"一不离土、二不离水"，把碳铵深施覆土，使其不离开水土，这样有利于土粒对铵的吸附保持，持久供给作物氮素。深施包括基肥深施、全层施、分层施，作追肥沟施和穴施。其中，结合耕作将碳铵作基肥深施，较方便而省工，肥效高而稳定，施用面积最大。第二是尽量避开高温季节和高温时段施用，碳铵应尽量在气温低于 20℃ 的季节施用，或者避开中午气温高的时段施用，以减少碳铵施用后的分解挥发，提高碳铵利用率。将碳铵与其他品种氮肥搭配起来用，低温时用碳铵，而高温时则用尿素、硫铵等。

硫酸铵　简称硫铵，俗称肥田粉。分子式为 $(NH_4)_2SO_4$。含氮为 20%～21%。硫铵是我国施用和生产最早的氮肥品种。常作为标准氮肥计量。可作为配方施肥养分搭配的单质肥料。

a.性质特点：硫铵为白色结晶，其性质较为稳定，不易吸湿，易溶于水。属于生理酸性肥料。可作为配方施肥养分搭配的单质肥料。

硫铵与普通过磷酸钙肥料一样，是补充土壤硫素营养的重要物质来源。

b.注意问题：硫铵施入土壤后，可较快地溶于土壤溶液并解离成铵离子和硫酸根离子。在土壤中可残留较多的硫酸根离子，增强了土壤酸性。在石灰性土壤中，产生的硫酸与碳酸钙反应生成硫酸钙，大量硫酸钙会堵塞于土壤孔隙中，造成闭塞、板结。

硫铵中的硫酸根在还原性较强的土壤上可通过生物化学过程还原为硫化氢，硫化氢可侵入作物根细胞，使根变黑。水稻特别明显。

除还原性很强的土壤外，硫酸铵适宜在各种土壤和各类作物上施用。可作基肥、追肥、种肥。作基肥时，不论旱地或水田宜结合耕作进行深施，以利于保肥和作物吸收利用，在旱地或雨水较少的地区，基肥效果更好。

作追肥时，旱地可在作物根系附近开沟条施或穴施，干、湿施均可，施后覆土。硫铵宜作种肥，注意控制用量，以防止对种子萌发或幼苗生长产生不良影响。拌种时，种子和肥料均应干燥，以防烧种，随拌随用。在酸性土壤上施用硫酸铵肥料应注意适当配合施用石灰等碱性物质，以免导致土壤进一步酸化，但注意不要将硫酸铵与石灰等碱性物质直接混合施用。

氯化铵 分子式为 NH_4Cl，简称氯铵。含氮量为 $24\% \sim 25\%$。

a. 性质特点：氯铵为白色结晶，含杂质时呈黄色，其性质是吸湿性比较大，易结块，甚至潮解。氯铵肥效迅速，与硫铵一样，也属于生理酸性肥料。

b. 注意问题：氯铵施入土壤后，在酸性土壤中，氯离子与被交换下来的氢离子结合生成盐酸，使土壤溶液酸性加强。在中性或石灰性土壤中，氯离子与土壤胶体作用的结果生成氯化钙，氯化钙易溶于水，在雨季及排水良好的土壤上可被淋失，可破坏土壤胶体，造成板结。而在干旱地区或排水不良的盐渍土壤中，氯化钙在土壤溶液中积累，造成盐浓度增高，也不利于作物生长。

另外，土壤中的氯离子对硝化细菌有明显的抑制作用，弱化了土壤的硝化作用，从而可减少氮素的损失。氯铵不像硫铵那样在强还原性土壤上会还原生成有害物质，因而施用于水田的效果往往比硫铵好。但由于其副成分氯离子有更高的活性，可增加土壤中盐基离子的淋洗或积聚，长期施用会造成土壤板结，或加剧土壤盐渍化。因此，在酸性土壤上应适当的配施石灰，在盐渍土上尽可能避免大量施用，氯铵不宜作种肥。

此外，如马铃薯、甘蔗、西瓜、亚麻、烟草、甘薯、茶等为"忌氯"作物。施用氯铵能降低块根、块茎作物的淀粉含量，影响烟草的燃烧性与气味，降低亚麻、甘蔗、西瓜、茶叶等农产品的品质。在这些作物上最好不用氯铵肥料。如果必须施用，应在播前早施，充分利用雨水或灌溉水将氯离子淋移至土壤下层，以减少其对作物生长可能造成的不良作用。在北方石灰性土壤上长期施用氯铵，除"忌氯"作物外，少量的氯离子对一般农作物矿质养分的吸收有一定的促进作用。

除"忌氯"作物外也可作为配方施肥养分搭配的单质肥料。

氨水 分子式为 NH_4OH 或 $NH_3 \cdot H_2O$，含氮 $12\% \sim 16\%$，作为副产品的氨水含氮量可能更低。

a.性质特点：氨水是液体肥料，呈强碱性，并有较强的腐蚀性，除挥发性强之外，还有渗漏问题。

b.注意问题：旱地施用氨水无论作基肥或追肥都应开沟深施，并注意兑水稀释，以免灼伤植物。水田可进行淌灌，亦可在水稻插秧前结合耕作将氨水施入土中。贮运过程中，应注意防挥发、防渗漏、防腐蚀。

氨水性质极不稳定，但氨水制造简单，成本低、无副成分，也得掌握"一不离土，二不离水"的原则，其肥效可以与等氮量的其他氮肥相近。

液氨　液氨肥料有效成分的分子式为 NH_3，含氮高达82％，是含氮最高的氮肥品种。

a.性质特点：是将氨气直接加压而成的一种高浓度液态肥料，属生理中性肥料。

b.注意问题：液氨施入土壤后，立即气化，有强烈的刺鼻气味。少部分被土壤吸附，大部分则遇土壤溶液转化为氢氧化铵。液氨施用后，无副成分残留于土壤，施用初期可使施肥点附近土壤 pH 提高，几天后即消失。施用液氨的适宜浓度应根据土壤质地、土壤水分、坚实程度等确定。一般来说，砂质、干旱、疏松的土壤应加大注施深度。

液氨只适宜作基肥，并要早施、深施。

(2)硝态氮肥。以硝酸根离子形态存在的氮肥为硝态氮肥，如硝酸钠、硝酸钙等。以硝酸盐和铵盐形态存在的氮肥称为硝铵态氮肥，如硝酸铵。见于贮运与施用安全的考虑，以及硝态氮的分解和食物污染问题，有些国家已经明确控制硝态氮肥的施用范围与数量。其共同特点为：①易溶于水，可被植物直接吸收，速效。②硝酸根离子不能被土壤胶体吸附，易随水移动而降低肥效。③在通气不良的土壤中，硝酸根可进行反硝化作用转化为游离的分子态氮（氮气）和多种氧化氮气体（NO、N_2O 等）而损失。④多数硝态氮肥吸湿性强，易结块，受热后分解放出氧气，助燃易爆，在贮、运、施的过程中应注意安全，远离火源和易燃物质。

硝酸铵　简称为硝铵。分子式为 NH_4NO_3，含氮为34％。硝铵是当前世界上的一个主要氮肥品种。

a.性质特点：目前生产的硝铵主要有两种：一种是白色结晶，另一种是表面加一层疏水物质的白色或浅黄色颗粒。结晶状的硝铵吸湿性很强，容易结块，湿度大时会潮解变成液体。属于化学中性、生理中性肥料。

b.注意问题：硝铵施入土壤后，能快速溶于土壤溶液中，解离为铵离子和硝酸根离子。都能被作物吸收利用，因此，硝铵是一种在土壤中不残留任何成分的良好氮肥。因硝酸根离子较大的移动性，一般硝铵不作基肥和雨季追肥施用。硝铵作旱地追肥效果较好。硝铵适宜于各类土壤和各种作物,但不宜于水田。水田施用硝铵时,硝态氮易淋移至还原层,引起反硝化作用而脱氮损失。肥效不及等氮量的其他氮肥。在多雨季节,沙性土壤上施用硝铵,易被淋入土壤深层,甚至到达地下水,从而降低肥效。因此,硝铵作追肥时,一般以多次少量施用较为经济。硝铵不宜作种肥,因为其吸湿溶解后盐渍危害严重,影响种子发芽及幼苗生长。硝铵也可作为配方施肥养分搭配的单质肥料。

硝酸钠 分子式为 $NaNO_3$。含氮量为 $15\%\sim16\%$。

a. 性质特点:呈白色或浅色结晶,易溶于水。硝酸钠极易吸湿,空气湿度大时很容易潮解自溶,贮、运中应注意密封。属化学中性、生理碱性肥料。

b. 注意问题:施入土壤后,解离为钠离子和硝酸根离子,作物选择吸收硝酸根离子后,钠的残留可导致土壤碱性提高。尤其连续使用硝酸钠作肥料,可造成局部土壤 pH 升高,钠离子的积累,甚至还可能会影响土壤理化性状。国外经验,硝酸钠施用于烟草、棉花等旱作物上,肥效较好。对一些喜钠作物,如甜菜、菠菜等肥效好于其他氮肥。

硝酸钠也可作为配方施肥养分搭配的单质肥料。

硝酸钙 分子式为 $Ca(NO_3)_2$,其含氮为 $13\%\sim15\%$。

a. 性质特点:硝酸钙纯品为白色细结晶,肥料级硝酸钙为灰色或淡黄色颗粒。硝酸钙极易吸湿,在空气中极易潮解自溶,贮运中应注意密封。硝酸钙易溶于水。

b. 施入土壤后,解离成钙离子和硝酸根离子,在植物吸收过程中表现出较弱的碱性,但由于含有充足的钙离子并不致引起副作用,故适用于多种土壤和作物。含有 19% 的水溶性钙对蔬菜、果树、花生、烟草等作物尤其适宜。

硝酸钙也可作为配方施肥养分搭配的单质肥料。

(3)酰胺态氮肥。以酰胺形态氮存在的氮肥称为酰胺态氮肥。如尿素。

尿素是人工合成的第一个有机小分子肥料。是我国高浓度氮肥生产中最重要的品种之一。尿素的分子式为 $CO(NH_2)_2$,又称为脲,含氮量为 46%。

a. 性质特点:普通尿素为白色结晶,呈针状或棱柱状晶体,目前生产的尿素多为颗粒状,并加用防湿剂制成一种半透明颗粒。有一定的吸湿性,因此要避免在潮湿气候下敞开存放。试生产的大粒尿素能较好地防止吸湿和延长肥效。尿素极易溶于水,水溶液呈中性。溶解后以分子形态存在,不易被土粒吸附,故很容易随水移动而流失。

b. 注意问题:尿素施入土壤后,在脲酶的催化作用下开始转化,最终转化为铵态氮。作物根系也可以直接吸收较小的尿素分子,但数量不大。只有施入土壤转化成铵态氮后,才可被作物大量吸收。在高温季节,对苗床、温室、大棚等保护地内的作物施用较多尿素时,可因其氨挥发使植株明显灼伤。尿素应该深施。以利于它在湿润的土层中转化,而被土壤吸附保存减少损失。

c.施用方法:尿素适合作基肥和追肥。因其供应养分快、养分含量高、物理性状好,尤其适合作追肥施用。有条件时,追肥同样要强调深施,至少能以水带肥,减少肥料损失数量。尿素在土壤中不残留任何副成分,连年施用也无不良影响。也可作为配方施肥养分搭配的单质肥料。

尿素以中性分子态溶于水,电离度小,直接接触作物茎叶不易烧伤;尿素分子体积小,易透过细胞膜进入细胞,容易被茎叶吸收,吸收量也高,肥效快;尿素进入植物体内,引起细胞质壁分离的情况很少,即使发生,也容易恢复。因尿素的这些特点,非常适合根外追肥,作根外追肥时的浓度一般为 $0.5\%\sim2.0\%$,因作物种类的不同而不同(表 2-3-1)。

表 2-3-1　几种作物喷施尿素的参考浓度

作物种类	浓度(%)
稻、麦、禾本科牧草	1.5~2.0
黄瓜、白菜、萝卜、菠菜、甘蓝	1.0
西瓜、茄子、花生、甘薯、马铃薯、柑橘	0.4~0.8
桑、梨、葡萄、茶、苹果	0.5
番茄、花卉、柿子、温室茄子和黄瓜	0.2~0.3

尿素根外追施宜在无风的早晨或傍晚进行,喷施液量取决于植株大小和叶片状况。一般隔 7~10 d 喷 1 次,喷 2~3 次。作根外追施的尿素缩二脲含量一般不得超过 0.5%,尤其作物幼苗期茎叶幼嫩敏感,受缩二脲危害后影响合成叶绿素,从而出现失绿、黄化。更严重者出现白化的斑块或条纹。

(4)缓效态氮肥。缓效氮肥又称长效氮肥,是指由化学或物理方法制成能延缓养分释放速率,可供植物持续吸收利用的氮肥,如脲甲醛、包膜氮肥等。这类肥料有如下优点:①降低土壤溶液中氮的浓度,减少氮的挥发、淋失及反硝化损失;②肥效缓慢,一次施用就能在一定程度上满足作物全生育期各阶段对氮素的需要;③可以减少施肥次数,而且一次性大量施用不致出现烧苗现象,减少了部分密植作物后期田间追肥的麻烦。

一般将长效氮肥分为两类:一是合成的有机长效氮肥,二是包膜氮肥。

合成有机长效氮肥　合成有机长效氮肥主要包括尿素甲醛缩合物、尿素乙醛缩合物以及少数酰胺类化合物。

施用方法灵活,可单独施用,也可作为复混肥料的组成成分。可以按任何比例与过磷酸钙、熔融磷酸镁、磷酸氢二铵、尿素、氯化钾等肥料混合施用。

包膜缓释氮肥　包膜缓释氮肥是指以降低氮肥溶解性能和控制养分释放速率为主要目的,在其颗粒表面包上一层或数层半透性或难溶性的其他薄层物质而制成的肥料,如硫黄包膜尿素等。

4.常用的化学磷肥

(1)水溶性磷肥。包括普通过磷酸钙、重过磷酸钙、磷酸二氢钾、磷酸铵、硝酸磷肥等。其特点能溶于水,易被作物吸收利用。属速效性磷肥。可作配方施肥单质磷肥用。

普通过磷酸钙　其有效磷含量为 $14\%\sim20\%$。普通过磷酸钙是我国使用量最大的一种水溶性磷肥。

①性质特点:水溶液呈酸性反应,具有腐蚀性,易吸湿结块,因含有硫酸铁、铝,易发生退化作用。施入土壤后易被土壤固定,所以移动性很小。

②注意问题:在施用时,一是减少肥料与土粒的接触,以免发生固定;二是增加肥料与植物根系的接触面积,将磷肥集中施于植物根系分布密集的区域。

③具体施用方法:可作基肥、种肥和追肥。

集中施用。普通过磷酸钙适合于各种作物和土壤,无论作基肥、种肥和追肥,均应集中施用和深施。作追肥时易早施。旱地以条施、穴施、沟施的效果为好,水稻采用塞秧根和蘸秧根的方法。

分层施用。因磷在土壤中移动性小,以及作物不同生育期根系分布状况不同,所以在集中施用和深施原则下,可采用分层施用。即 2/3 作基肥深施,另 1/3 作面肥或种肥施于表层土壤中。

与有机肥料混合施用。混合施用可减少普通过磷酸钙与土粒的接触,减少固定。同时有机肥料在分解过程中产生的有机酸与铁、铝、钙等络合,对水溶性磷有保护作用;有机肥料还能促进土壤微生物大量繁殖,把磷转化成有机态,使水溶性磷得到暂时保存,同时还可以释放出二氧化碳,促进土壤中难溶性磷酸盐的释放。总之,普通过磷酸钙与有机肥堆沤后施用,效果更好。

与石灰配施。酸性土壤配施石灰可调节土壤 pH 到 6.5 左右,减少土壤磷素固定,改善植物生长环境,提高肥效。切忌石灰与水溶性磷肥同时施,一般是先施石灰,隔数天后再施肥料。

制成粒状肥料。颗粒状总表面积减小,与土壤接触面也小,因而可以减少土壤对磷的固定。对于密植作物、根系发达作物,粉状普通过磷酸钙效果较好。

根外追肥。叶面喷施是水溶性磷肥经济有效的施用方法,不仅可减少土壤对磷的固定,还可以减少用量,肥效也快。尤其在作物的中后期,根系吸收能力退化后，效果更好。方法是将过磷酸钙与水充分搅拌并放置过夜，取上层澄清液喷施。水稻、大麦、小麦等施用浓度为 $1\%\sim2\%$；棉花、油菜、果蔬等施用浓度为 $0.5\%\sim1\%$。

其他水溶性磷肥的施用可参照普通过磷酸钙。如重过磷酸钙、磷酸一铵和磷酸二铵。注意有效磷的含量多少而调节用量。

（2）弱酸溶性磷肥。也称枸溶性磷肥，包括钙镁磷肥、脱氟磷肥、钢渣磷肥、沉淀磷肥等。其特点不溶于水，但能被弱酸所溶解。作物根系溢泌的多种有机酸等化合物能较好地溶解这种形态的磷肥。因此能在被逐步溶解的过程中供作物吸收利用。在土壤中移动性很小，不会造成流失。物理性状良好，不吸湿结块。其肥效比水溶性磷肥慢。可作配方施肥单质磷肥用。

钙镁磷肥　在我国磷肥生产中，钙镁磷肥占第二位。钙镁磷肥中弱酸溶性（枸溶性）磷（以 P_2O_5）$14\%\sim18\%$，是一种低浓度的磷肥，其主要优点是粉状、呈墨绿色或者灰绿色，不溶于水，溶于弱酸；物理性状好，呈碱性的反应。

适宜作基肥，在酸性土壤上也可做种肥或蘸秧根。可与酸性或生理酸性肥料混施，以促进其溶解；避免与铵态氮肥混施，以免氮素的损失；与有机肥堆沤或混合施用可提高其肥效。后效比水溶性磷肥长，可隔年施用。

沉淀磷肥（磷酸二钙）、钢渣磷肥等的施用可参照钙镁磷肥。

（3）难溶性磷肥。主要指磷矿粉、骨粉和磷质海鸟粪。其特点既不溶于水，也不溶于弱酸，只有在强酸环境条件下可以溶解。可被吸磷能力强的作物利用。肥效迟缓而长，属迟效性磷肥。

磷矿粉　磷矿粉肥料由磷矿直接磨碎而成，是最主要的一种难溶性磷肥。主要性质特点是粉状，呈灰、棕、褐色；不吸湿，不结块，不腐蚀。磷矿粉的肥效决定于本身的活性、土壤性质和作物特点。一般只在酸性土壤上推荐施用。有较长的后效，连续施用 $4\sim5$ 年后，可停止施用 $2\sim3$ 年。与酸性肥料混施，或与有机肥料混合堆沤后施于酸性土壤，肥效较好。磷矿粉一般不撒施，结合翻耕作基肥施用。

除了以上几种常见磷肥之外，聚磷酸盐肥料在国际上已具有相当规模。聚磷酸盐是在高温或真空条件下蒸发正磷酸制成。含磷量（以元素磷计）可高达 35%以上。其性质是呈黏稠液状，有腐蚀性；溶于水；遇钙不会形成沉淀，水溶前遇铁、铝不会形成沉淀。

5.常用的化学钾肥

硫酸钾　分子式为 K_2SO_4，含 K_2O $50\%\sim52\%$，白色或淡黄色结晶。其特性是易溶于水，吸湿性小，贮存时不易结块，属于化学中性，生理酸性肥料。可作配方施肥单质钾肥用。

硫酸钾适宜于各种植物和土壤。对于十字花科等喜钾植物特别有利,但对于还原性较强的水稻土,它不如氯化钾。硫酸钾应优先施用在"忌氯"作物上,如西瓜、烟草、马铃薯等。

硫酸钾可作基肥、追肥、种肥和根外追肥。因钾在土壤中移动性差,故最宜作基肥,并注意施肥深度,应施到湿润层,防止太浅因干湿交替频繁而被固定。作追肥时,则应注意早施及集中施,如条施或穴施,既可减少钾的固定,也有利于根系吸收。

氯化钾 分子式为 KCl,含 K_2O 50％～60％,白色或淡黄色结晶。其特性易溶于水,吸湿性小。属化学中性,生理酸性肥料。可作配方施肥单质钾肥用。

氯化钾适宜作基肥、追肥。不宜作种肥,因氯离子可影响种子萌发的幼苗。对忌氯植物及盐碱地也不宜施用。氯化钾适用于麻类、棉花等纤维作物,因氯离子可提高纤维含量和质量。其他施法与硫酸钾相似。

草木灰 植物残体燃烧后,所剩余的灰烬统称为草木灰。长期以来,我国广大农村多以干植物秸秆作为燃料,产生了大量的草木灰,在我国钾肥资源不足的情况下,草木灰是其中的一个重要肥源。可作配方施肥单质钾肥用。

草木灰的成分极其复杂,含有植物体内各种矿物元素,如钾、磷、钙、镁各种中微量元素,其中以钾、钙的数量最多,其次是磷。所以通常把它叫作农家钾肥,但其实含有多种营养元素。

草木灰中钾的形态是以碳酸钾为主,其次是硫酸钾,氯化钾更少。都是水溶性钾,施入土壤作物可直接吸收利用,但贮存时应防雨淋。草木灰中的磷属弱酸溶性磷,对植物比较有效。草木灰溶于水后呈碱性反应,属碱性肥料。

草木灰适宜于各种土壤和作物。尤其是忌氯喜钾作物。在酸性土壤上的豆科作物增产效果尤其明显。应集中施用,可条施或穴施。

草木灰为碱性肥料,故不能与铵态氮肥混合施用,也不能与人粪尿、厩肥等有机肥料混合贮存和施用,以免引起氮素挥发损失。

6. 中量元素钙、镁、硫肥和微量元素硼、锌、钼、锰、铁、铜肥

(1)钙肥及其施用。钙肥有很多种,主要的有生石灰、熟石灰、石膏、石灰石粉、硝酸钙和过磷酸钙等。可作配方施肥单质钙肥用。

①生石灰,化学式是 CaO,含 Ca 60％,吸湿性强,呈强碱性。施入土壤可短期内矫正土壤酸度。

②熟石灰,化学式是 $Ca(OH)_2$,含 Ca 46％,呈强碱性。中和土壤酸度也很强。

③石灰石粉,主要成分是碳酸钙和碳酸镁。不溶于水,溶于酸。含钙 20％～

30％。中和土壤酸度缓慢而持久。

④石膏，化学式是 $CaSO_4 \cdot 2H_2O$，含钙 22.5％。可同时补充钙素和硫素营养。

在强酸性土壤上施用生石灰或熟石灰在我国已有悠久的历史，既可中和土壤的强酸性，又可向作物提供丰富的钙素。在我国南方酸性土壤上施用石灰也成为农业生产中一项基本的施肥措施。近年来，一些蔬菜或花生因缺钙而引起生理病害，甚至中性和石灰性土壤上，施用石膏对蔬菜作物和花生都表现出增产、改善品质、减轻病害的作用。

施用方法最好是配合有机肥和其他营养元素肥料，作基肥全层施入土壤。

（2）镁肥及其施用。

①镁肥大致分为两大类：水溶性镁盐和难溶性镁矿物。主要有硫酸镁、氯化镁、硝酸镁、水镁矾、白云石、钙镁磷肥等。可作配方施肥单质镁肥用。

A. 硫酸镁：化学式是 $MgSO_4$，含镁 20％。溶于水。

B. 氯化镁：化学式是 $MgCl_2$，含镁 25.6％。溶于水。

C. 硝酸镁：化学式是 $Mg(NO_3)_2$，含镁 16.4％。溶于水。

D. 水镁矾：化学式是 $MgSO_4 \cdot H_2O$，含镁 16.3％。溶于水。

E. 白云石：主要成分碳酸钙和碳酸镁，含镁 10％～13％。难溶于水。

②镁肥的施用。可作基肥或追肥，也集中施在作物根部或根外追施。同时与有机肥或其他肥料搭配施，增产效果更好。镁肥施用量要适宜，过多可引起营养元素失衡而影响作物生长发育，降低产量和品质。根外喷施硫酸镁的浓度为 1％～2％。

（3）硫肥及其施用。

①硫肥的种类：常用的有硫黄、石膏、普通过磷酸钙、硫酸铵、含硫微肥等。此外，还有一些含硫的农家肥等。

A. 硫黄：化学式是 S，含硫 95％～99％，难溶于水。

B. 石膏：化学式是 $CaSO_4 \cdot 2H_2O$，含硫 18.6％，微溶于水。

目前，施用硫肥增产的作物已有 20 多种，包括谷物、油料作物、绿肥、牧草、经济作物等。

②硫肥的施用：目前，施用硫肥增产的作物已有 20 多种，包括谷物、油料作物、绿肥、牧草、经济作物等。硫肥一般作基肥，在播种或移栽前耕地时施入，通过耕耙使之与土壤混合。石膏可作基肥、种肥和追肥，作基肥可以全层施入进行翻耕。用微溶或不溶于水的石膏或硫黄悬浮液进行蘸根处理是经济有效方法。硫黄作基肥应提早施入土壤。水稻田应注意还原态硫化合物的危害。

（4）常用微量元素肥料。

①微量元素肥料的种类：目前使用较多的是硼肥、锌肥、铁肥、锰肥和钼肥的无机盐和氧化物。常用微量元素肥料的品种及其性质（表 2-3-2），均可作配方施肥的单质微肥用。

微量元素是相对于大量元素和中量元素而言的。作物对微量元素的需要量虽然很少，但它们与大量元素有着同等的重要性。在施用大量元素肥料的基础上施用微肥，不仅提高作物的产量，还可以改善农产品的品质。但微肥施用过多，易造成作物中毒，不仅影响产量和品质，还会污染环境，使人、畜患病。微量元素从缺乏到过量的适量范围很窄，因此一定要把握好用量，既不可过多，又不可过少。另外施用一定要均匀，避免局部过多或过少人为造成缺乏和毒害。

表 2-3-2   常用微量元素肥料的品种及其性质

微量元素肥料名称	主要成分	有效成分及含量	性质
锌肥		Zn	
硫酸锌	$ZnSO_4 \cdot 7H_2O$	23%	白色或浅橘红色结晶，易溶于水
硼肥		B	
硼酸	H_3BO_3	17.5%	白色结晶或粉末，溶于水
硼砂	$Na_2B_4O_7 \cdot 10H_2O$	11.3%	白色结晶或粉末，溶于水
钼肥		Mo	
钼酸铵	$(NH_4)_2MoO_4$	49	青白色结晶或粉末，溶于水
钼酸钠	$Na_2MoO_4 \cdot 2H_2O$	39	青白色结晶或粉末，溶于水
锰肥		Mn	
硫酸锰	$MnSO_4 \cdot 3H_2O$	26%～28%	粉红色结晶，易溶于水
铁肥		Fe	
硫酸亚铁	$FeSO_4 \cdot 7H_2O$	19%	淡绿色结晶，易溶于水
铜肥		Cu	
五水硫酸铜	$CuSO_4 \cdot 5H_2O$	25%	蓝色结晶，溶于水

②微肥施用应注意的问题：

A.针对植物对微量元素的敏感程度选择施用微肥。不同植物对不同的微量元素种类的敏感程度不一样，需要量也不相同。如甜菜、苜蓿、萝卜、白菜、向日葵、油菜、苹果等需硼较多；烟草、马铃薯、大豆、甜菜、洋葱、菠菜等需锰较多；小麦、高粱、莴苣、菠菜等需铜较多；水稻、高粱、玉米、大豆、番茄、柑橘、苹果、葡萄、桃等需锌较多；豆科植物、油菜、花椰菜等需锰较多；花生、蚕豆、马铃薯、苹果、梨、桃、柑橘、李、杏等需铁较多。

　　B.根据土壤微量元素的丰缺选择施用微肥,效果才明显。如黄土母质、黄土性物质发育而成的土壤,黄河冲积物发育而成的土壤(盐碱地除外),主要包括黄土高原、华北平原和淮北平原等,可能缺硼;北方的石灰性土壤和沿海盐碱地,南方河湖流域的石灰性水稻土,砂页岩发育的红壤和黄壤,可能缺锌;在广大北方地区,包括黄土高原、华北平原和淮北平原,可能缺锰。另外,土壤的酸碱性对土壤微量元素的有效性影响很大。如在北方石灰性土壤上,可能缺铁、硼、锰、铜和锌。在酸性土壤上可能缺钼。酸性土壤施用石灰,会明显改变许多微量元素养分的有效性。总之,根据不同地域土壤上,有针对性地选择微肥使用,对作物提高产量、改善品质具有良好的作用。

　　C.严格控制用量,力求施用均匀。各种微量元素从缺乏到过量之间的适量范围很窄,稍有缺乏或过量就可导致对作物严重危害,有时过量还可造成环境污染。因此,施用时要严格控制用量,并力求做到施用均匀。微量元素肥料一般用量很少,为了施得均匀,通常的办法是与大量元素肥料或有机肥料充分混合后施用。在植物体上的使用一定要控制好浓度,以免过量对作物造成伤害。

　　D.与其他肥料配合施用。虽然微量元素与大量元素及中量元素对作物的营养作用是同等重要和不可替代的,但在农业生产中,只有在施足大量元素肥料的基础上,微肥的增产效果才能充分发挥出来。另外,施用有机肥料或过酸土壤施用石灰来调节土壤的酸碱度,可消除微量元素缺乏的土壤条件。

　　7.常用的复混(合)肥料

　　(1)复混肥料的概念和特点。

　　①复混肥料的概念。复混肥料是指含有氮、磷、钾三要素中至少两种或两种以上的植物必需营养元素的化学肥料。含有氮、磷、钾三要素中任意两者的称为二元复混肥料,如二铵、硝酸钾、磷酸二氢钾等;同时含有氮、磷、钾三要素的肥料称为三元复混肥料,如铵磷钾肥、硝磷钾肥等。如果再添加一种或几种中、微量元素的称为多元复混肥料。此外,在复混肥料合理的加入植物生长调节剂、除草剂、抗病虫农药等的称为多功能复混肥料。

　　②复混肥料的特点。有优点也有缺点,与单质肥料相比主要可归纳为以下几点:

　　A.养分种类多、含量高。复混肥料含有两种或两种以上营养元素,因此施用一种肥料,不仅同时供给植物多种养分,还可以发挥营养元素之间的协助作用,使养分元素的营养功能最大化。复混肥料养分含量高,如磷酸铵复合肥含氮12%~18%,含五氧化二磷46%~52%。即50 kg磷酸铵的养分含量相当于将近50 kg碳铵和150 kg普钙所含养分总量之和。

B.副成分少,减少对土壤的不良影响。多数单质化肥施入土壤会带入大量副成分,会影响到土壤的性质,进而可以影响到作物的生长。前面讲单质肥料时有述,这里不再说了。

C.物理性状好。复混肥料经过造粒,不吸湿,不结块。便于贮存和施用。尤其便于机械化施肥。

D.降低成本,提高生产效率。因养分含量高,用量的体积缩小了,因此节约了包装、贮运和施用费用。节省搬运、施肥的劳动力,提高生产效率。

复混肥料也存在一些缺点。主要有两点:①养分比例固定,不能完全适用不同土壤、不同作物以及同一作物不同生育期对养分的不同要求。因此,高质量的复混肥应该是根据土壤、气候和植物量身定制的专用肥,这也是真实的配方施肥,也不是市场上某种笼统的专用肥。只有这样,才不仅减少肥料成分的浪费,还能最大限度地发挥复混肥料的优点。②难以满足不同施肥技术的要求。其一,因不同作物以及作物的不同生育期,吸收利用各种养分元素的特点是不一样的。其二,是各种养分元素在土壤中的移动速度有很大差异,所以被植物吸收的难易也有很大差异。按传统的施肥习惯,复混肥料只能采用同一施肥时期、施肥方式和深度,这样各种营养元素的最佳营养效果就不能充分发挥。

(2)复混肥料的含量标志。复混肥料中养分成分和含量,一般氮、磷、钾的顺序为 $N-P_2O_5-K_2O$,标出的阿拉伯数字表示养分的百分含量,"0"表示不含该元素。总有效养分含量是所含各种养分成分含量之和。如二铵包装袋上的标示为 18-46-0,即表示为每 100 kg 二胺中含有效氮(N)18 kg 有效磷(P_2O_5)46 kg,有效养分总量为 64 kg,不含钾素。如果包装袋上的标示为 15-15-15(S),(S)的意思是表示肥料中酸根是含硫元素的,不含氯元素,适合于忌氯作物上施用。还有的包装袋上标示为 10-10-10-1.5 Zn,表明它内部除含有氮、磷、钾三元素外,还含有 1.5%的锌,适合于用在缺锌的土壤或作物上,但有效养分只计算氮、磷、钾三种成分。

(3)复混肥料的类型。根据生产工艺或加工方法,我国目前把复混肥料分为复合肥料和混合肥料两类:

①复合肥料。复合肥料是通过化学反应过程制成的,也称之为化成复合肥料,如磷酸铵、硫磷酸铵、磷酸二氢钾、尿素磷铵、硝磷酸铵、硝酸磷肥和硝酸钾等。其生产工艺虽然不同,但都明显发生了化学反应。

②混合肥料。混合肥料是将两种或两种以上的单质化肥,根据肥料的性质,按照合适的比例,用物理方法机械混合,再通过工厂造粒而成的,也有把单质肥料直接掺和而成的。统称为混成复合肥。

A.机械混合后造粒的优点是颗粒中养分分布均匀,物理性状好,施用方便,而且根据农业生产需要可以随时更换肥料配方,有较大灵活性。直接掺和而成的肥料最主要优点也可以随时灵活更变配方,以满足不同土壤和作物对养分配比的要求。但也有缺点,如果各个组成成分的粒径和比重相差很大,很容易在装卸过程中容易产生分离现象,从而导致各种养分成分分布不匀而降低肥效。

B.肥料混合的原则。肥料混合应遵循以下三个原则:第一混合后不能造成养分损失或者有效养分降低;第二混合后不会产生不良的物理性状;第三混合后有利于提高肥效和工效。肥料是否适宜混合也分三种情况:可混、可暂混、不可混。各种肥料混合的适宜性如下(表 2-3-3)。

表 2-3-3　各种肥料的混合是否适宜

1	硫酸铵											
2	硝酸铵	△										
3	碳酸氢铵	×	△									
4	尿素	□	△	×								
5	氯化铵	□	△	×	□							
6	过磷酸钙	□	△	□	□	□						
7	钙镁磷肥	△	△	□	×	×	□					
8	磷矿粉	□	△	×	□	□	△	□				
9	硫酸钾	□	△	□	□	□	□	□	□			
10	氯化钾	□	△	×	□	□	□	□	□	□		
11	磷铵	□	△	×	□	□	□	×	×	□	□	
12	硝酸磷肥	△	△	×	△	△	△	×	△	△	△	△
		1	2	3	4	5	6	7	8	9	10	11	12
		硫酸铵	硝酸铵	碳酸氢铵	尿素	氯化铵	过磷酸钙	钙镁磷肥	磷矿粉	硫酸钾	氯化钾	磷铵	硝酸磷肥

注:□可混;△可暂混不可久放;×不可混。

特别的,尿素与钙镁磷肥混合不会发生氮素损失,但施入土壤后,尿素水解可吸收土壤中氢离子,施肥点附近土壤 pH 随之升高,再遇上碱性的钙镁磷肥极易造成氨气挥发,因此,尿素最好不要与钙镁磷肥混合。

尿素与过磷酸钙混时,若物料超过 60℃,会使部分尿素水解进而使水溶性磷活性下降,磷酸氢二铵与过磷酸钙混合时也会发生类似反应,注意混合时的气温环境。

硝态氮肥与过磷酸钙混合易生成一氧化二氮而使氮损失,与未腐熟的有机肥混合易发生反硝化脱氮。

速效性磷遇到碱性肥料,如生石灰等,可生成不溶性或难溶性磷而降低肥效。

(4)复混肥料施用应注意以下几个方面:

①根据土壤施用。不同地区的土壤或者同一地区不同土壤,土壤供肥水平不同。因此,应有针对性地选择合适的复混肥料品种。目前我国南方土壤缺钾面积不断扩大,而磷肥肥效有所下降,因此,宜选用氮、钾为主的复混肥料;北方多数地区磷肥效果明显,钾肥肥效不稳定或不明显,因此,可选用氮、磷为主的复混肥料;高产区域土地应选用氮、磷、钾三元复混肥料,并针对性的补充一些微量元素。

②根据植物施用。各种植物对养分的要求不同,选用养分配比适宜的复混肥料品种,对于提高植物产量、改善产品品质有重要作用。一般经济作物为了提高产品产量和品质,宜选用氮、磷、钾三元或含微量元素的多元复混肥。而粮食作物以提高产量为主,可选用氮、磷复混肥料;豆科植物宜选用含氮少,磷、钾多的复混肥料;西瓜、烟草、柑橘等忌氯植物应选用不含氯元素的三元复混肥料。

具体的,根据实验,棉花适宜的复混肥氮、磷、钾比例为1:0.5:1或1:0.5:0.5;西瓜为1:0.4:0.8;甘蔗为1:0.23:1;花生、大豆为1:2:1;苹果在苗期和幼龄期为1:1:0.5,成树全年施用一次为1:0.4:0.8。茶树一般为1:(0.5~1):(0.5~1),红茶区要适当多施磷,绿茶区要适当多施氮。

③考虑复混肥中养分的形态施用。复混肥料中的氮素有铵态氮、硝态氮和酰胺态氮。结合前面讲单质氮肥时的注意事项,也适合于复混肥。复混肥料中的磷有水溶性和弱酸溶性两种,单质磷肥施用时的注意事项也适合于复混肥。含钾的复混肥注意问题也和单质钾肥相同。含氯离子的复混肥不宜用在忌氯作物和盐碱地上。

④复混肥在施肥环节上以基肥为主。复混肥料一般以全部作基肥为宜,在植物的生育期内配施适量的氮肥和其他营养元素作追肥效果更好。

⑤合理的施用量。复混肥的施用量,也应根据土壤供肥水平、植物需肥特点、产量水平、种植制度等综合考虑,正确的施用量是增加复混肥肥效的关键环节,否则不仅造成养分浪费,增加施肥成本,还可能造成环境污染。针对复混肥本身,施用量的计算办法一般应遵循:以其含量最高的元素计算,不足的其他养分元素以单质肥料补充;当复混肥所有养分元素相同时,应以植物需要量少的养分元素计算,

不足的其他养分元素也以单质肥料补充。

(二)有机肥料

1.有机肥的概念

有机肥料包括人畜粪尿肥、秸秆肥、动物残体、屠宰场废弃物、饼肥、堆肥、沤肥、厩肥、沼肥、绿肥等,能够为植物生长提供所必需的营养元素并兼有改善土壤物理、化学和生物学性质的一类有机物料的总称。

有机肥的特点:原料来源广,数量大;养分全,含量低;肥效迟而长,须经微生物分解转化后才能为植物所吸收;改土培肥效果好。

2.有机肥的作用

有机肥料有助于培肥土壤和改善植物营养,其作用主要表现为以下几个方面。

(1)改良和培肥土壤的作用。有机肥料中含有大量的有机质,施用后可以增加土壤中的有机质含量,而有机质含量是衡量土壤肥力的重要标志,土壤有机质含量增加后,会培肥土壤。

有机肥料施用也会改良土壤。主要表现在:有机质的施用会增加土壤中的有机胶体数量,增加了土壤的吸附表面,产生许多胶粘物质,使土壤颗粒胶结起来变成稳定的团粒结构,土壤团粒数量增加,改善了土壤的物理、化学和生物学特性,提高了土壤的通气性、保水性、保肥性,提高了土壤对于温度的调节能力;同时由于有机肥料含有多种糖类,施用有机肥增加了土壤中各种糖类,使得有机物在降解中释放出大量能量,为土壤微生物的生长、发育、繁殖活动提供了大量能源;此外,施用有机肥大大提高了土壤酶的活性,有利于提高土壤的吸收性能、缓冲性能和抗逆性能;再就是有机肥腐熟分解会形成各种腐殖物质,具有很好的络合吸附性能,对重金属离子有很好的络合吸附作用,能有效地减轻重金属离子对作物的毒害。

(2)在植物营养中的作用。有机肥料是一种完全肥料,有机肥料含有植物所需要的大量营养元素,同时也含有各种微量元素(表2-3-4),同时也含有糖类和脂肪以及能刺激植物生长的某些特殊物质,如胡敏素和抗生素等,能够较全面地满足植物营养的需要。但有机肥料中所含有的营养元素多呈有机态,需要经过微生物分解转化后,才能变成可被植物吸收利用的可给养分,因此有机肥料的肥效较长,能在较长时间内供给农作物生长发育需要。有机肥料养分全面,但由于其所含养分量较低,难于完全满足作物增产对于大量养分的需求,也难于满足作物生长旺盛期对于养分的需求,在这时候,就需要科学合理的施用适量的无机肥料,以达到促进作物增产、增效的目的。

表 2-3-4 　家畜粪、禽粪的矿质元素含量　　　　　　　 %

粪肥	N	P	K	Mn	B	Zn	Cu	Mo	Fe
牛粪	0.87	0.39	0.53	0.036	0.002 3	0.001 9	0.001 6	0.000 37	0.159
猪粪	1.05	0.64	1.05	0.029	0.002 2	0.019 9	0.005 0	0.000 30	0.185
羊粪	1.25	0.59	0.95	0.019	0.003 1	0.014 6	0.002 3	0.000 34	0.192
鸡粪	1.78	0.62	1.37	0.014	0.002 4	0.013 0	0.001 8	0.000 42	0.190

（3）对于改善作物品质的作用。过去大量的研究表明,合理施用有机肥能改善作物的品质,如营养品质、食味品质、外观品质和降低食品中硝酸盐的含量,有机肥能改善作物品质的原因,可能与有机肥的养分供应平衡有很大关系。

3. 如何处理有机肥与化肥之间的关系

有机肥料和无机肥料(化学肥料)各有优缺点,对于农业生产的发展都是十分重要的。有机肥料的优点:原料来源广,数量大,含有丰富的有机物质和各种营养元素,养分全面;缺点是存在脏、臭、不卫生的情况,养分含量低,不能满足作物生长旺盛期对营养元素的大量需求,肥效发挥比较慢,需要经过腐熟后才能施入土壤,否则容易导致出现"烧根、烧苗"等现象,体积大,使用不方便。无机肥料(化学肥料)正好与之相反,其优点是:养分含量高,肥效发挥快,可以直接根据土壤需肥状况适时施入土壤,以满足作物对于养分的需求,使用方便;其缺点是:所含养分单一,不含有机物质,多作追肥使用,但长期施用易使土壤板结,肥效短,制造成本高,生产过程中和施用后容易造成环境污染。

综上所述,有机肥料和无机肥料各有优缺点,两者配合施用可有效发挥各自的优点,缓急相济,规避各自的缺点,才能充分发挥其各自的效益。有机肥料固有的改良土壤、培肥地力,增加产量和改善品质等作用,经与无机肥料配合施用,可以得到进一步的提高。人类自从在农业生产中使用无机肥料以来,有机肥与无机肥料配合施用就已经客观存在,刚开始时,处于盲目配合一种状态,此后经过世界各国许多科学工作者的研究和广大农民的实践,测土配方施肥等施肥方法相继在生产中推广应用,使得有机、无机肥料配合施用更趋完善。

4. 有机肥料常见类型、积制原理与方法、正确施用的方法

（1）有机肥常见类型。有机肥的种类较多,主要类型包括粪尿肥(牲畜粪尿和人粪尿)、秸秆肥、其他有机肥料(包括绿肥、饼肥、泥炭和腐殖酸类肥料等)。

（2）各类型有机肥积制方法、正确施用方法。

①粪尿肥。粪尿肥是指利用人、牲畜、家禽的粪尿制成的有机肥。

A. 人粪尿:人粪是食物经过消化后未被吸收利用而排出体外的部分。人粪中的有机物主要是纤维素、半纤维素、脂肪和脂肪酸、蛋白质、肽、氨基酸、各种酶、胆

质和各种无机化合物,同时还含有大量已死的和活着的微生物。人粪一般呈中性反应,但也有呈碱性和酸性反应。

人尿是食物经消化吸收后,混入血液循环全身,经新陈代谢所产生的废物和水由肾脏排出体外的物质。人尿中水分含量约为 95%,含有多种可溶性氮化合物和无机盐类。氮化合物中以尿素为最多,还含有少量的氨基酸,微量的尿酸、马尿酸、肌酸酐、黄嘌呤、尿蓝母、尿囊素和生长素。无机盐类有磷酸盐、铵盐、钾盐以及各种微量元素,以氯化钠含量最多。

据分析,一般人粪尿含有机物 5%~10%、氮(N)0.5%~0.8%、磷(P_2O_5)0.2%~0.4%、钾(K_2O)0.2%~0.3%,氮、磷、钾三种元素中含氮量较高。

B. 动物粪尿:

a. 牲畜粪尿。牲畜粪、尿成分不同。牲畜粪是饲料经牲畜消化器官消化后未被吸收利用而排出体外的部分物质。牲畜粪中的有机物主要是纤维素、半纤维素、木质素、脂肪类、蛋白质、氨基酸、有机酸、酶和各种无机盐类化合物。牲畜尿的成分比较简单,都是水溶性物质,主要有尿素、尿酸、马尿酸以及钾、钠、钙、镁等无机盐类。由于牲畜种类、年龄、饲料、性别以及饲养管理方法等不同,其粪尿的排泄量和养分差异很大。以牲畜粪中的养分含量进行比较,羊粪中的氮、磷、钾含量最多,猪粪、马粪次之,牛粪最少。

牲畜尿中含有较多的马尿酸,而尿素含量则比人尿少。家畜尿液成分比较复杂,分解缓慢,必须经过腐解,转变为碳酸铵后,才能被作物吸收利用。有研究表明,马尿、羊尿中含尿素较多,腐解较快,稍经腐熟,就可直接施用。猪尿中的尿素含量虽不及马尿和羊尿,但其他形态的含氮化合物较多,也能分解。猪尿比牛尿容易分解,所以猪尿的肥效也较迅速。牲畜尿的 pH 较高,偏碱性。

大型牲畜产尿量大,需要采用垫圈材料进行垫圈,或者用水进行冲圈。垫圈法是在牲畜舍内垫上大量的秸秆、杂草(南方)、泥炭(北方)、干细土等,既可吸收尿液,保存养分,又能创造清洁的环境,有利于家畜的健康。表 2-3-5 是几种主要垫料的吸水、吸氨能力的比较。

表 2-3-5　各种垫圈材料吸水、吸氨情况

垫料种类	吸水量(%)(24 h)	吸氨量(%)(24 h)
泥炭	600	1.10
燕麦秆	285	—
豌豆秆	285	—
小麦秆	220	0.17
新鲜栎树叶	160	—
干有机质土	50	0.60

从表 2-3-5 可以看出,垫圈材料中吸水量以泥炭效果最好,秸秆次之,干有机质土最差。吸氨能力也是以泥炭最好,干有机质土次之,秸秆最差。

冲圈法适用于较大型牲畜养殖场或机械化养猪场进行积肥。畜舍内每天用水把粪便冲到舍外的粪池里,在嫌气条件下沤成水粪,畜舍清洁卫生;或沼气发酵,但肥分少,发酵慢,不便施用。

b. 家禽粪。常见的家禽粪有鸡粪、鸭粪、鹅粪、鸽粪等。不同的家禽粪中的养分有所不同。常见家禽粪的养分含量见表 2-3-6。

表 2-3-6　常见家禽粪养分含量

禽粪种类	水分(%)	有机质(%)	氮(N)(%)	磷(P_2O_5)(%)	钾(K_2O)(%)
鸡粪	50.5	25.5	1.63	1.54	0.85
鸭粪	56.6	26.2	1.10	1.40	0.62
鹅粪	77.1	23.4	0.55	0.50	0.95
鸽粪	51.0	30.8	1.76	1.78	1.00

总体而言,禽粪是容易腐熟的有机肥料。新鲜禽粪容易招引地下害虫,因此,禽粪作肥料应先堆积腐熟后施用。腐熟的禽粪可作基肥、追肥、种肥。禽粪宜干燥贮存,否则易产生高温,氮素受损失。禽粪在堆积腐熟过程中能产生高温,属于热性肥料。禽粪腐熟后,是一种养分含量较高的肥料,可作基肥、追肥,由于肥源、数量较少,一般多施用于菜地或经济作物,每亩施 50～100 kg,混入 2～3 倍土施用。禽粪由于施用量少,还要配合施用其他肥料,才能满足作物生长发育的需求。

c. 厩肥。厩肥是指家畜粪尿和各种垫圈材料混合积制的有机肥料。北方地区的垫圈材料多用干燥沙性土壤和泥炭垫圈,厩肥中混土量较高,故称土粪。南方地区,一般用作物秸秆进行垫圈,统称为厩肥。

不同家畜粪尿积制的厩肥由于家畜粪尿养分本身就不同,养分有所差异。不同家畜粪尿制造的新鲜厩肥平均肥分含量见表 2-3-7。

表 2-3-7　不同家畜粪尿积制的厩肥的平均肥分成分

家畜种类	水分(%)	有机质(%)	N(%)	P_2O_5(%)	K_2O(%)	CaO(%)	MgO(%)	SO_3(%)
猪	72.4	25.0	0.45	0.19	0.60	0.08	0.08	0.08
牛	77.5	20.3	0.34	0.16	0.40	0.31	0.11	0.06
马	71.3	25.4	0.58	0.28	0.53	0.21	0.14	0.01
羊	64.6	31.8	0.83	0.23	0.67	0.33	0.28	0.15

从表 2-3-7 可以看出,厩肥中有机质含量较高,平均为 25%,N 约占 5%,P_2O_5 约占 0.25%,K_2O 约占 0.6%。

　　新鲜厩肥要经过充分腐熟后才能施入农田土壤,其原因是新鲜厩肥制造时的垫圈材料秸秆含有较多的纤维素、木质素等化合物,C/N 比较高,植物难以直接吸收利用,不经腐熟直接施入土壤会造成微生物与作物生长前期竞争氮的现象,造成作物前期出现缺氮症状。但如果农田土壤的质地较轻,透气性、排水性好,气温较高,或作物生育期较长,则可选用半腐熟的厩肥进行施用。

　　C.粪尿肥的积制方法:粪尿肥必须经过腐熟后才能施入土壤,一般而言,将粪尿肥进行堆肥化处理是有效利用粪尿肥资源的主要方式之一。

　　a.粪尿堆肥的分类及积制方法。按照堆肥堆制过程中是否产生高温,可以将堆肥分为两种:高温堆肥和普通堆肥。高温堆肥,堆制过程中会产生高温,有明显的高温阶段,其堆制时不掺土,以粪尿肥为主,同时堆制过程中,加入一定量的具有促进腐熟作用的商品微生物发酵剂等物质,加速腐熟的进程,堆制的时间较短,可迅速将粪尿肥进行腐熟,使之短时间内迅速成肥。也可以通过马粪培养液达到接种的目的以获得高温堆肥所需要的促进腐熟的微生物,马粪培养液的制法是把 0.1 kg 马粪加 10～15 kg 水搅拌均匀后放入白铁桶内,桶上加盖,放在堆肥上面,桶身埋入堆内,桶口露在外面,在 65℃高温下放置 4～5 d 即可应用。与高温堆肥相反,普通堆肥堆制时掺土较多,堆制过程中不会产生高温,整个堆制过程温度较低,且变化不大,堆制时间较长,适用于北方地区常年积制肥料。采用普通堆肥时,可以将动物粪尿起出在外堆积,掺些人粪尿加 1%～2%过磷酸钙和少量泥土,先松堆,后实堆,层层堆积,达 2 m 高左右,压实用泥封好,4～5 个月即可达腐熟状态,制造出大量优质的粪肥。羊粪起出后,加适量水分,可单独堆积。为抢墒播种,在早春要选择背风向阳地点堆积腐熟,做到早倒粪、早送粪,避免生粪下地,影响春播。普通堆肥堆制时不需要特定的具有促进腐熟作用的微生物。

　　影响粪尿堆肥腐熟的因素:堆肥腐熟过程中的矿质化-腐殖化作用无不受到堆肥材料、环境温度、水分、通气、pH 等因子的影响。影响堆肥腐熟的因素主要有水分、通气、养分、温度、pH 等。

　　b.厩肥的积制方法。厩肥的积制过程以保氮为中心,可分为圈内堆积和圈外堆积。

　　圈内积肥法是在牲畜圈内挖深浅不同的粪坑积制,有深坑式、浅坑式、平底式三种。

　　圈外积肥法,按其松紧程度不同,堆积方法有:紧密堆积法、疏松堆积法和疏松紧密交替堆积法。

D. 粪尿肥正确施用的方法：

a. 人粪尿的施用方法。人粪尿一般当做氮肥使用，且是农家肥料中的速效肥料，除少部分用作基肥外，大多用作追肥，随水灌施或兑水泼施。

b. 动物粪尿的施用方法。猪粪尿混合贮存，因 C/N 比较小，分解较快，可作追肥也可作基肥。羊粪、马粪属热性肥料，易引起烧苗，宜先腐熟或制成厩肥后施用。家禽粪尿施用后，供给并保存了养分，可提高土壤肥力，改造土壤构造，改善土壤热量状况。

c. 厩肥的施用方法。腐熟后的厩肥可做基肥、种肥、追肥。作基肥时可全田撒施翻入土壤，肥少时可开沟集中施于播种行间或栽植垄上，要与氮、磷、钾肥料配合施用，更好地发挥厩肥的肥效。沙质土壤上应选用腐熟程度较差的厩肥，每次不宜多，深施；黏重土壤上应选用腐熟程度较好的厩肥，每次用量可多些，浅施。

②秸秆肥。目前农作物秸秆的利用方式主要有秸秆还田。秸秆还田是把作物的秸秆（如玉米秸秆、高粱秸秆等）直接或经堆积腐熟后施入土壤中的一种方法。秸秆还田可改良土壤性质、加速生土熟化进程、提高土壤肥力。由于秸秆的 C/N 比值较高，氮素相对缺乏，直接施入土壤容易造成微生物与作物之间竞争氮素养分，因此直接耕翻秸秆时，应同时施加一些氮素肥料，以促进秸秆在土中腐熟，避免微生物与作物之间对氮素养分的竞争。

A. 秸秆还田的作用。秸秆还田的好处很多，根据现有的资料，秸秆还田的作用主要有：具有促进土壤有机质及氮、磷、钾等含量的增加的作用，这主要是由于秸秆中含有较多的有机质和一定量的氮、磷、钾等营养成分；可提高土壤水分的保蓄能力；改善植株性状，提高作物产量。一般可增产 5%～10%；改善土壤物理性状，增加团粒结构；促进土壤中养分的转化。

秸秆还田作用显著，但是要达到理想的施用效果，必须要采取合理的秸秆还田措施，才能起到良好的还田效果。

B. 秸秆还田的方式。秸秆还田一般作基肥用。还田的方式主要有两种：直接还田和腐熟后还田。

直接还田的方法：无论是采用秸秆覆盖还田或是翻压还田，都要考虑秸秆的合理用量。如果秸秆用量过多，不利于秸秆的腐熟和矿化，甚至影响作物种子出苗或幼苗的生长，导致作物减产。过少则达不到应有的目的。一般以每 10 000 m² 施用 3 000～6 000 kg 为宜。在瘦地和化肥不足的情况下，秸秆还田离下茬播种期又较近时，秸秆用量不宜过多。由于秸秆自身体积较大，不经切碎直接施入，秸秆腐熟时间较长，不利于作物吸收养分和根系下扎，因此秸秆施用前要进行切碎，以利和土壤混匀并有利其吸水、吸肥和腐解。具体可采用秸秆切碎机或用圆盘耙和重耙横垄耙切两遍。

腐熟后还田的方法：有病的作物秸秆会带有病菌，直接还田时会造成病害大面积传播，因此需要经过堆制腐熟后杀死里面的病源菌、虫卵等，才能还田。制作秸秆堆肥具体的方法：

平地式：适用于气温高、雨量多、湿度大、地下水位高的地区或夏季积肥。

半坑式：北方早春和冬季常用半坑式堆肥。首先选择向阳背风的高坦处建坑。

深坑式：坑深 2 m，全部在地下堆制，也叫"地下式"，堆制方法与半坑式相似。

C.秸秆施用时的注意事项：无论是秸秆直接还田还是腐熟后还田，施用时都要施用均匀。如果不匀，则厚处很难耕翻入土，使田面高低不平，易造成作物生长不齐、出苗不匀等现象。

③其他有机肥料。

绿肥　绿肥在农业生产中的作用如下。

绿肥是重要的肥源，可提供大量优质的有机肥料，促进农作物增产。绿肥可广泛种植，富含养分，鲜草产量高，增产效果显著。

发展绿肥有利于增加土壤养分，培肥改良土壤。绿肥鲜草含 10%～15% 的有机质，含 0.3%～0.6% 的氮素，以 1 000 kg 鲜草计算，可提供有机质 120～195 kg，纯氮 4～7 kg。这对增加土壤养分和培肥改良土壤都有一定的作用。

发展绿肥有利于改善生态环境，可以覆盖地面、固沙护坡、防止水土流失、收集流失养分。绿肥作物茎叶茂盛，覆盖田面，可减少水、土、肥的流失，抑制大田杂草的生长。绿肥种植在坡地、沙地、山区，可减少雨水冲刷，起到固沙护坡的作用。同时绿肥可把农田流失的肥料进行收集，转入农田养分循环，提高养分利用率。

绿肥作物合理施用的应注意问题：

a.适时收割或翻压。绿肥过早翻压产量低，植株过分幼嫩，压青后分解过快，肥效短；翻压过迟，绿肥植株老化，养分多转移到种子中去了，茎叶养分含量较低，而且茎叶碳氮比大，在土壤中不易分解，降低肥效。一般豆科绿肥植株适宜的翻压时间为盛花至谢花期；禾本科绿肥植株最好在抽穗期翻压，十字花科绿肥植株最好在上花下荚期。间、套种绿肥作物的翻压时期，应与后茬作物需肥规律相互合。

b.翻压方法。先将绿肥茎叶切成 10～20 cm 长，然后撒在地面或施在沟里，随后翻耕入土壤中，一般入土 10～20 cm 深，沙质土可深些，黏质土可浅些。

c.绿肥的施用量。应视绿肥种类、气候特点、土壤肥力的情况和作物对养分的需要而定。一般亩施 1 000～1 500 kg 鲜苗基本能满足作物的需要，施用量过大，可能造成作物后期贪青迟熟。

d.绿肥的综合利用。豆科绿肥的确良茎叶,大多数可作为家畜良好的饲料,而其中的氮素的 1/4 被家畜吸收利用,其余 3/4 的氮素又通过粪尿排出体外,变成很好的厩肥。因此,利用绿肥先喂牲畜,再用粪便肥田,是一举两得的经济有效的利用绿肥的好方法。

饼肥

a.饼肥的来源。饼肥是油料的种子经榨油后剩下的残渣,这些残渣可直接作肥料施用。饼肥的种类很多,其中主要的有豆饼、菜籽饼、麻籽饼、棉籽饼、花生饼、桐籽饼、茶籽饼等。饼肥的养分含量,因原料的不同,榨油的方法不同,各种养分的含量也不同。一般含水 10%～13%,有机质 75%～86%,它是含氮量比较多的有机肥料。

b.饼肥的施用。饼肥可作基肥和追肥,施用前必须把饼肥打碎。如作基肥,应播种前 7～10 d 施入土中,旱地可条施或穴施,施后与土壤混匀,不要靠近种子,以免影响种子发芽。如用作追肥,要经过发酵腐熟,否则施入土中继续发酵产生高热,易使作物根部烧伤。在水田施用须先排水后均匀撒施,结合第一次耕田,使饼肥与土壤充分混合,2～3 d 后再灌浅水,旱地宜采用穴施或条施。

泥炭

a.泥炭来源及成分组成。泥炭,又称为草炭、泥炭土、黑土、泥煤,是煤化程度最低的煤,也是腐殖煤系列最原始的状态。泥炭是在泥炭沼泽中堆积形成的。

泥炭中的有机质主要是纤维素、半纤维素、木质素、腐殖酸、沥青物质等。泥炭中腐殖酸含量常为 10%～30%,高者可达 70% 以上。泥炭中的无机物主要是黏土、石英和其他矿物杂质。泥炭通常又分为高位泥炭和低位泥炭两种。高位泥炭是分解程度较差,氮和灰分含量较低,酸度高,pH 为 6～6.5 或更酸。低位泥炭一般分解程度较高,酸度较低,灰分含量较高。

b.泥炭的施用。泥炭地生产力和泥炭的肥力在提高农业产品数量和质量方面越来越获得高度评价,以泥炭制作的腐殖酸类复合肥料或者直接将其作为有机肥料在农业生产的效益和发展前景被充分肯定。泥炭是一种相当优良的盆栽花卉用土,可单独用于盆栽,也可以和珍珠岩、蛭石、河沙、椰糠等配合使用。部分泥炭在形成过程中,经过长期的淋溶,以及本身分解程度差,所以本身所含的养分会比较少,在以此类泥炭配制培养土时可根据需要加进足够的氮、磷、钾和其他微量元素,或在栽花过程中及时给予追肥补充。

腐殖酸类肥料 是一类富含腐殖酸和某些无机养分的肥料,简称腐肥,以泥炭、褐煤、风化煤等为主要原料,经不同化学处理再掺入无机肥料而制成。具有疏松土壤、增加土温、提高土壤阳离子交换量和土壤缓冲性能等作用,并能提供一定量的养分,主要用于园艺和价值较高的经济作物。腐肥的肥效与施用量有关,腐殖酸含量在20%以上、速效氮大于2.0%的腐殖酸类肥料每亩用量一般为100~200 kg。

沼气池肥 沼气池肥是各种植物性有机废物和人畜粪尿,在严格的嫌气条件下,发酵生成沼气后剩下的沉渣和发酵液,称为沼气池肥。

a.成分。沼气池肥是由沼气池液和沉渣组成。沼气池液中,除含大量的氮、磷、钾等有效养分外,还含有少量的腐殖质和其他可溶性物质。沼气池渣中,含大量的腐殖质和其他未完全分解的有机残体,以及丰富的氮、磷、钾和各种中微量元素等矿质养分。据四川省农业科学研究院分析,其养分含量如表2-3-8所示。

表2-3-8 沼气池肥的养分成分(干物质%)

样品名称	全氮	全磷	全钾	采样地点
池液	0.041 8	0.026 9	0.094 8	成都三圣乡
池渣	1.304	0.718	1.020	

b.特点。沼气池肥不仅养分含量高,且比较齐全,能为农作物提供大量的氮、磷、钾等多种必需营养元素;沼液中大多是可溶性的速效养分,而肥渣中养分多为有机态的迟效养分,因而它相当于一种缓急相济的有机—无机复合肥料,且肥效稳而长;其含有丰富的有机质,其中腐殖质含量为10%~20%,具有培肥土壤和改良土壤的作用;由于经过极嫌气条件的发酵,虫卵、病菌和杂草种子大都被杀死或沉淀,比一般有机肥清洁卫生。

c.施用技术。沼气池肥适用于各种作物和土壤上,比露天敞口池肥增产更显著。如表2-3-9所示。

表2-3-9 沼气池肥在不同作物上与敞口池肥的增产效果比较

	处理		比敞口池肥增产		实验个数
	沼气池肥产量 (kg/hm²)	敞口池肥产量 (kg/hm²)	(kg/hm²)	%	
水稻	4 555.5	4 276.5	279.0	6.5	240
玉米	4 171.5	3 663.0	508.5	13.9	105
小麦	3 522.0	3 129.0	399.0	12.8	210
油菜	2 092.5	1 917.0	192.0	10.0	45

因液肥和渣肥的性质不同,一般要分开施用,但也可混合施用。

液肥因含较多的速效养分，一般可作追肥、种肥、根外追肥甚至配置农药用。追肥方法是兑2～3倍的水泼施，或开沟、穴深施覆土；作种肥，可将水稻种子用编织袋装好直接置于出料间（即水压间）浸10 h，可促进种子萌发并杀死病虫；根外追肥可将沼液用布过滤后稀释2～3倍后喷施；配制农药可以用新鲜的原沼液14 kg过滤后加洗衣粉50 g、适量煤油2.5 g后作果树农药，于晴天喷施（连续喷2 d，全株叶片喷湿），可有效杀死红蜘蛛、黄蜘蛛等柑橘害虫并兼起根外追肥的作用，减少甚至不使用农药，从而提高果品的食用安全性。据研究，与施用其他肥料相比，施用沼液的柑橘树势强壮，叶片的叶绿素含量、果实维生素C含量提高，糖酸比提高，果品符合绿色食品的要求，售价高、成本低，在市场上的竞争力强劲。

渣肥可直接作基肥，每公顷22 500～37 500 kg，也可与磷肥等化肥堆沤后作基肥使用。

新鲜沼气池肥因含有较多的还原性物质，对作物生长不利。因此，沼气池液肥在施用前应先在敞口贮粪池中后熟1～2 d，以消除毒害。新鲜渣肥一般也要堆放7 d左右才可以施用。

（三）生物肥料

1.生物肥料的概念

生物肥料的概念有狭义和广义之分。狭义的生物肥料，是以有机质为基础，然后配以微生物菌剂，有机质为微生物活动提供足够能量，通过微生物生命活动，使农作物得到特定的肥料效应的制品，也被称之为接种剂或菌肥，它本身不含营养元素，不能代替化肥。广义的生物肥料是既含有作物所需的营养元素，又含有微生物的制品，是生物、有机、无机的结合体它可以代替化肥，提供农作物生长发育所需的各类营养元素；除了可以代替化肥，提供农作物生长发育所需的各类营养元素，广义的生物肥料范围甚至扩大至既能提供作物营养，又能改良土壤；同时还应对土壤进行消毒，即利用生物（主要是微生物）分解和消除土壤中的农药（杀虫剂和杀菌剂）、除莠剂以及石油化工等产品的污染物，并同时对土壤起到修复作用。

2.生物肥料的作用

（1）活化或增加土壤养分，促进作物根系活力。

（2）制造和协助农作物吸收营养。

（3）增强植物的抗逆性和抗病性。

（4）提高作物产量，改善作物品质。

（5）提高肥料利用率，节能降耗，改善生态环境。

（6）促进作物早熟。

3. 生物肥料与其他类型肥料之间的关系

与其他类型肥料相比较,生物肥料是一类活菌制品,里面存活着大量的有益微生物,通过有益微生物的不断繁殖,对土壤以及植物生长产生有益的影响。生物肥料的施用要配合其他类型肥料进行,尽管生物肥料的作用很多,但其缺不能代替其他类型肥料。生物肥料与化学肥料、有机肥料是不能对立的,它们之间具有很强的互补性,单一长期施用生物肥料、化学肥料、有机肥料,都不能达到理想的效果,在无公害农产品生产中,三者之间要有机结合,配合施用,才能让农民确保丰收,实现高产、优质、高效、低耗的目标。并不是所有的生产形式都需要全面地施用这三类肥料,对于较为特殊的有机农业而言,是不允许化学肥料的投入的,而只需要施用有机肥料,或者将有机肥料与生物肥料配合起来施用。由于生物肥料里面含有大量的活性微生物,在施用过程中一定要避免与强杀菌剂、种衣剂混合使用,以免降低施用效果。

4. 生物肥料常见类型

生物肥料(微生物肥料)的种类较多,按照制品中特定的微生物种类可分为细菌肥料(如根瘤菌肥、固氮菌肥)、放线菌肥料(如抗生菌肥料)、真菌类肥料(如菌根真菌)等;按其作用机理可分为根瘤菌肥料、固氮菌肥料(自生或联合共生类)、解磷菌类肥料、硅酸盐菌类肥料等;按其制品内含可分为单一的微生物肥料和复合(或复混)微生物肥料。复合微生物肥料又有菌、菌复合的肥料类型,也有菌和各种添加剂复合的肥料类型。

我国目前市场上出现的品种主要有:固氮菌类肥料、根瘤菌类肥料、解磷微生物肥料、硅酸盐细菌肥料、光合细菌肥料、芽孢杆菌制剂、分解作物秸秆制剂、微生物生长调节剂类、复合微生物肥料类、与 PGPR 类联合使用的制剂以及 AM 菌根真菌肥料、抗生菌 5406 肥料等。

5. 各类型生物肥料正确施用的方法

生物肥料的种类不同,用法也不同。下面将常见类型生物肥料的施用方法进行简要介绍:

液态生物菌剂的施用方法

(1)播种时作种肥。

①拌种。播种前将作物种子浸入 10～20 倍菌剂稀释液或用稀释液喷湿,使种子与液态生物菌剂充分接触后再播种。

②浸种。将液态菌剂加适量水浸泡种子,捞出晾干,种子露白时播种。

(2)定植期针对幼苗蘸秧根或喷根施用。

①蘸秧根。将液态菌剂稀释 10～20 倍,幼苗移栽前把根部浸入液体蘸湿后立

即取出即可。

②喷根。具体做法为：当幼苗很多时，将 10～20 倍液态生物菌剂稀释液放入喷筒中喷湿根部即可。

（3）生长期的使用。

①喷施。在作物生长期内，把液态菌剂按要求的倍数稀释后，选择阴天无雨的日子或晴天下午以后进行叶面喷施（根外喷施），均匀喷施在叶子的背面和正面，重点喷施在叶片的背面。

②灌根。具体做法为：先将液态菌剂按 1∶（40～100）的比例搅匀，然后按种植行灌根。果树等经济类林木施肥时，可将配制好的液态菌剂稀释液灌在根系的周围。

固态生物菌剂的施用方法

（1）播种时作种肥。

①拌种。播种前将种子用清水或小米汤喷湿，拌入固态生物菌剂充分混匀，使所有种子外覆有一层固态生物肥料时便可播种。

②浸种。将固态生物菌剂浸泡 1～2 h 后，用浸出液浸种。

（2）定植期针对幼苗蘸秧根施用。具体做法为：将固态菌剂稀释 10～20 倍，在幼苗移栽前把根部浸入稀释液中蘸湿，立即取出，进行定植即可。

（3）拌肥。具体做法为：每千克固态菌剂与 40～60 kg 充分腐熟的有机肥混合均匀后使用，可作基肥、追肥和育苗肥用。

（4）拌土。具体做法为：作物进行营养钵育苗前，将固态生物菌剂掺入营养土中，充分混匀，制作营养钵；也可在果树等经济类苗木移栽前，混入稀泥浆中蘸根。

生物有机肥的施用

（1）作基肥施用。具体做法为：大田作物每亩施用 40～120 kg，在春、秋整地时和农家肥一起施入；果树等经济类作物和设施栽培作物（例如蔬菜等）要根据当地种植习惯酌情增加用量。

（2）作追肥施用。生物有机肥的营养全、肥效长，与化肥相比，有明显的优势，当然，生物有机肥中有机质的分解周期较长，肥效发挥比化肥要慢一点。因此，使用生物有机肥做追肥时应比化肥提前 7～10 d，用量可按化肥作追肥的等值投入，以保证作物能充分吸收养分。

6. 购买和使用生物肥料时应注意的几个问题

生物肥料符合生产安全、无公害农产品的肥料原则要求，是我国发展、生产绿色食品允许使用的肥料。但生物肥料里面有大量的活体有益微生物等，相对于普通的有机肥料和化学肥料，其使用时的操作程序要更为注意，在购买和使用生物肥料时应注意以下几个问题。

(1)购买时要看证。具体做法为：要看有没有我国农业部颁发的生产许可证或临时生产许可证；各省没有资格颁发微生物肥料的生产许可证或临时生产许可证。

(2)选择合格产品，同时要注意产品的有效期。国家规定生物肥料内有效活菌数要≥2亿/g，大肥有效活菌数≥2 000万/g，为了使生物肥料在有效期末仍然符合这一要求，一般生产厂商在出厂时应该有40%的富余。如果达不到这一标准，说明该产品或该批产品质量不合格。

除此之外，要注意产品的有效期。生物肥料的核心在于其中的活的微生物，产品中有效微生物数量是随保存时间的增加逐步减少的，若数量过少则会起不到应有的作用。因此，要选用有效期内的产品，最好用当年生产的产品，坚决不购买或使用超过保存期的产品。

(3)购买后，要注意贮运过程中的条件，按照规范进行贮运。具体做法为：避免阳光直晒(目的是防止紫外线杀死肥料中的微生物)；尽量避免淋雨，存放则要在干燥通风的地方；应避免长期在35℃以上和−5℃以下低温环境下贮存。

(4)禁止与杀菌剂或种衣剂混放混用。对于种子的杀菌消毒，应在播种前进行，最好不用带种衣剂的种子播种，以免杀死生物菌剂中的活性微生物，影响肥效。

(5)通过合理农业技术措施，改善土壤温度。微生物的生存需要适宜的温度、湿度、土壤通气性、酸碱度等环境条件，这些条件适宜情况下，才能促使有益微生物的大量繁殖和旺盛代谢，从而发挥其良好增产增效的肥力作用。生产中，可以采用适时灌溉、增加有机肥投入、及时耕作以利于松散透气、促进团粒结构的形成、尽量在地温较高的季节或时段施用、与有机肥混合施用、集中施用(穴施或沟施)、尽量靠近根系近根施用、尽量避免与氨态化肥、杀菌农药合用、其他条件适宜的情况下尽量早施等措施，提高生物肥料的施肥效果、肥效。

(6)严格按照生物肥料的使用说明书施用。各种生物肥料在使用中所采用的拌种、基肥、追肥等方法，应严格按照使用说明书的要求操作。

二、工作准备

(1)实施场所：大田作物生产基地、多媒体实训室、肥料商店。

(2)仪器与用具：在实验实施时详细有要求(任务拓展)。

(3)标本与材料：各种肥料品种及挂图。

(4)其他：教材、资料单、PPT、影像资料、相关图书、网上资源等。

【任务设计与实施】

一、任务设计

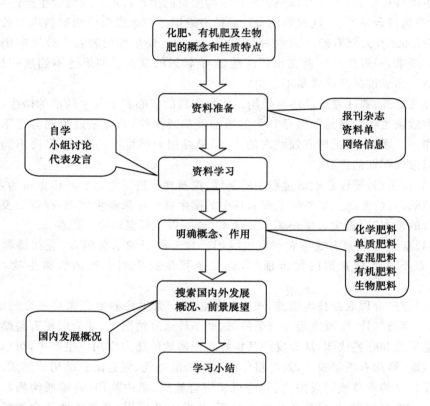

二、任务实施

(1)安排学生课前预习化学肥料、有机肥料和生物肥料的有关内容内容。

(2)在教师的指导下,按实例进行肥料配方。

【案例1】已知复混肥料的有效养分含量为15-10-12,计划每公顷基肥用量为氮(N)80 kg,磷(P_2O_5)60 kg,钾(K_2O)80 kg。计算需要多少复混肥和其他单质化肥?(小数点精确到整数)

步骤如下:

①因复混肥中氮素含量最高,那就以氮素含量计算,80 kg氮素需要多少复混肥?

$$80÷15\%=533(kg)$$

②算出 533 kg 复混肥中所含磷、钾的数量及与实际需要量的差值。

$$含磷素＝533×10\%＝53(kg)$$
$$含钾素＝533×12\%＝64(kg)$$
$$需要补充磷素＝60－53＝7(kg)$$
$$需要补充钾素＝80－64＝16(kg)$$

③用普钙(含 P_2O_5 12%)和氯化钾(含 K_2O 60%)来补充磷素和钾素,其需要量为:

$$需补充普钙＝7÷12\%＝58(kg)$$
$$需补充氯化钾＝16÷60\%＝27(kg)$$

结果是每公顷基肥的施用量为:533 kg 复混肥,再加上 58 kg 普钙和 16 kg 氯化钾即可。

【案例 2】某农户计划每公顷生产皮棉 1 200 kg,经测定每公顷土壤碱解氮含量为 112.5 kg,速效磷(P_2O_5)为 22.5 kg,速效钾(K_2O)225 kg。计划每公顷施 75 000 kg 有机肥料作基肥,有机肥料含氮量为 0.2%,利用率 30%;五氧化二磷含量为 0.15%,利用率 30%;氧化钾含量为 0.3%,利用率为 50%。不足的养分用尿素、过磷酸钙和硫酸钾补充(尿素含氮量为 46%,利用率为 50%;过磷酸钙含五氧化二磷 14%,利用率 20%;硫酸钾含氧化钾 50%,利用率为 50%)。求出尿素、过磷酸钙、硫酸钾每公顷需多少?

解:①查资料得知,每生产 100 kg 皮棉,需氮素 17.72 kg,五氧化二磷 6.84 kg,氧化钾 15.46 kg,现计划亩产皮棉 80 kg,所需氮、磷、钾的总量为:

$$氮素需要量＝1 200×17.72÷100＝212.64(kg/hm^2)$$
$$五氧化二磷需要量＝1 200×6.84÷100＝82.08(kg/hm^2)$$
$$氧化钾需要量＝1 200×15.46÷100＝185.52(kg/hm^2)$$

②求出土壤大约的供肥量:

$$土壤可供氮素＝112.5×0.3＝33.75(kg/hm^2)$$
$$土壤可供磷素＝22.5×0.6＝13.5(kg/hm^2)$$
$$土壤可供钾素＝225×0.6＝135(kg/hm^2)$$

③需补充氮、磷、钾三元素的数量:

$$需补充氮素量＝212.64－33.75＝178.89(kg/hm^2)$$
$$需补充磷素量＝82.08－13.5＝68.58(kg/hm^2)$$
$$需补充钾素量＝185.52－135＝50.52(kg/hm^2)$$

④求尿素、过磷酸钙、硫酸的需用量：

由于每亩施 5 000 kg 有机肥作基肥，所以应先求算出 5 000 kg 有机肥可供氮、磷、钾三元的素量，需补充氮、磷、钾三元素量减去有机肥料可供氮、磷，钾三元素量，所得差数便是应由尿素、过磷酸钙、硫酸钾补充的养分量。

机肥大约可供氮、磷、钾三元素量：

有机肥可供氮素＝75 000×0.2％×30％＝45.00(kg)

有机肥可供磷素＝75 000×0.15％×30％＝33.75(kg)

有机肥可供钾素＝75 000×0.3％×50％＝112.5(kg)

尿素、过磷酸钙、硫酸钾的需用量：

尿素需用量＝178.89－3.00÷46％×50％＝764.74(kg/hm²)

过磷酸钙需用量＝68.58－2.25÷14％×20％＝2 368.93(kg/hm²)

由于每公顷施 75 000 kg 有机肥料中能供应钾素为 112.5 kg，而需要补充的氧化钾为 50.52 kg，因此，有机肥能供应氧化钾的量超过了需补充的氧化钾量，所以，不必补施硫酸钾。

以上两个例子仅作为配方施肥中肥料施用量估算的参考。

(3)每人写一份学习收获。

(4)每组选一个代表，在全班讲解小组的学习路径、学习收获，组员补充收获的内容。

(5)教师组织发动全班同学讨论、评价各小组的学习情况，达到全班同学共享学习资源和收获体会，巩固所学的知识内容。

【任务拓展】

一、植物吸收养分的主要形态

(一)氮素的形态

植物能吸收利用的氮包括铵态氮、硝态氮、亚硝态氮、分子态氮和一些可溶性的有机小分子态氮。在自然条件和农业生产中植物主要吸收铵态氮和硝态氮。

(二)磷素的形态

植物能吸收利用的磷包括土壤溶液中的磷酸根离子和可溶性的有机磷化合物，主要吸收形态是磷酸根离子。其中南方的酸性土多以磷酸二氢根离子形态，北方的碱性土和石灰性土多以磷酸氢根离子形态。

（三）钾素的形态

植物能吸收利用的钾是土壤溶液中的水溶态，占土壤全钾的 $0.1\%\sim0.2\%$，与土壤中其他形态的钾保持一种动态平衡。

（四）中量元素硫、钙、镁的形态

植物吸收利用硫的主要形态是硫酸根离子，空气中的二氧化硫也可以被植物吸收；钙的形态主要是钙离子；镁的形态主要也是镁离子。

（五）微量元素硼、锌、锰、钼、铁、铜的形态

植物吸收利用硼的形态是水溶性硼的形态；锌的形态主要是锌离子和螯合态锌；锰的形态主要是水溶态、交换态和易还原态的；钼的形态主要是二价钼的酸根离子；铁的形态主要是二价铁离子和螯合态铁；铜的主要形态是二价铜离子和螯合态铜。

二、养分离子在复杂土壤环境中无效化的途径

（一）氮元素的损失途径

（1）铵态氮遇到碱性生成氨气而挥发损失。

（2）硝态氮遇到大量水分时的淋失。

（3）硝酸态氮在嫌气环境下反硝化还原成氮气等而逸出土壤的损失。

（二）磷元素的无效化途径

（1）速效磷转化为缓效性或难溶性磷而被固定。

（2）在石灰性土壤上的钙体系和在酸性土壤上的铁铝控制体系固定。

（3）磷酸盐被铁铝质或钙质胶膜包被而被固定。

（4）土壤微生物吸收构成其躯体而被生物固定。

（三）钾元素的无效化途径

（1）在土壤干湿变化频繁的条件下发生的晶格固定。

（2）淋洗和侵蚀损失。

（四）中量元素硫、钙、镁的无效化途径

（1）南方土壤因高温多雨，土壤硫易分解淋失，北方土壤有相当大比例存在缺硫或潜在缺硫现象。

（2）水溶态钙在南方酸性土壤上被强烈淋失。

（3）水成土因水的灌排和溶漏导致水溶态镁的淋洗而损失。

(五)微量元素硼、锌、钼、铁、铜的无效化途径

(1)干旱导致硼的有效性降低以及湿润多雨地区强烈的淋溶导致硼的损失。

(2)土壤中碳酸钙的吸附固定及酸性土的淋洗。

(3)在酸性条件下水溶性钼转化为氧化态钼而有效性降低。

(4)在碱性和氧化条件下,锰的有效性较低。

(5)在中性、石灰性、碱性和通气良好的旱作土壤上铁的有效性降低。

(6)有机质对铜较强的络合和固定而降低铜的有效性。

三、常用氮肥的合理分配和施用措施

氮素是植物所必需的三要素之一,控制生物产量较强,因此氮肥的施用量最大,次数也频繁。其施入土壤后,转化很复杂,各种形态的氮素相互转化造成了肥料氮在土壤中发生挥发、流失和脱氮遗失,不仅造成经济上的损失,而且还可能污染大气和水体。因此,氮肥的合理分配和施用显得更加重要。

(一)氮肥的合理分配

氮肥品种的选择和合理分配应根据土壤条件、气候条件、植物种类及氮肥本身的特性综合考虑。

1.土壤条件

土壤酸碱性是选用氮肥品种的重要依据。碱性土壤上应选用化学酸性或生理酸性肥料,酸性土壤上则应选用化学碱性或生理碱性肥料。盐碱地上应避免施用能增加土壤盐分的肥料,如氯化铵等,以免盐分增加影响作物生长。在低洼积水的土壤上或稻田,不应分配硫铵等含硫肥料,以防止生成硫化氢等还原性有害物质而使作物中毒。水田中也不宜分配硝态氮肥,以防淋失或严重的反硝化脱氮损失。

土壤质地也是分配氮肥的重要依据。轻质沙土因保肥性差,肥效快速显效,可少量多次的施用氮肥;黏重的土壤因保肥性、供肥性好,可以减少施肥次数。

土壤氮素与其他养分元素供应水平的平衡和氮素养分含量的丰缺也是氮肥分配的重要依据。当土壤有效性氮含量较高,而其他养分供应水平较差时,则应控制氮肥分配数量。反之,则应重点分配氮肥。高产田地应避免大量分配氮肥,以免造成增长效果不明显,不仅经济上浪费,还造成环境污染。而低产缺氮的土壤上应多分配一些氮肥,以提高氮肥的增产效益。

2.气候条件

北方干旱少雨,氮肥容易挥发损失,适宜分配硝态氮肥;南方多雨潮湿,为防止淋失和反硝化损失,适宜分配铵态氮肥。不同季节的气候也应遵循这个原则。

3. 作物种类

不同作物和作物的不同生育期对氮肥的需要数量是有很大不同的。一般来说有以下规律：

叶用植物和需氮较多的大田作物，如绿叶菜类、桑、茶、水稻、小麦、高粱、玉米等，应多分配氮肥。

豆科作物，如大豆、花生等，因根瘤菌的固氮作用，只需在生长初期施用少量氮肥。

淀粉和糖类作物，如甘薯、马铃薯、甜菜、甘蔗等一般在生长初期需要较多的氮素，形成前期健壮的营养体，搭好丰产架子。在生长发育后期，氮素过多则会影响淀粉和糖分的积累，降低产量和品质。

同种作物的不同品种之间也有着一定的差异。一般耐肥品种产量较高，需氮也较多，可多分配一些氮肥；耐瘠品种需氮较少，产量往往也较低，可少分配一些氮肥。

4. 氮肥品种与特性

氮肥的品种较多，可根据其特性合理分配。如"忌氯"作物甘薯、马铃薯、甜菜、甘蔗、亚麻、烟草、茶、西瓜和香瓜等，应减少氯铵的分配，尽可能地分配其他品种的氮肥，以免影响农产品产量和品质。硫铵可以施用于缺硫的土壤上，有利于改善作物的硫素营养。如液氨、氨水和碳铵等肥料中的氨极易挥发，应强调作基肥深施，以减少其挥发。其他的铵态氮肥，因氨的挥发问题，提倡深施。同时，深施还能弱化这类氮肥在土壤中的硝化作用，可减少硝态氮的生成而被淋失，以及反硝化脱氮损失。硝态氮肥一般只宜作旱田追肥，在多雨季节或沙质土壤上施用，应遵循"少量多次"原则。硫铵和硝铵可用作种肥，但应注意用量，而且避免与种子直接接触。

(二)氮肥施用量的确定

在不同地区、不同土壤、不同作物上，合理的氮肥用量在肥料施用中至关重要。量过低，作物产量太低；量过高，生产成本提高、经济效益低，而且过高的施肥量还会导致作物减产、病虫害加剧、环境污染。氮肥施用量的估算可简单归纳为两种方法：一是田间试验法，二是土壤和作物供需平衡法。

田间试验的方法：也叫肥料效应函数方法。通常采用多个试验点进行，比较麻烦。

土壤作物供需平衡法：具体是，首先要确定以下几个重要参数：①目标产量。②形成单位产量作物所需吸收的氮量。③土壤氮素供应量。

总之，具体施氮量应因地制宜。

(三)提高氮肥利用率

肥料利用率是指当季作物对施用肥料中的养分吸收利用的百分数。氮肥利用率低是国内外普遍存在的问题,它是衡量氮肥施用是否合理的重要指标。目前我国氮肥的平均利用率是 30%～35%。其中碳铵是 27%～30%,尿素是 30%～40%,硫铵是 35%～45%。旱地略高于水田。为了提高氮肥利用率,应遵循以下原则:

(1)尽量避免氮素在土壤表层的大量积累。土壤表层氮素的积累虽然有利于苗期作物生长,但同时也是各种损失途径中的根源。所以应考虑适当控制氮肥的用量,并根据作物吸收氮素特点,采取分期多次施用,同时可以考虑施用缓效性氮肥等。

(2)严格控制氮肥的主要损失途径。主要是不稳定铵态氮肥的挥发损失、铵态氮肥在碱性环境的挥发损失、水田和淹水条件下的反消化遗失,以及硝态氮在多雨地区和季节的淋失。需要我们具体情况采取具体的方法,合理施用减少损失。

(3)增强作物根系对氮素的吸收作用。提高作物根系的吸收是减少氮素损失和提高氮肥利用率的一个关键措施。

(4)具体措施。氮肥与其他肥料配合,特别是磷、钾肥的配合,以达到养分平衡协调。与有机肥料配合可以取长补短,肥效缓急相济,效果较好。此外,还应注意微量元素的适当补充。总之,创造协调的养分供应条件,不仅提高了肥力、增加了产量、改善了品质,还可以提高氮肥的肥效和效益。

混施、深施和水分管理。氮肥于土壤耕层的全层混施,以及穴施、条施于 7～9 cm 土中。尤其粒肥深施,效果更好,这样既可减少挥发,又可弱化土壤中的硝化和反硝化过程,可减少损失。但多雨季节或过沙的土壤,不强调深施,不仅费工,也不利植物早发,而且还加剧氮素淋失。水田基肥实施"无水层混施法"和追肥的"以水带氮法"可提到氮肥利用率 12% 左右;旱地撒施氮肥随即灌溉,氮素损失降低 7% 左右。

掌握好施肥时期。根据作物的生育特点,除施足基肥满足作物一生连续生长所需的氮素养分外,用好种肥以满足其营养临界期需要,打好作物一生的生育基础,注重作物旺盛生长期对氮素的大量需要。

脲酶抑制剂和硝化抑制剂(又称氮肥增效剂)的使用。脲酶抑制剂使尿素的水解速率减缓,尿素以分子态移动到土壤一定深度,从而减少快速转化为铵态氮,进而生成氨气,挥发损失。硝化抑制剂(又称氮肥增效剂)可以在一定程度上抑制硝化作用的进行,减缓铵态氮向硝态氮的转化,从而减少氮素以硝态氮形式淋失和反硝化的损失,并可减少果蔬等作物中硝酸盐的积累。

缓释肥料的施用,在一般情况下可提高肥料中氮的利用率。

四、铵态氮肥含氮量的测定

(一)碳酸氢铵含氮量的测定——酸量法

1. 方法原理

碳酸氢铵能定量的与强酸作用,生成相应酸的盐、二氧化碳和水。根据消耗标准酸的量计算样品的含氮量。

2. 仪器用具

分析天平(准确到 0.000 2 g)、带盖称量瓶、锥形瓶(150 mL)、酒精灯、移液管(50 mL)、碱式滴定管。

3. 试剂配制

(1)1 mol/L 盐酸标准液:量取 85 mL 浓盐酸(密度 1.19),转入 1 000 mL 容量瓶中,然后加入蒸馏水定容存于细口瓶中备用,摇匀后用 120℃烘干的碳酸氢钠标定其准确浓度。

(2)溴甲酚绿—甲基红混合指示剂:称取 0.099 g 溴甲酚绿和 0.066 g 甲基红溶于 100 mL 分析纯乙醇中。

4. 操作步骤

在清洁干燥的已知重量的称瓶中,称取两份样品,每份约 2.000 0 g,分别浸入预先盛有 80 mL 蒸馏水和 20 mL 1 mol/L 盐酸溶液的 400 mL 烧杯中,用玻璃棒充分搅拌,然后加入甲基红指示剂 8 滴,在玻璃棒搅拌下继续用 1 mol/L 标准盐酸滴定至溶液呈现微红色为终点。

5. 结果计算

$$氮的含量 = (N_H V_H \times 14 \times 10^{-3} / W) \times 100\%$$

式中:N_H——标准酸的摩尔浓度,mol/L;

V_H——标准酸的用量(两次共用去盐酸的毫升数/2),mL;

14——氮的摩尔质量,g;

W——样品重,g。

(二)其他铵态氮化肥中含氮量的测定——甲醛法

铵态氮化肥除氨水和碳酸氢铵以外,还有硫酸铵、氯化铵等。这些铵态氮化肥中的铵态氮不能用酸量法滴定,可选用甲醛法测定。

1. 方法原理

溶液中的铵离子能与甲醛作用生成六亚甲基四胺$[(CH_2)_6 N_4]$和等当量的无

机酸,用标准碱溶液滴定生成的酸,就可以求出铵态氮的含量。反应生成物六亚甲基四胺是一种弱碱,pH 约 8.6,因此滴定时应选用酚酞作指示剂。

有些化肥样品,可能含有一些游离酸,要事先加碱中和,中和时可用甲基红作指示剂,以免铵盐分解。甲醛易被空气氧化生成甲酸,故事先也要将其中和,以酚酞作指示剂。溶液中加入 3 滴甲基红和酚酞两种指示剂,甲醛滴定时溶液的颜色变化是:

红色 → 橙色 → 黄色 → 橙红色(终点) → 红色

pH≤4.4   5.7   ≥6.2   8.6   ≥10

←甲基红的颜色变化→←酚酞在黄色溶液中的颜色变化→

2. 试剂配制

(1)0.1 mol/L 氢氧化钠标准溶液:称取 4 g 氢氧化钠溶于 1 000 mL 不含二氧化碳的蒸馏水中,用分析纯的苯二甲酸氢钾标定。

(2)18％甲醛:37％甲醛用等体积水稀释后加 3 滴酚酞指示剂,滴加 0.1 mol/L 氢氧化钠溶液至微红色。

(3)1％酚酞指示剂:1 g 酚酞溶于 60 mL 95％酒精中,加水 40 mL。

(4)0.1％甲基红指示剂:0.1 g 甲基红溶于 60 mL 95％酒精,加水 40 mL。

3. 操作步骤

准确称取铵态氮化肥约 0.6 g,溶于水,必要时滤出不溶物,定容至 100 mL 容量瓶中。吸取 25.0 mL 溶液,放入 250 mL 三角瓶中,加 2 滴甲基红指示剂,如呈红色,则用 0.1 mol/L 氢氧化钠溶液中和至金黄色(不必记录氢氧化钠的用量)。加入 5 mL 已中和过的 18％甲醛溶液,加水约 20 mL,混匀,放置 5 min,在充分摇荡下用 0.1 mol/L 氢氧化钠标准溶液滴定。溶液先由红色逐渐变为黄色,再由黄色突变成橙红色即为终点。

4. 结果计算

$$氮的含量 = (N \times V \times 14 \times 10^{-3} \times 取用量倍数 \ / \ W) \times 100\%$$

式中 :N——标准碱的摩尔浓度,mol/L;

      V——标准碱溶液的体积,mL;

      14——氮的摩尔质量,g;

      W——样品重,g。

式中取用量倍数为 100/25＝4。

五、常见磷肥的合理施用

磷肥的合理施用至少包括两方面含义,一是充分发挥肥料的增产增收作用;二是尽可能不对环境产生污染。具体可归纳为以下几方面。

(一)应考虑土壤施用磷肥的必要性

供磷水平低的土壤,磷肥肥效显著;供磷水平较高的土壤,磷肥效果较小;在氮磷供应水平都很高的土壤上,只有提高氮肥用量,才有利于发挥磷肥的增产效果。另外,磷肥效果还会受到其他因素的影响,如有机质含量低、瘠薄瘦田、冷浸田、新垦地和新平整土地应优先分配磷肥。

(二)应考虑作物的吸磷特点

(1)作物吸收磷素主要在生长早期,量大速度快,因而苗期磷营养效果非常明显,甚至在土壤有效磷含量较高时仍会出现缺磷症状,生产上应强调早施用。

(2)不同作物对磷的敏感性和吸磷能力不同。在同一土壤上,喜磷作物如豆科作物、甘蔗、甜菜、油菜、荞麦、玉米、番茄、甘薯、马铃薯、瓜类、果树、桑树、茶树等应优先分配磷肥。尤其应该优先施于豆科绿肥作物,可以起到"以磷增氮"的作用。

(3)在轮作中优先把磷肥分配在增产明显的作物上。在旱地轮作中磷肥应优先施于需磷较多的作物上。如麦棉轮作地区,由于棉花对磷比麦类敏感,应把磷肥重点施于棉花上;在小麦、杂粮(玉米、谷子等)轮作地区,磷肥应重点施于小麦上,玉米或谷子可利用其后效;在轮作中作物具有相似的磷素营养特性时,磷肥应重点分配在越冬作物上,因冬季低温,影响土壤供磷能力,这时增加磷素营养,能促进壮苗、早发、增强抗寒能力,提高磷肥增产效果。在水旱轮作中磷肥的施用原则是"旱重水轻",把磷肥的大部分施在旱栽作物上,这样可更好地发挥磷肥增产效益。

(三)应注意磷肥品种的选择

磷肥品种的选择有以下原则:

(1)在同等或相似肥效下,磷肥品种优先选择依次为难溶性、弱酸溶性、水溶性。一般来说,在碱性或石灰性土壤上,水溶性磷肥比较合适;在酸性土壤上,水溶性很低的肥料同样有效,甚至效果更好。对于生长期短的作物,则需选用水溶性磷肥。

(2)根据作物营养特性,在土壤同时缺乏硫、镁、钙、硅等任一营养元素的情况下,尽可能选择含有相应元素的磷肥品种。

(3)水田、雨季旱田上应避免施用含硝态氮的磷肥,防止氮素的损失。

(四)改进磷肥的施用技术

(1)合理确定磷肥的施用时间,一般来说,应早施。但水溶性磷肥不宜过早施入土壤,尽可能缩短磷肥与土壤的接触时间,以减少磷的固定。而弱酸溶性和难溶性磷肥往往应适当提前施用。磷肥在播种或移栽时一次性作基肥施入较好。多数情况下,磷肥不作追肥撒施,若必须作追肥时,做到越早越好。

(2)改进施用方式。磷肥的施用,以集中施和全层撒施为主要方式。集中施可减少与土壤接触,减少固定。具体为条施、穴施、沟施、塞秧根、蘸根等方式。另外,从某种意义上说,磷肥制成颗粒施用也是集中施用的一种方式。全层施是将肥料均匀撒于地表,然后翻耕。这种方式会增强磷肥与土壤的接触,尤其施在酸性土壤上,有利于酸溶性和难溶性磷肥的肥效。但可使水溶性磷肥因固定作用而有效性大大降低。

(五)提高磷肥的当季利用率

我国磷肥的当季利用率大体在 $10\% \sim 25\%$,低于氮肥、钾肥的利用率。其原因是:

(1)磷在土壤中的固定作用及移动性小,结合以上三个方面需合理施用。另外,可与有机肥料堆沤或与优质有机肥料混合后施用。

(2)与其他化学肥料配合施用,作物按一定比例吸收氮、磷、钾和中、微量元素等各种养分,平衡施肥也是提高磷肥肥效的重要措施。如玉米,按 3∶2 配施氮、磷,比单施磷肥效果提高 1 倍。

六、过磷酸钙中有效磷及游离酸总量的测定

(一)有效磷的测定(钼黄比色法)

1. 方法原理

用 2%柠檬酸试剂浸提过磷酸钙中的有效磷,浸出液中的正磷酸盐与钒钼酸盐,在酸性环境下生成钒钼磷酸,使溶液呈黄色。黄色的深浅与磷浓度成正比,因此可用比色法测定。

2. 仪器用具

分析天平(0.001 g)、振荡机、分光光度计、锥形瓶(100 mL、200 mL)、量筒(100 mL)、容量瓶(50 mL)、移液管(5 mL、10 mL、20 mL)、漏斗、无磷滤纸等。

3. 试剂配制

(1)2%柠檬酸溶液:20 g 结晶柠檬酸溶于水,稀释至 1 000 mL。

(2)钒钼酸试剂:12.5 g 钼酸铵溶于 200 mL 水中。另将 0.625 克偏钒酸铵溶于 150 mL 沸水,冷却后加入 125 mL 浓硝酸,再冷至室温。将钼酸铵溶液缓慢地注入偏钒酸铵溶液中,不断搅拌,用水稀释至 500 mL。

(3)0.01% P_2O_5 标准液:称取经 105℃烘干的磷酸二氢钾 0.191 7 g 溶于水中,加浓硫酸5 mL,灌入 1 000 mL 容量瓶中,定容。此液为 0.01% P_2O_5 标准液,可长

期保存使用。

4.操作步骤

称取过磷酸钙样品 0.500 0 g,加入 2%柠檬酸溶液 50 mL,振荡 30 min,用滤纸过滤。吸取滤液 1.00 mL,放入 50 mL 容量瓶中,加水约 35 mL,然后,准确加入 10 mL 钒钼酸试剂,加水定容。同时做空白试验。放置 10 min 后用光电比色计比色,测定,吸收值,查工作曲线得出样品比色液的浓度。

标准曲线的绘制:分别吸取 0.01% P_2O_5 标准溶液 0、1、2.5、5、7.5、10、12.5、15、20 mL,分别放入 50 mL 容量瓶中,加水约 35 mL,准确加入 10 mL 钒钼酸试剂,加水至刻度,摇匀。此溶液百分比浓度分别为 0、0.000 2、0.000 5、0.001、0.001 5、0.002、0.002 5、0.003、0.004。10 min 后在光电比色计上进行测定(以空白溶液调整光电比色计的零点)。以吸收值为纵坐标,以浓度为横坐标,在普通方格纸上做工作曲线。如果读数为透光度,则用半对数坐标纸绘制。

5.结果计算

$$有效磷 P_2O_5 含量 = 比色液 P_2O_5 含量 \times V/W \times V_1/V_2$$

式中:V——加入浸提剂的体积,mL;

V_2/V_2——即从待测液中吸出一定体积再稀释到一定体积(本操作为 50/1);

W——样品重,g。

(二)游离酸总量的测定(中和滴定法)

1.方法原理

用水从过磷酸钙中提取游离的硫酸和磷酸,然后以溴甲酚绿为指示剂,用标准碱滴定至终点,然后计算游离酸的含量。

2.仪器用具

天平(0.01 感量)、容量瓶(250 mL)、锥形瓶(200 mL)、量筒(100 mL)、漏斗、滤纸、碱式滴定管、滴定管架等。

3.试剂配制

(1)0.1 mol/L 氢氧化钠标准溶液:称取氢氧化钠 50 g,溶于 50 mL 水中,静置数日,待碳酸钠完全沉淀后,吸取 5~6 mL 澄清液于 1 000 mL 容量瓶中,用无二氧化碳的蒸馏水定容。然后存于试剂瓶中,摇匀。使用苯二甲酸氢钾标定其当量浓度,以酚酞为指示剂。

(2)0.2%溴甲酚绿指示剂:称取 0.2 g 溴甲酚绿溶解于 6 mL 0.1 mol/L 氢氧化钠溶液和 5 mL 乙醇中,用水稀释至 100 mL。

4.操作步骤

称取通过 100 号筛过磷酸钙 5.000 g,放入 250 mL 容量瓶中,加水 200 mL,激烈振荡 5 min,然后定容到刻度,摇匀,过滤,弃去最初滤液。吸取滤液 50 mL,放入 250 mL 三角瓶中,加水稀释至 150 mL,加入 0.5 mL 溴甲酚绿指示剂,用 0.1 mol/L 氢氧化钠标准溶液滴定至明显的绿色为终点。

5.结果计算

$$游离酸(以 P_2O_5 计)=[(N×V×71×10^{-3})/W×50/250]×100\%$$

式中:N——标准氢氧化钠的摩尔浓度,mol/L;

V——滴定消耗标准氢氧化钠体积,mL;

71——消耗 1 mol/L 的碱相于 P_2O_5 的克数;

W——样品重,g。

七、钾肥的合理施用

钾肥的肥效与土壤性质、植物种类、肥料配合、施用技术等条件有关,要充分发挥钾肥的增产作用,应注意以下几个方面。

(一)土壤供钾水平

土壤钾的供应水平是指土壤中速效钾的含量和缓效性钾的贮藏量及其释放速度。一般地,土壤速效钾供应水平决定着钾肥肥效。在缺钾的土壤上应多施钾肥。

(二)植物种类

各种植物的需钾量和吸钾能力是有差别的,对钾肥的反应也不同。"喜钾植物"如烟草、西瓜、甘薯、马铃薯、甜菜、甘蔗和果树等需钾量较大,肥效较好。豆科和油料作物,对钾肥反应敏感,肥效好。禾本科植物对钾的需要量较少,但吸收钾的能力强,因此在相同条件下,肥效较差。其中玉米、杂交稻对钾比较敏感,肥效相对较好。

(三)与其他肥料配合

氮、磷、钾三要素之间,以及与其他营养元素之间,其营养功能在植物体内是相互促进、相互制约的。需要有合适的比例,尤其钾肥的肥效与氮、磷肥供应水平密切关。当土壤中氮、磷养分含量比较低,或者含量少时,单施钾肥的效果不太明显,随着氮、磷肥施用大量增加,钾肥的效果才明显;反之,仅施氮、磷肥、不配施钾肥,氮、磷肥的肥效也不能充分发挥,甚至由于偏施氮肥而减产,因此,在农业生产中必须注意平衡施肥,才能发挥各种肥料的增产作用。

(四)土壤水分的管理可发挥钾肥的肥效

干旱地区和季节,灌溉可以发挥钾肥的肥效;反之容易造成植物缺钾,尤其在干湿交替频繁的条件下。多雨季节或有灌溉条件的地方可适当减少钾肥用量。在寒冷、干旱等的恶劣气候条件下,钾肥可提高作物的抗逆性。

(五)秧田注意施用钾肥

钾肥对培育壮苗有很好的作用。秧田和大田分开始,比全部施入大田增产明显。

(六)钾肥的施用技术

钾肥应深施、集中施,提高其利用率;钾肥应早施,因其在植物体内移动性大,缺钾症状主要表现在老的组织上,应注意基肥和追施的早施。追肥包括土壤追施和根外追施。

八、微量元素的合理施用技术

微量元素肥料有很多种施法。既可作基肥、种肥和追肥,又可直接进行种子处理或根外追施。具体施法如下:

(一)土壤施肥

微肥土壤施,能满足作物整个生育期的需要,而且都有一定的后效,因此,可隔年施用一次。特别的像水稻、玉米等作物,缺锌症状一般出现在苗期,所以将锌肥作叶面肥或种肥施入,以满足作物对锌的需要。在干旱或半干旱地区,微肥施入土壤比叶面喷施效果好。

微肥用量较少,施用必须保证均匀。为了保证施用均匀,因此可把微肥混拌在有机肥料或者好的细土中施用。

(二)植物施肥

微肥最常用的方法还有植物体施用,包括拌种、浸种、蘸秧根和根外喷施。

1. 种子处理

拌种:水与种子的重量比为 1∶10,喷洒到种子上,边喷边搅,搅拌均匀,保证每粒种子都沾上溶液,闷 3～4 h,阴干后播种。硫酸锌每千克种子 4 g 左右。钼酸铵每千克种子 1～2 g。硫酸锰每千克种子 4～8 g。硫酸铜每千克种子 4～8 g。

浸种:浸种是把种子浸泡在含有微量元素的稀溶液中,刚好没过种子为宜。浸种的浓度一般是 0.1～0.5 g/kg,最多不超过 1 g/kg。浸种时间为 12 h 左右。然后阴干播种。

2.蘸秧根

因微肥要与植物组织直接接触,所以应选择无毒无害的微肥品种。具体操作是把微肥应与少许优质土壤或优质有机肥料混合搅拌成制稀薄的糊状,在插秧或作物移栽前,把秧苗或幼苗蘸浆后移栽。

3.根外喷施

即微肥对植物体茎叶进行喷施。既经济又有效。根外喷施的量,一般掌握在土壤用量的 $1/10 \sim 1/5$。具体用量根据作物种类、植株个体大小而定。硫酸锌喷施浓度为 $0.1\% \sim 0.2\%$,喷 $2 \sim 3$ 次。硼酸或硼砂喷施浓度为 $0.1\% \sim 0.2\%$,喷 $2 \sim 3$ 次。钼酸铵喷施浓度为 $0.05\% \sim 0.1\%$,喷 $1 \sim 2$ 次。硫酸锰喷施浓度为 $0.1\% \sim 0.2\%$,喷 $2 \sim 3$ 次。硫酸亚铁喷施浓度为 $0.2\% \sim 1.0\%$,喷 $3 \sim 4$ 次,果树 $0.3\% \sim 0.4\%$,喷 $3 \sim 4$ 次。硫酸铜喷施浓度为 $0.02\% \sim 0.04\%$,喷 $1 \sim 2$ 次。具体掌握植物幼苗期浓度要适当低一点,植物生长中后期浓度应适当高一点。

总之,如果把种子处理与根外喷施结合好,或者基肥和后期喷施也结合好,定会有较好的效果。

九、主要化学肥料的鉴别方法

化肥出厂时都在包装上标明肥料名称、成分和产地,但因市场上肥料品种,繁多鱼目混珠,或在运输和贮存过程中,常因包装损坏而混杂,因此有必要对肥料进行定性鉴定,以便区别、保管和使用。

(一)方法原理

各种化肥都具有其特殊的外表形态,物理性质和化学性质,因此,可以通过其表象观察、溶于水的程度、在火焰上的灼烧反应和化学分析检验等方法,鉴定出化肥的种类、成分和名称。

(二)试剂配制

(1)2.5%氯化钡溶液:称取 2.5 g 氯化钡($BaCl_2$)溶于水中,然后稀释至 100 mL。

(2)钼酸铵一硝酸溶液:称取 15 g 钼酸铵[$(NH_4)MoO_4 \cdot 4H_2O$]溶于 100 mL水中,将此溶液缓慢倒入 100 mL 硝酸中(比重 1.2),搅拌至白色钼沉淀完全溶解,放置 24 h 备用。

(3)1%硝酸银溶液:称取 1.0 g 的硝酸银($AgNO_3$)溶于水中,然后稀释至 100 mL,贮存于棕色瓶中。

(4)20％亚硝酸钴钠溶液:称取亚硝酸钴钠[Na₃Co(NO₂)₆]20 g溶于水中,稀释至100 mL。

(5)稀盐酸溶液:量取浓盐酸42 mL,加水稀释至500 mL,配成约1 mol/L稀盐酸溶液。

(6)0.5％硫酸铜溶液:称取0.5 g硫酸铜溶于水中,然后稀释至100 mL。

(7)10％氢氧化钠溶液:称取10 g氢氧化钠溶于水中,冷却后稀释至100 mL。

(三)操作步骤

1.外表观察

首先将氮、磷、钾肥料给以总的区别,一般氮肥和钾肥绝大部分是结晶体,属于这类的肥料有碳酸氢铵、硝酸铵、氯化铵、硫酸铵、尿素、氯化钾、硫酸钾、钾镁肥、磷酸铵等;而磷肥一般是非结晶体或呈粉末状,属于这类的肥料有过磷酸钙、磷矿粉、钢渣肥、钙镁磷肥和石灰氮等。

2.加水溶解

通过外表观察,不易分辨出化肥的品种,就用此办法来加以识别。准备一只烧杯或玻璃杯,内放半杯水,然后将一小匙化肥样品慢慢倒入杯中,用玻璃棒充分搅拌,静止一会儿后观察其溶解情况,以鉴别化肥的品种。

(1)全部溶解的是硫酸铵、硝酸铵、氯化铵、尿素、硝酸钠、氯化钾、硫酸钾、磷酸铵、硝酸钾等。

(2)一部分溶解的是过磷酸钙、重过磷酸钙和硝酸铵钙等。

(3)不溶解或绝大部分不溶解的是钙镁磷肥、沉淀磷肥、钢渣磷肥、脱氟磷肥和磷矿粉等。

(4)绝大部分不溶解,生出气泡并闻到"电石味",就是石灰氮。

3.加碱性物质

取少量化肥样品同石灰或其他碱性物质(如烧碱)混合,如闻到刺鼻氨臭味,则可确定其为铵态氮肥或含铵态氮的复混肥料。

通过上述几种方法仍不能确定的,须用灼烧与化学检验的方法作进一步的鉴定。

4.灼烧检验

具体方法是:把待测的化肥样品直接放在烧红的木炭上燃烧或烧红的铁板上,观察其燃烧、熔化、烟色、烟味与残烬等情况。

(1)逐渐熔化并出现"沸腾"状,冒白烟,可闻到氨味,有残烬,是硫酸铵。

(2)迅速熔化时冒白烟,有氨味,是尿素。

(3)无变化但有爆裂声,没有氨味,是硫酸钾或氯化钾。

（4）不易熔化，但白烟甚浓，又可闻到氨味和盐酸味，是氯化铵。

（5）边熔化边燃烧，冒白烟，有氨味，是硝酸铵。

（6）燃烧并出现黄色火焰是硝酸钠，燃烧出现带紫色火焰是硝酸钾。

5. 化学检验

取少量肥料样品，放入干净的试管中，将试管放在酒精灯上灼烧，观察识别：

（1）样品结晶在试管中逐渐熔化、分解、能嗅到氨味，用湿的红色石蕊试纸检验，变成蓝色是硫酸铵。

（2）样品结晶在试管中不熔化，而固体像升华一样，在试管壁冷的部分生成白色薄膜，则是氯化铵。

（3）样品结晶在试管中能迅速熔化、沸腾，用湿的红色石蕊试纸在试管口检验，能变为蓝色，继续加热，试纸由蓝色变为红色，则是硝酸铵。

（4）样品结晶在试管中加热后，立即熔化，能产生氨臭味，并很快挥发，在试管中留有残渣，则是尿素。

如果有些肥料经上面几种方法鉴定仍然不能确定时，可进一步通过化学方法鉴定。

（5）取少量肥料样品放入试管中，加 5 mL 水，待其完全溶解后，用滴定管加入 5 滴 2.5％氯化钡溶液，产生白色沉淀，当加入稀盐酸时，沉淀不会溶解的，证明是硫酸根生成了白色硫酸钡沉淀。当用前面方法鉴定出某未知肥料含有氨，又经此法确定含有硫酸根，可以证明是硫酸铵。当用灼烧检验方法证明是钾肥，又经此方法确定该肥料中含有硫酸根时，可以证明是硫酸钾。

（6）取少量肥料样品放入试管中，加 5 mL 水待其完全溶解后，用滴管加入 5 滴 1％硝酸银溶液，产生白色絮状沉淀氯化银，证明含有氯根。当用前面方法鉴定肥料中含有氨，又经此法确定该肥料中含有氯根的，可证明是氯化铵。当肥料经检确定是钾肥的，又经此法确定该肥料中含有氯根，可证明是氯化钾。

（7）取极少量肥料样品，放入试管中，加 5 mL 水使其溶解，如溶液混浊，需过滤取清液鉴定。于滤液中加入 2 mL 钼酸铵—硝酸溶液，摇匀后，如出现黄色沉淀，证明是水溶性磷肥。

（8）取少量肥料样品（加碱性物质不产生氨味的样品），放入试管中，加水使其完全溶解，滴入 20％亚硝酸钴钠溶液，用玻璃棒搅匀，产生黄色沉淀，证明是含钾的肥料。

（9）取肥料样品约 1 g 放入试管中，在酒精灯上加热熔化，稍冷却，加入蒸馏水 2 mL 及 10％氢氧化钠溶液 5 滴，溶解后，再加 0.5％硫酸铜溶液 3 滴，如出现紫色，证明是尿素。

十、牲畜粪的热性质

牲畜粪分解过程中根据其是否会产生高温可分为三类:热性肥料、冷性肥料、中性肥料。

热性肥料中最典型的是马粪,由于马对饲料的咀嚼和消化不及牛细致,马粪中纤维素含量高、疏松多孔,并含有大量的高温纤维素分解菌。能促进纤维素分解,堆制过程中发出的热量多、腐熟分解快,所以被称为热性肥料。马粪可用作温床发热材料,在茄果类蔬菜早春育苗时,在苗床中将马粪与蒿秆混合铺垫下层,上面辅以肥沃菜园土,这样可提高温度,幼苗可提前移栽,提早成熟。在制造堆肥时,可加入适量马粪,以促进堆肥的腐熟。马粪对改良质地黏重的土壤,有显著效果。除了马粪外,羊粪和兔粪也属于热性肥料,羊是反刍动物,对饲料咀嚼很细,且羊饮水量小,所以粪质细密干燥,肥分浓厚,羊粪虽然发热量不及马粪,但其发酵速度也很快,发酵过程中发热量也较高,因此也被称为热性肥料;兔粪中一般含氮(N)1.5%、磷(P_2O_5)1.47%,钾(K_2O)1.02%;兔尿一般含氮(N)0.15%,磷(P_2O_5)微量,钾(K_2O)1.02%。兔粪 C/N 比较小,易腐熟,在腐熟过程中易产生热量,也属于热性肥料。兔粪分解比较快,肥分易于挥发,一般作追肥施用,见效很快。由于兔粪含氮、磷较多,在缺磷的土壤上施用效果更好。一般用量是每亩施 $50\sim100$ kg,多以条施、穴施等集中施用为主,施后须覆土。

冷性肥料中较为典型的是牛粪,牛是反刍动物,饲料经胃中反复消化,粪质细密。牛饮水多,粪中含水量多,通气性较差,分解腐熟缓慢、发酵时不会产生高温,温度较低,故牛粪被称为冷性肥料。牛粪 C/N 比较大,平均为 21.5:1,阳离子交换量为 $402\sim423$ cmol/kg,新鲜牛粪略加风干,加入 3%$\sim$5% 的钙镁磷肥或磷矿粉,经混合堆沤,加速其分解,可获得较好的有机肥料。牛粪对改良有机质含量低的轻质土壤,具有良好的效果。牛粪通常被用作基肥很少用作追肥使用。

中性肥料中,比较典型的是猪粪,猪粪 C/N 比较低,且含有大量的氨化细菌,比较易于腐熟,发热量一般。猪粪性质柔和、后劲长,含较多磷、钾元素,既长苗,又壮棵,可使作物籽粒饱满。猪粪适用于各种土壤和作物,尤其以施于排水良好的土壤为好。

十一、堆肥的堆前准备和腐熟过程

(一)堆制准备

要将作物秸秆用粉碎机粉碎或用铡草机切碎,一般长度以 $1\sim3$ cm 为宜,粉碎后的秸秆浇透水,秸秆的含水量在 70% 左右。按照秸秆堆肥堆制过程中是否产生高温,可以将堆肥分为两种:高温堆肥和普通堆肥。高温堆肥,堆制过程中会产生高温,有明显的高温阶段,其堆制时不掺土,以纤维素含量多的秸秆等有机物料为主,同时堆制过程中根据原料的 C/N 比大小,加入一定量的人畜粪尿等物质,以调节 C/N 比,加速腐熟的进程,堆制的时间较短,可迅速将纤维素含量多的作物秸秆等进行腐熟,使之短时间内迅速成肥。高温堆肥堆制时需要特定的具有促进腐熟作用的微生物,以促进秸秆、粪尿的快速腐熟和分解。可以选用商品微生物发酵剂促进秸秆快速发酵成肥,也可以通过马粪培养液达到接种的目的以获得高温堆肥所需要的促进腐熟的微生物,马粪培养液的制法是把0.1 kg 马粪加 10~15 kg 水搅拌均匀后放入白铁桶内,桶上加盖,放在堆肥上面,桶身埋入堆内,桶口露在外面,在 65℃高温下放置 4~5 d 即可应用。培养液用量为堆肥材料的 1%。与高温堆肥相反,普通堆肥堆制时掺土较多,堆制过程中不会产生高温,整个堆制过程温度较低,且变化不大,堆制时间较长,适用于北方地区常年积制肥料。普通堆肥堆制时不需要特定的具有促进腐熟作用的微生物,普通堆肥和高温堆肥的堆积方法基本一致,随季节等条件而不同,有平地式、半坑式及地下式三种。

(二)堆肥的腐熟过程

是一系列微生物参与下的复杂过程,包括堆制材料的矿质化和腐殖化过程。堆腐初期以矿质化为主,后期则以腐殖化占优势,这种过程的快慢和方向,受堆肥材料的组成和含有的各种微生物及环境条件所左右,因此,了解这些因子的变化规律及其相互关系,对于积制好堆肥具有重要意义。从高温堆肥的堆温变化大体可以看出微生物活动概况。

1.发热阶段

在堆制初期,堆制材料中易被微生物分解的有机物质(如单糖、淀粉、蛋白质等)被迅速分解,同时产生大量热能,使堆温大幅度上升,一般在几天之内就可达50℃以上,称之为发热阶段。该阶段堆制材料中的微生物以中温性微生物为主,常见的有无芽孢杆菌、芽孢杆菌、球菌、放线菌、真菌和产酸细菌等。随着温度的升高,嗜热性微生物逐渐代替中温性微生物而起主导作用。

2.高温阶段

堆制 2~3 d 后,堆肥上升到 50℃以上,称为高温阶段。在高温阶段,除分解尚存的易分解的有机物外,堆肥材料中的复杂有机物质,如纤维素、半纤维素、部分木质素等,也逐渐被微生物分解,并开始腐殖质的形成。在该阶段中,以嗜热性微生物占优势。常见的嗜热性真菌有嗜热真菌属(*Thermomyces*)。常见的嗜热性放线菌有褐色嗜热链霉菌(*Streptomyces thermofucus*),普通嗜热放线菌(*Thermoacti-*

nomyces vulgaris）等。温度升到 60℃后,嗜热性真菌的活动几乎完全停止,取而代之,放线菌、嗜热性芽孢杆菌和梭菌的活动渐占优势。普通嗜热放线菌是放线菌的主要优势种之一。

由于微生物的旺盛活动,堆料的温度可升到 70℃以上。这时,嗜热性微生物大量死亡或进入休眠状态。但各种酶对有机质的分解仍在进行。随着酶活性的迅速衰退,产热量减少,堆肥温度开始下降。当温度下降到 70℃以下时,处于休眠状态的嗜热性微生物重新恢复其分解活动,产热量再度增加。因此,堆料有一个自然调节且延续持久的高温期。它对堆料的快速腐熟起着重要作用。堆制得法的堆料有相当长的高温(维持在 50℃以上)期,可在几星期或 2～3 个月内达到适于施用的腐熟状态。

3.降温阶段

高温阶段后,堆温逐渐降低,下降到 50℃以下,称为降温阶段。此时,堆料中的纤维素、半纤维素等大部分已被分解,仅剩下难以分解的复杂成分(木质素)和新形成的腐殖质。微生物的活动强度减弱,产热量减少,温度也随之逐渐下降。在降温阶段,中温性微生物如纤维分解黏细菌、芽孢杆菌、真菌、放线菌的数量显著增加,一些嗜热性的微生物,在降温过程中仍然维持着活动,当温度下降到 40℃以下时,中温性微生物代替嗜热性微生物而重新成为优势种。

4.后熟保温阶段

经过上述三个阶段的分解,堆料中可经微生物降解的成分已被完全转化,堆温仅稍高于气温,此时进入后熟保温阶段。在这一阶段,堆料继续缓慢腐解,最终成为与土壤腐殖质十分相近的物质。为了保存肥效,最好将堆肥压紧,造成厌氧状态。

当秸秆变成褐色或黑褐色,湿时用手握之柔软有弹性,干时很脆容易破碎,表明秸秆已经完全腐熟,可直接施入农田。

秸秆堆肥的腐熟过程是一个多种微生物交替活动的过程,影响微生物繁殖和活动的各种因素,最终也影响到堆肥腐熟的进程。

(三)影响堆肥腐熟的因素

主要有水分、通气、养分、温度、pH 等。

1.水分

水分是影响微生物活动和堆肥腐熟的重要因素。堆肥材料水分含量适宜,软化程度较好,有利于微生物的侵入和繁殖,堆肥中的各种养分,需要溶解在水中才能为微生物吸收利用。一般而言,堆肥材料的含水量应掌握在最大持水量的 60%～70%,即达到手握成团,触之即散的状态。为保证堆肥腐解所需要的水分总量,在特别干燥的情况下,根据堆肥材料的干湿程度,在堆制和翻堆时应加入适量水分。高温堆肥前期因高热失水,肥堆内容易出现"白毛",表现出缺水的现象,不利于高温堆肥的腐解,因此在翻堆时要加入稀尿液或生活污水,以调节水分或温度。

2.通气

良好的通气条件有利于微生物的繁殖,特别是好气微生物的繁殖,从而有利于堆肥材料的腐熟分解。为此,在堆肥堆制前,可将堆材切成 6 cm 左右的节段,以保证堆肥堆制前期的堆内的通气性,促进好气微生物快速繁殖。我国北方农村农作物秸秆数量较多,在利用农作物的秸秆制作肥堆时,往往肥堆体积很大,在进行堆肥堆制时在堆底铺设通气沟,有利于好气微生物活动,促进堆制材料的腐熟分解。

3.养分

堆肥材料的养分比例尤其是 C/N 比影响微生物的活动和繁殖,微生物生命活动所需要的 C/N 比约为 25:1,C/N 比例过高,需要加入一定量的人粪尿和尿素溶液等含氮物质降低 C/N 比,但是如果人粪尿和尿素溶液等含氮物质加入过多,堆材 C/N 比过小,在腐解时会释放出游离态 NH_3,造成肥分的挥发损失。一般在野外堆肥时,宜将堆材 C/N 比调节到 30:1 左右,既能满足腐熟时微生物活动,又不致失氮。

研究表明,C/P 比也会一定程度上影响微生物的活动,除了调节堆材氮素含量外,还应加入少量的含磷物质,例如过磷酸钙、钙镁磷肥等,以促进堆肥堆制质量的提高。

4.温度

不同的温度范围内,有不同的微生物类群分布,因此堆温的变化会影响到微生物的活动从而最终影响到堆肥的腐熟。一般而言,高温阶段,控制在 50～70℃较为适宜,后熟保温阶段,温度控制在 30℃ 最为适宜。过高的温度,会导致嗜热性微生物大量死亡或进入休眠状态,过低的温度,又不利于嗜热性微生物的活动,最终都会影响到堆肥的腐熟。

5.pH

微生物的活动和繁殖需要适宜的 pH 条件,大多数的微生物适于在中性或微碱性的环境下进行生命活动。堆肥腐解时由于真菌或细菌的活动而产生酸性物质,使得肥堆的 pH 降低到 5.3 以下,酸性较强,从而抑制了大多数微生物的繁殖,从而影响堆腐。宜在堆制时加入适量的石灰(占堆肥材料重量的 2%～3%)或草木灰(占堆肥材料重量的 5%),中和其酸度,以利腐解。

十二、牲畜圈肥的堆积方法

(一)圈内堆积

(1)深坑式：深坑式坑深 0.6～1 m，圈内经常保持潮湿状态，垫料在积肥中经常被牲畜用蹄踩踏，经过 1～2 个月的嫌气分解，然后起出堆积，腐熟后即成圈肥或厩肥。

(2)浅坑式：浅坑式坑深较浅，起垫次数相对多一些。

(3)平底式：平底式地面铺设石板或用水泥夯实地面，也有很多地方用紧实的土底。垫圈方式分为两种，一种是每日垫圈，每日清除，及时将厩肥运到圈外堆制发酵，另一种是每日垫圈，数日起圈，使厩肥先在圈内堆沤一段时间，再移到圈外堆制发酵。对于大型牲畜如牛、马、驴、骡等，通常采用第一种方式，小型的牲畜如猪、羊等可以采用第二种方式。

(二)圈外积肥

(1)紧密堆积法：此法又称冷厩法。将厩肥搬出畜舍堆积，加以压紧，堆外面撒上碎土覆盖。通常堆宽约 2 m，堆高 1.5～2 m。此法的缺点是：由于紧密压积，通气情况不良，厩肥进行嫌气分解，一般要堆积 2～3 个月才达到半腐熟状态，5～6 个月才达到腐熟状态，时间较长。优点是温度低，发热量少，加上较紧密，氨气不易挥发；其次是有机质消耗少，最后得到的腐殖质多。

(2)疏松堆积法：又称热厩法。将厩肥运出畜舍外，逐层堆成 2 m 宽、2 m 左右高的肥堆，不要压紧，使它在疏松通气的条件下发酵，几天后温度可升高到 60～70℃，如果第一次肥料不多，堆高还不够，可在堆上继续堆上第二层，第三层。此法的优点是：由于空气流通，好气性微生物繁殖较快、多，腐熟时间较短，短期内可使厩肥腐熟。

(3)疏松紧密交替堆积法。此方法先将厩肥疏松堆积，以利分解，同时浇粪水来调节分解速度。一般在 2～3 d 后，厩肥肥堆内温度可达到 60～70℃，杀死了大部分病原菌、虫卵和杂草种子。待温度稍降后，踏实压紧，然后再加新鲜厩肥，处理如前。如此层层堆积，直到堆到 1.5～2 m 高为止。

十三、绿肥作物的种类、栽培方式、栽培时注意的问题

(一)绿肥作物的种类

绿肥的种类很多，按植物学可分为豆科绿肥（其根部有根瘤，能固定空气中的氮素，如紫云英、苕子、豌豆、豇豆）和非豆科绿肥（没有根瘤的，不能固定空气中氮

素,如油菜、茹菜、金光菊等);按其来源分,可分为栽培绿肥(指人工栽培的绿作物)和野生绿肥(指非人工栽培的野生植物,如杂草、树叶、鲜嫩灌木等);按种植季节可分为冬季绿肥(秋冬插种,第二年春夏收割的绿肥,如紫云英、苕子、茹菜、蚕豆等)和夏季绿肥(指春夏播种,夏秋收割的绿肥,如田菁、柽麻、竹豆、猪屎豆等);按利用方式可分为稻田绿肥、麦田绿肥、棉田绿肥、覆盖绿肥、肥菜兼用绿肥、肥饲兼用绿肥、肥粮兼用绿肥等;按生长期长短可分为一年生或越年生绿肥(如柽麻、竹豆、豇豆、苕子等)、多年生绿肥(如山毛豆、木豆、银合欢等)和短期绿肥(生长期很短的绿肥,如绿豆、黄豆等);按生态环境可分为水生绿肥(如水花生、水浮莲和绿萍)、旱生绿肥(旱地栽培的绿肥)和稻底绿肥(在水稻未收前种下的绿肥,如稻底紫云英、苕子等)。

(二)绿肥作物的栽培方式

绿肥作物的栽培方式:主要有单种、插种、间种、套种、混种等 5 种方式。单种又叫主作或清种,是在一块地上仅种植一种绿肥作物。如利用荒山荒地种植多年生作物,或是在轮作制度中安排一定时间或季节种植某种绿肥作物。插种又称迹作,是指在作物换茬的短暂间隙,种植一次短期绿肥作物,用作下季作物的基肥。插种应选择生长期短的绿肥作物,例如柽麻等。间种是指在作物的行株间,播种一定数量的绿肥作物,以后作为主作物的肥料。例如,北方地区可在果园、茶园间种绿肥作物,间种的优势是可以充分利用自然界光、热、水、肥、气等条件,可以做到用地与养地相结合,充分发挥主作物和间种的绿肥作物的种间互助作用。套种是指不改变主作物的种植方式,将绿肥作物套种在主作物行株之间。套种可分为前套和后套两种形式,前套是指在主作物播种前,先把绿肥种植与预留的主作物行株间,以后用作主作物追肥,例如棉田前套箭舌豌豆;后套是指在主作物生长中后期,在其行间套种绿肥,待主作物收获后,让绿肥作物继续生长,以后用作下季作物的肥料,例如棉田后套苕子。

(三)绿肥栽培时应注意问题

一是品种选择时,应注意特性。首先要注意绿肥作物的生长期和抗逆能力,以及对土壤条件的要求。例如,大多数苕子品种只适合在长江以南种植,但光叶紫花苕子却可种到淮河以北地区,并且生长良好。豆科绿肥作物的根瘤菌适宜在中性左右的酸碱度环境下生长活动,当土壤 pH 在 4.0～4.4 时,紫云英根部的根瘤菌就会死亡。又如紫云英喜欢湿润而不积水的土壤,它的耐旱、耐低温的能力较差。许多绿肥作物怕涝,但田菁耐涝性强,而且耐盐性也很强。二是要开好排灌沟。多数绿肥作物怕涝,开好排灌沟可以做到水多时能排,干旱时能灌。三是适时播种。

适时播种,不仅产量高,品质也好。但因各地气候条件不同,播种具体日期应根据不同气候条件和绿肥作物的特性来决定,最可靠的办法是通过对比试验,选择最好的播种期。四是根据绿肥作物的养分需求和生长状况也要施入一定的肥料。虽然绿肥作物吸收养分的能力较强,但它自身的生长发育也需要一定的养分,缺肥产量就不高。以豆科绿肥作物来说,虽然它有根瘤,能固定空气中的氮素,但在生长初期和生长旺盛期也需要一定的氮素养分,如果此时能适当施入些氮肥,就会获得良好的效果;除此之外,绿肥作物对磷素也很敏感,如土壤中有效磷含量低,会大大影响其生长发育。综上所述,应通过适当施肥来满足绿肥作物的需要,以达到"小肥养大肥"的效果。五是注意做好绿肥作物留种工作。加强良种选育和繁殖的工作,培育优良的品种,有利于绿肥产量的稳步提高。六是可采用根瘤菌拌种,以提高豆科绿肥作物的根瘤生长和固氮的能力,增加豆科绿肥作物的养分含量和品质。

十四、肥料市场知识

　　国家对进入市场的商品都有相关的质量标准,对肥料而言也不例外。所有肥料生产企业都必须按照国家相关的质量标准进行生产,其商品才允许进入市场流通.现将相关肥料的质量标准介绍如下,供购肥用肥时参考。

(一)氮素化肥的相关质量标准(表 2-3-10)

表 2-3-10　主要氮肥的相关质量标准　　　　　　　　　%

品种	外观	酸碱性	有害物质含量(%)	优等品 氮(N) ≥	优等品 水分 ≤	一等品 氮(N) ≥	一等品 水分 ≤	合格品 氮(N) ≥	合格品 水分 ≤
碳酸氢铵(湿)	白色或浅色细结晶	弱碱性	—	17.2	3.0	17.1	3.5	16.8	5.0
碳酸氢铵(干)								17.5	0.5
尿素	半透明白色颗粒	中性	缩二脲 0.9～1.5	46.3	0.5	46.3	0.5	46	1.0
硝酸铵	白色或浅黄色颗粒	弱酸性	—	34.4	0.6	34.0	1.0	34.0	1.5
氯化铵(湿)	白色结晶体	弱酸性	Na1.2～1.8	—	—	23.5	6	22.5	8.0
氯化铵(干)			Na0.8～1.4	25.4	0.5	25.0	1.0	25.0	1.4
硫酸铵	白色或淡黄色结晶体	弱酸性		21.0	0.2	21.0	0.3	20.5	1.0

（二）磷肥的质量标准（表 2-3-11）

表 2-3-11　磷肥的相关质量标准　　　　　　　　　　　　　　%

品种	外观	酸碱性	产品等级					
			优等品		一等品		合格品	
			P_2O_5 ≥	水分 ≤	P_2O_5 ≥	水分 ≤	P_2O_5 ≥	水分 ≤
过磷酸钙	深灰、灰白或淡黄色粉末	酸性	18.0	12.0	16.0	14.0	12.0～14.0	14.0～15.0
重过磷酸钙	灰色或灰白色颗粒、粉末	酸性	47.0	3.5	44.0	4.0	40.0	5.0
钙镁磷肥	灰白、灰绿或灰黑色粉末	碱性	18.0	0.5	15.0	0.5	12.0	0.5
磷酸氢钙	灰白或灰黄色粉状结晶	酸性	25.0	10.0	20.0	15.0	15.0	20.0

（三）钾肥的质量标准（表 2-3-12）

表 2-3-12　钾肥的相关质量标准　　　　　　　　　　　　　　%

品种	外观	酸碱性	产品等级					
			优等品		一等品		合格品	
			K_2O ≥	水分 ≤	K_2O ≥	水分 ≤	K_2O ≥	水分 ≤
氯化钾	白或微红色结晶粉状	中性	60.0	6.0	57.0	6.0	54.0	6.0
硫酸钾	白色或带颜色细晶	中性	50.0	1.0	45.0	3.0	33.0	5.0

（四）复合（混）肥的质量标准（表 2-3-13）

表 2-3-13　复合（混）肥的相关质量标准

项目	指标		
	高浓度	中浓度	低浓度
总养分（N＋P_2O_5＋K_2O）%≥	40	30	25
水溶性磷占有效磷百分率≥	70	50	40
水分%≤	2.0	2.5	5.0
粒度（1.00～4.75 mm 或 3.35～5.60 mm）	90	90	80
氯离子%≤	3.0		

(五)叶面肥的质量标准(表 2-3-14)

表 2-3-14　叶面肥的相关质量标准

项目	大量元素叶面肥		微量元素叶面肥		氨基酸叶面肥				腐殖酸叶面肥			
	粉剂(%)	水剂(g/L)	粉剂(%)	水剂(g/L)	粉剂(%)		水剂(g/L)		粉剂(%)		水剂或膏剂(g/L)	
					发酵	水解	发酵	水解	I	II	营养型	抗旱型
总养分(N+ P₂O₅+ K₂O)%≥	50.0	500.0								35.0	350.0	200.0
氨基酸含量≥					8.0	10.0	80.0	100.0				
微量元素总量(Fe+B+Cu+Zn+Mn+Mo)≥	1.0	10.0	10.0	10.0					6.0			
腐殖酸含量≥									8.0	5.0	30.0	40.0
不溶物≤	5.0	50.0	5.0	5.0					5.0	5.0	50.0	50.0
pH(稀释250倍)	3.0	3.0	3.0	3.0					3.0	3.0	3.0	3.0
水分≤	10.0		10.0						10.0	10.0		
有害元素%≤ 砷(As)	0.002											
有害元素%≤ 铅(Pb)	0.01											
有害元素%≤ 锰(Mn)	0.002											
有害元素%≤ 铬(Cr)	0.003											
有害元素%≤ 汞(Hg)	0.000 5											

十五、肥料的发展趋势

随着科学技术的发展,肥料将向高效化、液体化、缓效化、复合化及复混化、功能化、生态环保化方向发展。

(一)高效化

高浓度不等于高效,提高肥料的利用率是高效的根本,减少因肥料的流失对生态环境造成不良影响,在提高农作物产量的同时提高农产品的质量是我国肥料发展的目标。

(二)液体化

用氨水及其他含有多种营养元素的液体肥如沼液、工业有机废水等直接作为肥料,其显著优点是可随水灌溉,方便施用,降低成本。

（三）缓效化

缓效肥主要是通过控制肥料的溶解、释放速度，进而与农作物吸收过程相协调，从而提高了化肥的利用率，减少肥料的用量，目前在发达国家非常流行。

（四）复合化及复混化

化肥产品不能停留在单一元素品种上，而应向复合化与复混化发展，在发展三元复合肥的同时，根据不同土壤和农作物在复混肥、BB 肥中加入中微量元素，发展多元素复混肥、BB 肥。

（五）功能化

化肥产品除了提供植物必需的营养元素外，还具有其他的功能，如杀虫杀菌的功能、除草的功能、植物生长调节功能等。

（六）生态环保化

在我国农业发达地区由于不合理过量使用化肥，土壤养分的不均衡已很普遍，尤其是磷肥，其利用率只有 20％ 左右，大部分被土壤固定，利用生物菌肥分解土壤中被固定的养分，既减少化肥的用量，又保护了生态环境。

【任务评价】

评价内容	评价标准	分值	评价人	得分
化肥有效成分的测定	掌握方法、操作规范、仪器无损坏，写出实验报告	10 分	组内互评	
常用化学肥料、有机肥料和生物肥料的性质特点	基本掌握和理解	40 分	组内互评 教师参与	
常用化肥品种的识别	观察细致，识别准确，操作无误	10 分	教师	
化学肥料、有机肥料和生物肥料在配方施肥过程中的合理施用总结	讨论认真，结论正确	30 分	师生共评	
团队协作	小组成员间团结协作，本组任务完成好	5 分	组内互评	
职业素质	责任心强，学习主动、认真、方法多样	5 分	组内互评	

【思考题】

1. 什么是测土配方施肥？

2. 如何理解植物必需营养元素的同等重要和不可代替律？这对合理施肥有何

指导意义？

3.如何理解最小养分律？对合理施肥有何指导意义？

4.如何理解报酬递减律？对合理施肥有何指导意义？

5.什么叫地力分区（级）配方法？如何根据地力等级配方？

6.什么叫目标产量法？此方法又分为哪两种方法？

7.养分平衡法的具体内容是什么？什么叫地力差减法？有哪些优缺点？

8.什么是田间试验配方法？主要有哪三种方法？各有何优缺点？

9.肥料效应函数法的基本原理是什么？

10.养分丰缺指标法的基本原理是什么？

11.如何用氮磷钾比例法指导配方施肥？

12.杂交水稻每亩目标产量为 500 kg，每 100 kg 稻谷产量需吸收氮（N）1.8 kg、磷（P_2O_5）0.6 kg，钾（K_2O）3.13 kg，其每亩空白产量为无氮区 300 kg、无磷肥区 372 kg、无钾肥区 380 kg，若达到目标产量，需用尿素（含 N 46％、利用率 35％）、过磷酸钙（含 P_2O_5 18％、利用率 20％）和氯化钾（K_2O 60％、利用率 55％）各多少千克？

13.“测土”是配方施肥的基础，也是制定肥料配方的重要依据。它包括 _____ 和 _____ 两个环节。

14.“配方”就是根据 _____ 中营养元素的丰缺情况和 _____ 等问题提出施肥的种类和数量。

15.过量施用化肥会造成 _____、_____ 和 _____ 污染，增加水体的富营养化和农产品硝酸盐含量超标。

16.试述常见氮肥的种类及性质特点。

17.试述合理施用氮肥的意义及其措施。

18.试述常用磷肥的种类。

19.如何合理地施用磷肥？

20.试述化学钾肥的种类和性质。

21.如何合理地施用钾肥？

22.如何合理施用中量和微量肥料？

23复混肥料的含义和养分表示方法是什么？它有哪些特点？

24复混肥料有哪些类型？

25.肥料混合的原则是什么？

26.如何合理施用复混肥料？

27.有机肥料的作用是什么？

28. 有机肥与其他类型肥料配合施用的优点有哪些?

29. 有机肥料的常见种类有哪些?

30. 常见有机肥料积制的原理、方法是什么?

31. 商品有机肥的制作方法是什么?

32. 不同类型有机肥的正确施用方法是什么?

33. 什么是生物肥料?

34. 生物肥料有何作用?

35. 生物肥料与其他类型肥料之间的关系怎样?

36. 生物肥料常见类型有哪些?

37. 各类型生物肥料正确施用的方法是什么?

38. 如何施用沼气池肥?

项目三　主要作物的施肥技术

【学习目标】

完成本学习任务后,你应该能

了解当地主要粮油作物、果树、蔬菜的营养特性及各生育期的需肥规律,掌握主要作物的配方施肥技术以指导合理施肥。

【工作任务描述】

本项目分为主要粮油作物的施肥技术、主要果树的施肥技术与主要蔬菜的施肥技术3个任务。通过本项目各任务的操作与学习,能让学员了解这些作物的营养特性及各生育期的需肥规律,并掌握相应配方施肥技术等,增强对本项目工作任务的学习兴趣,培养查阅资料、调研总结、制定与实施相应配方施肥技术的方案等能胜任岗位工作的职业素质。

【案例】

花生怎么没长豆、尽长苗了呢?

某农户于清明节后的同一天分别在一块瘠薄山地和一块种了几年蔬菜的菜地播种了花生。播种时均用了有机肥、磷肥钾肥做基肥、种肥,花生出苗后看到山地上的花生苗发黄,于是他对两者均施用了尿素作追肥,后续的一切田间管理均是照常进行。

"种瓜得瓜,种豆得豆。"8月份收花生的时候,菜地上的花生苗出奇的好,但拔起来却没见有一粒饱满的花生,而山地上的花生却挂满了饱满的豆荚。他觉得太奇怪了,怎么同样施肥管理的花生差别却如此之大。农技人员听他讲了这种情况后,解释道,花生是豆科作物,具有固氮功能,菜地因为经过精心管理,肥力较好,含氮量本来就高,施用氮肥后造成氮素营养过剩抑制了固氮能力的发挥而无法长花生、只长苗;山地比较瘦,含氮少,故苗期的花生固氮功能尚未健全,导致缺氮而叶色发黄,施用氮肥弥补了氮素营养的不足,促进了花生的生长,故反而结花生较多。农技人员进一步告诉他,不宜用菜地等肥沃的耕地种植豆科作物,即使种了,也要多施磷钾肥,不施甚至少施氮肥,以免造成豆科作物氮素营养过剩而徒长苗叶,不长豆……

各种作物营养特性、土壤的供肥能力差别是很大的,其施肥技术方案是不可能一样的。那么对各种作物应该如何施肥呢?通过本项目的学习,你会得到答案的。

任务一 主要粮油作物的施肥技术

【任务准备】

一、知识准备

(一)水稻的需肥特性

1. 水稻的需肥量

水稻正常生长发育需要适量的碳、氢、氧、氮、磷、钾、铁、锰铜、锌、硼、钼、氯、硅、钙、镁、硫、硒等多种营养元素。在水稻吸收的矿质营养元素中,吸收量多而土壤供给量又常常不足的主要是氮、磷、钾三要素。水稻养分吸收量,因产量水平不同、生长环境不同而有所差异,每亩产 500 kg 稻谷和 500 kg 稻草,从土壤中吸收纯氮 8.5~12.5 kg,磷 4~6.5 kg,钾 10.5~16.5 kg。水稻形成 100 kg 籽粒,吸收氮在 2 kg 左右,高产田略低些,低产田高些;吸收磷 0.9 kg 左右,但随产量升高 100 kg 籽粒以上吸收量增大到 2.1 kg 左右。每生产 100 kg 稻谷(籽粒),对氮、磷、钾的吸收量是氮(N)2.1~2.4 kg,磷(P_2O_5)1.25 kg,钾(K_2O)3.13 kg,氮、磷、钾的比例约为 2:1:3。而杂交水稻形成 100 kg 稻谷(籽粒),氮、磷、钾养分的吸收量分别为 2 kg、0.9 kg、3 kg。上述吸肥比例也因水稻品种类型、栽培地区、栽培季节、土壤性质、施肥水平以及产量高低而异,故只能作为计算施肥量的参考。此外,水稻吸收硅的数量很大,生产 100 kg 稻谷(籽粒),吸收 17.5~20 kg 硅,生产 500 kg 稻谷(籽粒)吸收硅 87.5~100 kg,故高产栽培时,应采取稻草还田,施用秸秆堆肥或硅酸肥,以满足水稻对硅的需要。

2. 水稻各生育期需肥规律

(1)水稻不同生育期对养分的吸收。水稻自返青至孕穗期,各种营养元素吸收总量增加较快。自孕穗期以后,吸收各种元素增加的幅度有所不同。对氮素来说,至孕穗期已吸收生长全过程总量的 80%,其中磷为 60%,钾为 82%。

水稻植株吸收氮量有分蘖期和孕穗期两个高峰。据研究,早稻吸收氮素在分蘖期为总量的 35.5%,孕穗期为总量的 48.6%。吸收磷量在分蘖至拔节期是高峰(约占总量的 50%),抽穗期吸收量也较高。钾的吸收量集中在分蘖至孕穗期。自抽穗期以后,氮、磷、钾的吸收量都已微弱,所以在灌浆期所需养分,大部分是抽穗期以前植株体内所贮藏的。

杂交水稻各个时期的吸肥状况研究结果,氮的吸收在生育前期和中期与常规稻基本相同,所不同的是在齐穗和成熟阶段杂交水稻还吸收 24.6% 的氮素,这一特性使杂交水稻在生育后期仍保持较高的氮素浓度和较高的光合效率,有利于青穗黄熟,防止早衰。杂交水稻在齐穗后还要吸收 19.2% 的钾素,这有利于加强光合作用和光合产物的运转,提高结实率和千粒重。

(2)不同类型水稻对养分的吸收。双季稻是我国长江以南地区普遍栽培的水稻类型,分早稻和晚稻。它们有共同的特点:生育期短,养分吸收强度大,需肥集中且需肥量大,但由于生长季节的不同,养分的吸收上也有一定的差别。一般说来,从移栽到分蘖终期早稻吸收的氮、磷、钾量占一生中总吸收量的百分数比晚稻要高。早稻吸收氮、磷、钾的量分别占总吸收量的 35.5%、18.7%、21.9%,而晚稻吸收氮、磷、钾的量分别占总吸收量的 23.3%、15.9%、20.5%。早稻的吸收量高于晚稻,尤其是氮;从出穗至结实成熟期,早稻吸收氮、磷、钾有所下降,分别是 15.9%、24.3%、16.2%,而晚稻为 19%、36.7%、27.7%,可见晚稻后期对养分的吸收高于早稻。中稻从移栽到分蘖期停止时,氮、磷、钾吸收量均已接近总吸收量的 50%。整个生育期中平均每日吸收氮、磷、钾的数量最多时期为幼穗分化至抽穗期,其次是分蘖期。不论何种类型的水稻,在抽穗前吸收的氮、磷、钾数量已占吸收量的大部分,所以各类肥料均以早施为好。

3.稻田的供肥性能

(1)稻田土壤的供肥量。水稻吸收的养分,有相当一部分是由土壤供给的。其供给量主要取决于土壤养分的贮存量及其有效状况。前者称为供应容量,后者则称为供应强度。供应容量和土壤中有机质含量、母质成分及灌溉水质等状况有关;供应强度则受土壤中有机质的性质、土壤结构、酸碱度和氧化还原电位、微生物组成及土壤温度等影响。在一般情况下,稻田土壤氮素释放高峰在 8 月初至 9 月中旬之间,其次为 6 月中旬至 7 月底。稻田土壤磷的有效性随渍水时间增加而提高。稻田渍水后,土壤速效钾含量明显增加,一般在早稻插秧时已达高峰值,而在晚稻插秧时已明显下降,所以晚稻更重视钾肥施用。

(2)稻田肥料的利用率。施入稻田的肥料,一部分被水稻植株利用,一部分被土壤固定,还有一部分被淋溶、挥发而损失。被吸收利用的部分占施入量的比率称为肥料利用率。肥料施入稻田后,土壤溶液中养分浓度增加,但随着养分的被吸收利用、被固定和流失等,溶液中的养分逐渐降低到原来的程度,其经历的时间称为肥效期。稻田的肥料利用率和肥效期与肥料种类、土壤环境、施肥方法等都有密切关系。一般氮肥利用率为30%~50%,磷肥为12%~20%。氮素化肥在稻田中的利用率以硫酸铵为最高,其次是尿素。有机肥料分解慢,释放养分量少,但肥效长。各种有机肥料因其C/N及腐熟程度不同,其利用率有很大差别。不同时期施肥的利用率有较大差异,这主要和根量及气候条件有关。施肥方法对肥料利用率亦有很大影响。据中国农业科学院土壤肥料研究所试验,磷肥撒施易被固定,利用率仅为7.4%,如集中施到根部,利用率达22.4%。硝态氮在无水层时施用利用率较高,在有水层时因还原作用易造成脱氮损失;铵态氮则以有水层施用利用率高。

(二)小麦的需肥特性

1.小麦的施肥量

小麦对氮、磷、钾的吸收量因品种、气候、生产条件、产量水平、土壤和栽培措施不同而有差异。例如山东省农科院测定,冬小麦每亩产304.8 kg;每生产50 kg籽粒,吸收氮1.46 kg、磷0.48 kg、钾1.46 kg。河南省分析,冬小麦每亩产500 kg;每生产50 kg籽粒,吸收氮1.53 kg、磷0.66 kg、钾2.4 kg。综合各地资料分析,在目前中等产量水平下,每生产100 kg籽粒,需从土壤中吸取氮(N)3 kg、磷(P_2O_5)1~1.5 kg、钾(K_2O)3~4 kg。随着小麦产量的提高,对氮、磷、钾的吸收比例也相应提高。

2.小麦各生育期需肥规律

小麦对氮、磷、钾养分的吸收量,随着植株营养体的生长和根系的建成,从苗期、分蘖期至拔节期逐渐增多,于孕穗期达到高峰。小麦不同生育期吸收氮、磷、钾养分的吸收率不同。氮的吸收有两个高峰:一个时期是从分蘖到越冬。这个时期小麦麦苗虽小,但这一时期的吸氮量占总吸收量的13.5%,是群体发展较快的时期。另一个时期是从拔节到孕穗。这一时期植株迅速生长,对氮的需要量急剧增加,吸氮量占总吸收量的37.3%,是吸氮最多的时期。对磷、钾的吸收,一般随小麦生长的推移而逐渐增多,拔节后吸收率急剧增长,40%以上的磷、钾养分是在孕穗以后吸收的。苗期是小麦的营养生长期,氮素代谢旺盛,同时对磷、钾反应敏感,所以施足基肥能促进早分蘖、早发根,为麦苗安全过冬、壮秆大穗打下基础。拔节期,小麦生殖生长和营养生长并进,养分的吸收和积累多,氮、钾积累量已达最大值的一半,磷占40%左右。孕穗期,养分吸收和积累达最大,地上部氮的积累量已达最大量的80%左右,磷、钾在85%以上。抽穗开花以后,小麦根系吸收能力减弱至丧失,养分吸收量随之减少并趋于停止。

氮素在小麦冬前分蘖期和幼穗分化期,磷素在小麦三叶期,钾素在小麦拔节期是关键时期;而养分最大的效率期是氮素在拔节至孕穗期,磷素在抽穗至开花期,钾素在孕穗期。

小麦虽然吸收锌、硼、锰、铜、钼等微量元素的绝对数量少,但微量元素对小麦的生长发育起着十分重要的作用。据试验资料,每生产 100 kg 小麦需吸收锌约9 g。在不同的生育期,吸收的大致趋势是:越冬前较多,返青、拔节期吸收量缓慢上升,抽穗成熟期吸收量达到最高、占整个生育期吸收量的 43.2%。

(三)玉米的需肥特性

1. 玉米对肥料三要素的需要量

玉米是需肥水较多的高产作物,一般随着产量的提高所需营养元素也在增加。玉米全生育期吸收的主要养分中,以氮为多、钾次之、磷较少。玉米对微量元素尽管需要量少,但不可忽视,特别是随着施肥水平提高,施用微肥的增产效果更加显著。

综合国内外研究资料来看,一般每生产 100 kg 籽粒,需吸收氮(N)2.2~4.2 kg,磷(P_2O_5)0.5~1.5 kg,钾(K_2O)1.5~4 kg,肥料三要素的比例约为 3:1:2。其中春玉米每生产 100 kg 籽粒吸收氮、磷、钾分别为 3.47、1.14 和 3.02 kg,氮:磷:钾为 3:1:2.7;套种玉米吸收氮、磷、钾分别为 2.45、1.41 和 1.92 kg,氮:磷:钾为 1.7:1:1.4;夏玉米吸收氮、磷、钾分别为 2.59、1.09 和 2.62 kg,氮:磷:钾为 2.4:1:2.4。吸收量常受播种季节、土壤肥力、肥料种类和品种特性的影响。据全国多点试验,玉米植株对氮、磷、钾的吸收量常随产量的提高而增多。

2. 玉米各生育期的需肥规律

苗期生长缓慢,只要施足基肥,施好种肥,便可满足其需要;拔节以后至抽穗前,茎叶旺盛生长,内部的穗部器官迅速分化发育,是玉米一生中养分需求最多的时期,必须供应较多养分,达到穗大、粒多;生育后期,植株抽雄吐丝和受精结实后,籽粒灌浆时间较长,仍须供应一定的肥、水,使之不早衰,确保正常灌浆。春玉米全生育期较长,前期外界温度较低,生长较为缓慢,以发根为主,栽培管理上适当蹲苗,需求肥、水的高峰比夏玉米来得晚。到拔节、孕穗时对养分的吸收开始加快,直到抽雄开花达到高峰。在后期灌浆过程中吸收数量减少。春玉米需肥可分为两个关键时期,一是拔节至孕穗期,二是抽雄至开花期。玉米对肥料三要素的吸收如下。

(1)氮素的吸收。春玉米苗期到拔节期吸收的氮占总氮量的 9.24%,日吸收量 0.22%;拔节期到授粉期吸收的氮占总氮量的 64.85%,日吸收量 2.03%;授粉至成熟期,吸收的氮占总氮量的 25.91%,日吸收量 0.72%。夏玉米苗期至拔节期氮素吸收量占总氮量的 10.4%~12.3%,拔节期至抽丝初期氮吸收量占总氮量的66.5%~73%,籽粒形成至成熟期氮的吸收量占总氮量的 13.7%~23.1%。

(2)磷素的吸收。春玉米苗期至拔节期吸收的磷占占总磷量的 4.3%,日吸收量 0.1%;拔节期至授粉期吸收磷占总磷量的 48.83%,日吸收量 1.53%;授粉至成熟期,吸收磷占总磷量的 46.87%,日吸收量 1.3%。夏玉米苗期吸磷少,约占总磷量的 1%,但相对含量高,是玉米需磷的敏感时期。抽雄期吸磷收达到高峰,占总磷量的 38.8%~46.7%。籽粒形成期吸收速度加快,乳熟至腊熟期达最大值,成熟期吸收速度下降。

(3)钾素的吸收。春玉米体内钾的积累量随生育期的进展而不同。苗期吸收积累速度慢,数量少。拔节前钾的积累量仅占总钾量的 10.97%,日累积量0.26%;拔节后吸收量急剧上升,拔节到授粉期累积量占总钾量的 85.1%,日累积量达 2.66%。夏玉米钾素的吸收累积量似春玉米,展三叶累积量仅占 2%,拔节后增至 40%~50%,抽雄吐丝期累积量达总量的 80%~90%。籽粒形成期钾的吸收处于停止状态。由于钾的外渗、淋失,成熟期钾的总量有降低的趋势。

(四)甘薯需肥特性

1. 甘薯对肥料三要素的需要量

甘薯的生长过程分为四个阶段:一是发根缓苗阶段。指薯苗移栽插后,入土各节发根成活,地上首开始长出新叶。二是分枝结薯阶段。这个阶段根系继续发展,腋芽和主蔓延长,叶数明显增多,小薯块开始形成。三是茎叶旺长阶段。指茎叶从覆盖地面开始至生长最高峰。这一时期茎叶迅速生长,生长量约占整个生长期总量的 60%。地下薯块明显增重,也为蔓薯同长阶段。四是茎叶衰退、薯块迅速肥大阶段。指茎叶生长由盛转衰直至收获期,以薯块肥大为中心。甘薯因根系深而广,茎蔓能着地生根,吸肥能力强。在贫瘠的土壤上也能收到一定的产量,这往往使人误认为甘薯不需要施肥。实践证明,甘薯是需肥性很强的作物。甘薯对肥料三要素的吸收量以钾为最多,氮次之,磷最少。据资料统计,一般生产 1 000 kg 薯块,需从土壤中吸收氮 3.93 kg、磷 1.07 kg、钾 6.2 kg,氮、磷、钾的比例为 1：0.27：1.58。氮、磷、钾比例多在 1：(0.3~0.4)：(1.5~1.7)之间。但不同甘薯生长类型和产量间有差异,其中高产田块钾、磷肥施用有增多趋势,需氮量有减少的趋势。

2. 甘薯各生育期的需肥规律

甘薯苗期吸收养分少,从分枝结薯期至茎叶旺盛生长期,吸收养分速度加快,吸收数量增多,接近后期逐渐减少。至薯块膨大期,氮、磷的吸收量下降。而钾的吸收量保持较高水平。

氮素的吸收一般以前、中期为多,当茎叶进入盛长阶段氮的吸收达到最高峰,生长后期吸收氮素较少,磷素在茎叶生长阶段吸收较少,进入薯块膨大阶段略有增多。钾素在整个生长期都较氮、磷为多,尤以后期薯块膨大阶段更为明显。因此,应施足基肥,适期早追肥和增施磷、钾肥。

(五)棉花的需肥特性

棉花是一种生长周期长的纤维作物,在国民经济中占有重要地位。棉花生育期 145～175 d,根据生育时期的形态指标,可以将棉花的一生分为苗期、蕾期、花铃期和吐絮期四个主要时期。其中现蕾以前为营养生长阶段,现蕾以后至开花以前进入营养生长与生殖生长同时进行阶段,开花以后至吐絮阶段以增蕾、开花和结铃为主。但在盛花期以前营养生长和生殖生长并进,且均明显加快,是两旺时期,至盛花期营养生长达到高峰。盛花期后,营养生长减弱,生殖生长占绝对优势,棉铃成长成为营养转运中心。棉花一生中生长发育的特点是营养生长与生殖生长同时进行的时期长,两者既相互依存又相互矛盾,因而营养器官和生殖器官合理均衡的生长与发育是获得高产的关键。

棉花需要养分较多,一般来说,每生产 100 kg 皮棉,需从土壤中吸收纯氮(N) 12～15 kg、磷(P_2O_5)5～6 kg、钾(K_2O)12～15 kg。根据已有研究,棉花苗期吸收养分较少,占一生养分吸收量的 1% 左右。到现蕾时期吸收的养分占 3% 左右,现蕾至开花期占 27%,开花至成铃后期吸收养分占 60% 左右。这个时期棉株的茎、枝和叶都长到最大,同时大量开花结铃,积累的干物质最多,对养分的吸收急剧增加。因此,花铃期是施肥的关键时期。进入吐絮期后,吸收的养分占总吸收量的 9% 左右。不同地区、不同产量水平的棉花每生产 100 kg 皮棉所需氮、磷、钾的数量和比例均有不同,总的趋势是随着产量水平的提高需要的氮、磷比例量减少,需钾量比例增加。产量越高,单位产量的养分吸收量越低,养分的利用效率越高。

(六)花生的需肥特性

花生的生产,除更换良种外,科学施肥可使产量增长 10%～30%。因此,对花生的需肥特性要明确三点:一是与其他作物共有的特性,既需要大量元素,也需要中量元素,还需要微量元素。这些元素同等重要不可互相取代。二是花生与粮棉作物不同的是,它的根可着生根瘤菌制造一部分氮素肥料。三是对钙、镁、硫、钼、硼等营养元素十分敏感。所以,花生吸收的氮、磷、钾等大量元素;钙、镁、硫等中量元素;铁、钼、硼等微量元素中以氮、磷、钾、钙四种元素需要量较大,被称为花生营养四大元素。

二、工作准备

(1)实施场所:水稻、小麦、玉米、甘薯、棉花及花生生产基地、多媒体实训室。

(2)仪器与用具:土壤养分速测仪、各种肥料、施肥工具、记录表等。

(3)其他:教材、资料单、PPT、影像资料、相关图书、网上资源等。

【任务设计与实施】

一、任务设计

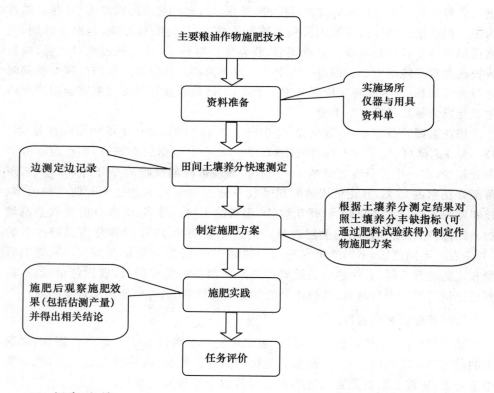

二、任务实施

(一)粮油作物测土配方施肥方案的制订

目前农户从市场上只能购买到适合一个地区某些作物的配方肥,因此,农户根据所学知识和栽培作物的种类,制订测土配方施肥方案是十分必要的。

1.确定耕地土壤的供肥能力

在自行测定了自家耕地土壤养分状况后,将耕地供肥能力划分为高、中、低三档,确认耕地肥力所属等级,高肥力耕地供肥能力按 8 成计算,中等按 7 成,低等按 6 成(旱坡地相应减 1 成)。

2.计算出实现作物目标产量需要吸收的养分总量

其计算式为:

作物目标产量需要吸收的养分总量＝目标产量(kg)÷100×每 100 kg 产量吸收养分量

3.了解当地主要化肥的当季利用率

一般而言,目前化肥的利用率为氮肥 30％～40％,磷肥 10％～25％,钾肥 40％～50％。

4.计算出需施用的肥料用量

实例:某农户计划水稻产量为 500 kg/亩,土壤肥力中等,试计算需施化肥多少。每 100 kg 稻谷需吸收的氮、磷、钾量依次为 2.1 kg、1.25 kg、3.13 kg。如此可算出 550 kg 稻谷氮磷钾吸收量依次为 10.5 kg、6.25 kg、15.65 kg,土壤供给量按 7 成,肥料供给量按 3 成计算,则需要施化肥的实物量计算式为:化肥供给量÷化肥养分含量÷化肥当季利用率,如利用尿素作氮肥,则需施尿素量＝10.5×0.3÷46％÷40％＝17.12 kg。磷肥、钾肥实物施用量也如此类推。至于钾肥,如是富钾地块,则可少施或不施了。

5.按方购齐所配肥料

6.施肥

根据《粮油作物的具体施肥技术》内容确定具体的施肥方法及措施(基肥、种肥及追肥等)。

(二)粮油作物的具体施肥技术

1.水稻

(1)施肥数量。中国农业科学院土壤肥料研究所对南方 262 个水稻试验结果统计水稻最高纯收益时氮的施用量为每亩 12 kg,氮、磷、钾的比例为 1：0.88：0.32,但此比例不是一成不变的。中国化肥试验网的试验结果也说明,在水稻氮、磷、钾的配比中从经济效益来看,以 1：0.5：0.5 为好。一般中等肥力地块每亩施氮 10～12 kg、磷 4～7 kg、钾 4～8 kg。

(2)施肥原则。

①基肥。播种前或栽秧前结合整地施入的肥料称为基肥。一般以有机肥为主,配合适量化肥,其中磷、钾肥一次施入。因为水稻一生中吸收养分量最多的时

期在抽穗以前,故基肥占总施肥量的80%以上,以满足水稻前期营养器官迅速增大对养分的需要。另外,结合耕作整地施基肥,能使土壤充分融合,为水稻生长发育创造一个深厚、松软、肥沃的土壤环境。

②追肥。

a.分蘖肥。移栽水稻返青后或直播水稻三叶期至分蘖期间追施的肥料称为分蘖肥。其目的在于弥补稻田前期土壤速效养分的不足,促进分蘖早生快发,为水稻后期生长发育奠定基础。

b.穗肥。在水稻幼穗开始分化至穗粒形成期追施的肥料称为穗肥。此时水稻营养生长与生殖生长并进。在幼穗分化初期追肥,有巩固有效分蘖和增加颖花数的作用,但应注意避免最后3片叶和基部3个伸长节间过分伸长,否则群体冠层结构郁闭,结实率降低。孕穗期追肥,可减少颖花的退化,对提高结实率和籽粒灌浆有一定作用。

c.粒肥。在水稻齐穗前后追施的肥料称为粒肥。此期间施肥可防止根系早衰,减缓水稻群体后期绿色叶面积衰减速度,延长叶片功能期,提高光合生产能力,从而增加结实粒数并提高粒重。此时,水稻根部吸收能力减弱,根外追肥不失为一种有效的施肥方式。

(3)施肥方法。高产水稻栽培在肥料运筹上,应根据土壤肥力状况、种植制度、生产水平和品种特性进行配方施肥,注重有机肥、无机肥的配合和氮、磷、钾及其他元素的配合施用,有条件的地方要提倡施用水稻专用复合肥。南方稻区因各地条件差异较大,在施肥方式上也存在较大差异,主要表现在基肥、追肥的比重及其追肥时期、数量配置上。在氮、磷、钾三要素肥料的施用时期上,磷肥全作为基肥或种肥;钾肥除在质地较沙的土壤上提倡分次施用外,也提倡适当早施,一般作为基肥或分蘖肥。而氮肥的施用时期有较大差异,主要有以下几种。

①基肥"一道清"施肥法。是将全部肥料整田时1次施下,使土肥充分混合的全层施肥法。适用于黏土、重壤土等保肥力较强的稻田。

②"前促"施肥法。是在施足基肥的基础上,早施、重施分蘖肥,使稻田在水稻生长前期有丰富的速效养分,以促进分蘖早生、快发,确保增蘖、增穗。尤其是基本苗较少的情况下更为重要。一般基肥占总施肥量的70%~80%,其余肥料在返青后全部施用。此施肥法多用于栽培生育期短的品种,施肥水平不高或前期温度较低、肥效发挥缓慢的稻田。

③"前促、中控、后保"施肥法。水稻尤其是双季稻,其吸肥高峰期在移栽后2~3周,必须在移栽期施用大量速效性肥料,才能使供肥高峰提前,以适应双季稻"前促"的要求。通常把肥料总量的70%~80%集中适用于前期。当分蘖达到预

期的目标后,再采用搁田或烤田的方法,控制氮素的吸收。后期复水后,对叶色褪绿严重的稻株,于孕穗期酌施保花肥,以提高根系活力,减少颖花分化,提高结实率,增加千粒重。此方法适用于本田生育期短的双季稻,以及供氮能力低的土壤。对这种施肥方法,群众的评价是:前期攻得起,攻而不过头,早发增多穗;中期控得住,控而不脱肥,壮秆攻大穗;后期保得住,后熟增粒重。

④"前稳、中攻、后补"施肥法。这种施肥方法,前期栽培着眼于促根、控叶、壮秆。当穗进入分化期,重施促花肥,以增加颖花数,减少颖花退化。抽穗后,可看苗补施粒肥。这种施肥方法,在中熟、晚熟品种,保肥性差的稻田,以及施肥量较低的情况下采用较为经济有效。

⑤实地管理(SSNM)技术。这是由国际水稻研究所近年来研究提出的施肥技术。根据不同地点的土壤供肥能力与目标产量需要量的差值,决定总的施肥量范围。在水稻的主要生长期应用叶绿素仪或叶色卡诊断水稻氮素营养状况,调整实际氮用量,以达到适时适地供给养分,促进水稻健壮生长,减少病虫害,提高产量和施肥效益。增加农民收入。彭少兵等应用该项技术的研究结果表明,试验示范区水稻氮肥施用量比常规降低 20%～30%,氮肥利用率显著提高,实施的水稻比对照增产 5%～8%。

(4)不同季型水稻施肥特点。

①早稻。大田营养生育期短,秧苗小,移栽时温度低,早活、早发是关键。早施氮肥,重施磷肥。

②晚稻。秧龄长,秧苗大。氮肥深施,多钾少磷。

③单季稻。生长期和大田营养生长期长,重在壮秧、浅栽和适当密植,而不是栽后的猛促分蘖;施肥的重心在基肥和穗肥,基肥以有机肥为主;拔节期叶色淡时酌施促花肥;抽穗后若叶色落黄,施粒肥。

2. 小麦具体的施肥技术

(1)肥料施用量。小麦的施肥量要根据产量水平,肥料种类,土壤肥力,前茬作物,品种类型和气候条件等综合考虑。目前生产上多采用以产量指标定施肥量的方法。就是根据 100 kg 小麦籽粒吸收氮、磷、钾的数量,计算出所定产量指标吸收氮、磷、钾的总量,再参考土壤肥力基础、肥料种类、肥料当季吸收利用率等,计算所需各种肥料用量的总量。根据江苏省各地小麦施肥的实践,一般每亩产 200 kg 的田块,需要施入土壤中纯氮为 10～12.5 kg;每亩产 250 kg 的田块,需要施入土壤中纯氮 13～14 kg;每亩产 400 kg 的田块,需要施入土壤中纯氮 20 kg 左右。四川省提出了酸性、中性和钙质紫泥田小麦氮肥用量每亩分别为 7～10 kg、8～11 kg、9～11 kg。全国化肥试验网结果,冬小麦氮、磷、钾肥的施用量分别为氮肥 10 kg/亩、磷肥 4.97 kg/亩、钾肥 5 kg/亩。但在经常施磷肥的地区磷肥的比例可适当降低；在南方缺钾地区，钾的比例要适当提高。河南、四川省所做的土壤供磷能力与磷肥效果、土壤供钾能力与钾肥推荐量见表 3-2-1，表 3-2-2。

表 3-1-1　土壤供磷能力与磷肥效果（河南）

土壤有效磷 （mg/kg）	相对产量 （%）	磷肥效率 （kg/kg）	肥效等级 推荐施肥量	（kg/亩）
<3	<60	>12	极低	>8
3~8	60~75	6~12	低	5~8
8~16	75~85	3~6	中	2.5~5
6~26	85~95	0.5~3	高	1.5~2.5
>26	>95	<0.5	极高	<1.5

表 3-1-2　土壤供钾能力与钾肥效果（四川）

土壤钾含量（mg/kg）	相对产量（%）	钾肥推荐量（kg/亩）
<40	41.2	5.6
40~60	48.1	6.2
60~80	82.0	8.5
80~120	88.4	4.2
>120	97.0	3.5

（2）施肥时期。

①基肥。高产小麦基本苗较少，要求分蘖成穗率高，这就要求土壤能为小麦的前期生长提供足够的营养。同时，小麦又是生育期较长的作物，要求土壤持续不断地供给养料，一般强调基肥要足。基肥的作用首先在于提高土壤养分的供应水平，使植株的氮素水平提高，增强分蘖能力；其次在能够调节整个生长发育过程中的养分供应状况，使土壤在小麦生长各个生育阶段都能为小麦提供各种养料，尤其是在促进小麦后期稳长不早衰上有特殊作用。高产条件下，基肥用量一般应占总用肥量的 40%~60%，磷、钾肥一般全部作为基肥施入。

②种肥。种肥由于集中而又接近种子，肥效又高又快，对培育壮苗有显著作用。种肥的作用因土壤肥力、栽培季节等条件而异，对于基肥少的瘠薄地以及晚茬麦或春小麦，增产作用较大；而对于肥力条件好或基肥用量多以及早播冬小麦，种肥往往无明显的增产效果。小麦苗期根系吸收磷的能力弱，而苗期又是磷素反应敏感期，所以磷肥作为种肥对促进小麦吸收磷素、提高磷肥的利用率有很大的意

义。种肥可采用沟施或拌种。

③苗肥。苗肥的作用是促进冬前分蘖和巩固早期分蘖。小麦播种后约半个月至1个月,进入分蘖期,此时要求有充足的养分供应,尤其是氮素,否则分蘖发生延缓甚至不发生。施用苗肥,还能促进植株的光合作用,从而促进碳水化合物在体内的积累,提高抗寒力。

一般在小麦播种后半个月至1个月或三叶期以前施下,用量为总施肥量的20%左右。

④拔节肥。拔节肥可以加强小花分化强度,增加结实率,改善弱小分蘖营养条件,巩固分蘖成穗,增加穗数,延长上部功能叶的功能期,减少败育小花数,提高粒重,因而具有非常重要的作用。但要防止过肥倒伏。以叶面肥为主。

⑤根外喷肥。根外喷肥是补充小麦后期营养不足的一种有效施肥方法。由于麦田后期不便追肥,且根系的吸收能力随着生育期的推进日趋降低。因此,若小麦生育期后期必须追施肥料时,可采用叶面喷施的方法,这也是小麦增产的一项应急措施。

(3)小麦肥料运筹方案。

①马鞍促控型。苗期促,返青至拔节期控,拔节以后攻穗重;适用于高产小麦。

②连续促进型。基肥足,苗肥速,穗肥巧;适用于土壤肥力低或生育期短的小麦。

③前重后稳型。重施基肥和种肥,粗肥与精肥,迟效肥与速效肥结合;适用于雨水少及雨期集中的地区。

(4)不同类型小麦的施肥技术。

①冬小麦施肥技术。冬小麦在年前播种,经过冬天后在翌年成熟收获。其营养生长阶段(出苗、分蘖、越冬、返青、起身、拔节)的施肥,主攻目标是促分蘖和增穗,而在生殖生长阶段(孕穗、抽穗、开花、灌浆、成熟),则以增粒增重为主。根据小麦的生育规律和营养特点,应重视基肥和早施追肥。基肥用量一般应占总施肥量的60%~80%,追肥占20%~40%为宜。

a. 基肥的施用。"麦喜胎里富,基肥是基础。"基肥不仅对幼苗早发、培育冬前壮苗、增加有效分蘖是必要的,而且也能为培育壮秆、大穗、增加粒重打下良好的基础。对于土壤质地偏粘、保肥性能强、又无浇水条件的麦田,可将全部肥料一次作为基肥施入,俗称"一炮轰"。具体方法是,把全量的有机肥、2/3的氮、磷、钾化肥撒施地表后,立即深耕,耕后将余下的肥料撒于垡头上,再随即耙入土中。这样可使耕作层全层都混有肥料,既有利于前期形成壮苗,又可防止后期脱肥早衰。对于保肥性能差的砂土或水浇地,可采用重施基肥、巧施追肥的分次施肥方法。即是把

2/3 的氮肥和全部磷肥、钾肥、有机肥作为基肥,其余氮肥作为追肥。施种肥是最经济有效的施肥方法。一般每亩施尿素 2～3 kg,或过磷酸钙 8～10 kg,也可用复合肥 10 kg 左右。

微肥可作为基肥,也可拌种。作为基肥时,由于用量少,很难撒施均匀,可将其与细土掺和后撒施地表,随即耕入土中。用锌、锰肥拌种时,每千克种子用硫酸锌 2～6 g,硫酸锰 0.5～1 g,拌种后随即播种。

b.追肥的施用。巧施追肥是获得小麦高产的重要措施。追肥的时间宜早,多在冬前进行,常有"年外不如年里"的说法。追施的肥料大都习惯用氮肥,但当基肥未施磷肥和钾肥、且土壤供应磷、钾又处于不足的状况时,应适当追施磷肥和钾肥。对于供钾不足的高产田,也可在冬前撒施 150 kg 左右的草木灰。对于供肥充足的麦田,切忌过量追施氮肥,且追肥时间不宜偏晚。否则,易引起贪青晚熟,招致减产。

c.根外喷肥的施用。根外喷肥是补充小麦后期营养不足的一种有效施肥方法。由于麦田后期不便追肥,且根系的吸收能力随着生育期的推进日趋降低。因此,若小麦生育后期必须追施肥料时,可采用叶面喷施的方法,这也是小麦小麦增产的一项应急措施。小麦抽穗期可喷施 2%～3% 尿素溶液。喷施尿素不仅可以增加千粒重,而且还具有提高籽粒蛋白质含量的作用。必要时,也可喷施 0.3%～0.4% 磷酸二氢钾溶液,对促进光合作用、加强籽粒形成有重要作用。尿素和磷酸二氢钾溶液的喷施量为每亩 50～60 kg。微肥喷施浓度一般为 0.1%,喷施量为每亩 50 kg。喷施锌肥宜在苗期和抽穗以后进行,可喷施 1～2 次。硼肥可在小麦孕穗期喷施,锰肥可在拔节、扬花期各喷 1 次,喷施的时间直接选择在无风的下午 4 时以后,以避免水分过分蒸发,降低肥效。

②春小麦施肥技术。春小麦主要分布在东北、西北等地。春小麦和冬小麦在生长发育方面有很大区别。春小麦的特点是早春播种,生长期短,从播种到成熟仅需 100～120 d。根据青海省农林科学院土壤肥料研究所总结该省产量为 7 500 kg/hm^2 的春小麦田块所得出的结论,每生产 100 kg 籽粒需氮(N)2.5～3 kg、磷(P$_2$O$_5$) 0.78～1.17 kg、钾(K$_2$O)1.9～4.2 kg。氮、磷、钾的比例为 2.8∶1∶3.15。

根据春小麦生育规律和营养特点,应重施基肥和早施追肥。近年来,有些春小麦产区采用一次施肥法,全部肥料均做基肥和种肥,以后不再施追肥。一般做法是在施足有机肥的基础上,每公顷施氨水 600～750 kg 或碳酸氢铵 600 kg 左右、过磷酸钙 750 kg。这个方法适合于旱地春小麦,对于有灌溉条件的麦田,还是应该考虑配合浇水分期施肥。

由于春小麦在早春土壤刚化冻 5～7 cm 时,顶凌播种,地温很低,应特别重视基肥。基肥每公顷施用有机肥 30～60 t、碳酸氢铵 375～600 kg、过磷酸钙 450～600 kg。根据地力情况，也可以在播种时加一些种肥，由于肥料集中在种子附近，小麦发芽长根后即可利用。一般每公顷施碳酸氢铵 150 kg、过磷酸钙 225～375 kg。春小麦属于"胎里富"的作物，发育早较，多数品种在三叶期就开始生长锥的伸长并进行穗轴分化。因此，第一次追肥应在三叶期或一心时进行，并要重施，大约占追肥量的 2/3，每公顷施尿素 225～300 kg，主要是提高分蘖成穗率，促使壮苗早发，为穗大粒多奠定基础。追肥量的 1/3 用于拔节期。此为第二次追肥，每公顷施尿素 105～150 kg。

③强筋小麦施肥技术。强筋小麦比一般小麦生育后期吸氮力强，因而施足有机肥就显得更为重要。要达到每亩产量 450～500 kg，应在耕地前每亩施优质有机肥 4～5 t。如有机肥不足，每缺 1 t 可以补充 10～12 kg 饼肥。在此基础上，每亩施纯氮(N)12～14 kg、磷(P_2O_5)9～10 kg、钾(K_2O)6～9 kg。如果土壤氧化钾含量在 200 mg/kg 土以上，也可以不施钾肥或减少钾肥施用量，每亩施硫酸锌 1～1.5 kg。基肥应采用分层施肥的方法，把有机肥、磷肥、钾肥、锌肥和氮肥的 70%结合深耕施入底层，以充分发挥肥效，供给小麦生育中后期需要，提高肥料利用率。基氮肥的 30%犁地后撒在垡头，或耙地时撒于地面后耙入土中，以供给小麦苗期的需要。至于基氮肥用量占总氮量的比例，要因地力情况而定，一般田块和旱地小麦应重施基肥，高肥力麦田可基肥、追肥并重。

④弱筋小麦施肥技术。每亩产量 300～350 kg 的麦田，在施足有机肥的基础上，一般每亩施尿素 20 kg 左右、过磷酸钙 40～50 kg。粗肥在犁地前均匀施入田间，然后翻入下层。磷肥施入土壤后，移动性小不易流失，肥效较慢，只有被土壤中的酸和作物根系分泌的有机酸分解后才能被作物吸收，所以不适宜用于追肥，应作基肥一次性施入。为了提高肥效，可预先将磷肥与有机肥混合并共同堆沤后施用。速效钾含量在 80 mg/kg 土以下的缺钾田块，可施入硫酸钾或氯化钾 10 kg 左右作为基肥，以补充钾素的不足。

3.玉米

(1)玉米施肥环节。

①基肥。基肥占总施肥量的 50%左右。过磷酸钙或其他磷肥应与有机肥堆沤后施用。基肥一般条施或穴施。播种时施适量的化学氮肥做种肥，对壮苗有良好的效果。一般每亩施硫酸铵或硝酸铵 5～7 kg 为宜。微量元素肥料用于拌种或浸种。用硫酸锌拌种时，每千克种子用 2～4 kg。浸种多采用 0.2%的浓度。

②种肥。播种时施用的肥料。对壮苗有良好的效果。一般每亩施硫酸铵 5～

7 kg 和钾肥 5～6 kg,混合施于播种穴内,且应尽量把种肥与种子隔开,以防烧种影响出苗。

③追肥。

a.苗肥。主要是促进发根壮苗,奠定良好的生育基础。苗肥一般在幼苗 4～5 叶期施用,或结合间苗(定苗)、中耕除草施用,应早施、轻施和偏施。整地不良、基肥不足、幼苗生长细弱的应及早施苗肥;反之,则可不追或少追苗肥。对于套种的玉米,在前作物收后立即追肥,或在收获前行间施肥,以促进壮苗。

b.拔节肥。是指拔节前后的 7～9 叶期的追肥,生产上又称攻秆肥。这次施肥是为了满足拔节期间植株生长快,对营养需要日益增多的要求,达到茎秆粗壮的目的。但又要注意不要营养生长过旺,基部节间日益过分伸长,以免造成倒伏。所以要稳施拔节肥。施肥量一般占追肥量的 20%～30%。肥料以腐熟的有机肥为主,配合少量化肥,一般每亩施腐熟堆、厩肥 1 000 kg 或复合肥 7～10 kg。应注意弱小苗多施,以促进全田平衡生长。

c.穗肥。是指雄穗发育四分体期,正值雌穗进入小花分化期的追肥。这一时期是决定雌穗粒数的关键时期,距抽雄 10～15 d。一般中熟品种展开叶 9～12 片,可见叶数 14 片左右,此时植株出叶呈现大喇叭的形状。因此,这次追肥是促进雌穗小花分化,达到穗大、粒多、增产的目的。所以生产称为攻穗肥。穗肥一般应重施,施肥量占总追肥量的 60%～80%,并以速效肥为宜。但必须根据具体情况合理运筹拔节肥和穗肥的比重。一般土壤肥力较高、基肥足、苗势较好的,可以稳施拔节肥,重施穗肥;反之,可以重施拔节肥,少施穗肥。

d.粒肥。粒肥的作用是养根保叶,防止玉米后期脱肥早衰,以延长后期绿叶的功能期,提高粒重。一般在吐丝初期追施。粒肥应轻施巧施,即根据当时植株的生长状况而定。下部叶早枯的,粒肥可适当多施;反之,则可少施或不施。

(2)不同类型玉米施肥技术。

①春玉米施肥技术。以北京地区为例,春玉米生长期长,植株高大,对土壤养分的消耗较多,而且多种植在山区或平原耕作较差的地区,而这些土壤养分含量较低。生长前期又低温少雨,土壤养分的有效性比较低。因此,对春玉米来说更应注意合理施肥。又因春玉米生长期长,光热资源充足,增产潜力大,为了获得高产并保持土壤肥力,应注意施用有机肥。一般每亩施优质有机肥 3 000 kg 以上。没有灌溉条件的地区,为了蓄墒保墒,可在冬前把有机肥送到地中,均匀撒开翻到地下;有灌溉条件的地区可冬前施入有机肥,也可在春耕时施入有机肥。春玉米对养分的需求量较大,还要大量补充化肥。由于早春土壤温度低,干旱多风,磷、钾肥在土壤中的移动性差,一般全部作底肥。春玉米生长期长,氮在土壤中又易损失,故氮

肥宜分几次施用;苗期氮的需要量较少,以全生育期总施氮量的20%作底肥;拔节孕穗期,生长明显加快,养分需求量加大,应以全生育期总施氮量的40%在小喇叭口期追施;抽雄以后,植株生长更加旺盛,需肥需水量增大,应以全生育期总施氮量的40%在大喇叭口期追施。玉米对锌比较敏感,北京地区土壤缺锌比较普遍,所以要注意补锌。可在有机肥中掺入硫酸锌,一般每亩用量为1 kg;也可在苗期喷施1~2次硫酸锌溶液,浓度为2%。

②夏玉米施肥。由于夏玉米播种时农时紧,有许多地方无法给玉米整地和施入基肥,大都采用免耕直接播种。但夏玉米幼苗期需要从土壤中吸收大量的养分,所以夏玉米追肥十分重要。追肥时还应考虑追肥量在不同时期的分配。只有选择最佳的施用时期和用量,才会获得最好的增产效果。追肥宜采用前重后轻的方式。根据中国农业科学院作物所试验证明,前重后轻的方式比前轻后重的追肥方式增产12.8%。追肥总量的2/3在拔节前期施入,大喇叭口期施入1/3,着重满足幼苗雌雄分化所需要的养分。根据全国化肥网实验结果表明,夏玉米每亩产量350~450 kg,每亩尿素用量为30~40 kg。按前重后轻追肥方式,在玉米拔节期每亩施入20~25 kg,大喇叭口期每亩在施入10~15 kg较好。土壤酸碱度适宜于玉米生长的范围,为pH 5~8,但以pH 6.5~7最为适宜。

4.甘薯具体施肥技术

(1)甘薯对土壤条件的要求。甘薯对各种土壤有较强的适应能力,但要获得高产必须具备土层深厚、土质疏松、通气性好、保肥保水力强和富含有机质的良好土壤条件。甘薯土壤酸碱性要求不甚严格,在pH 4.5~8.5范围均能生长,但以pH 5~7的微酸性到中性土壤最为适宜。甘薯根系和块根多分布在0~30 cm土层内。因此,薯地耕翻深度以25~30 cm为宜。

(2)甘薯的施肥方法。甘薯施肥要有机肥、无机肥配合,氮、磷、钾配合。氮肥应集中在前期施用,磷、钾肥宜与有机肥料混合沤制后作基肥施用,同时按生育特点和要求作追肥施用。其基肥的比例因地区气候和栽培条件而异。

①苗床施肥。甘薯苗床床土常用疏松、无病的肥沃沙壤土。育苗时一般每公顷苗床地施过磷酸钙375 kg、优质堆肥10 500~15 000 kg、碳酸氢铵225~300 kg,混合均匀后施于窝底,再施37 500~45 000 L(750~900担)水肥浸泡窝子,收秆后即可播种。苗床追肥根据苗的具体情况而定。火炕和温床育苗,排种较密,采苗较多。在基肥不足的情况下,采1~2次苗就可能缺肥,所以采苗后要适当追肥。露地育苗床和采苗圃也要分次追肥。追肥一般以人粪尿、鸡粪、饼肥或氮肥为主,撒施或对水浇施。一般每平方米苗床施硫酸铵100 g。要注意的是,剪苗前3~4 d停止追肥,减苗后的当天不宜浇水施肥,等伤口愈合后再施肥浇水,以免引起种薯

腐烂。

②大田施肥。

a.基肥。基肥应施足，以满足红薯生长期长、需肥量大的特点。基肥以有机肥为主，无机肥为辅。有机肥料是一种完全肥料，施用后逐渐分解不断发挥肥效，符合甘薯生长期长的特点。有机肥要充分腐熟。因甘薯栽插后，很快就会发根出苗和分枝结薯，需要吸收较多的养分。如事先未腐熟好，会由于有效养分不足，致使前期生长缓慢。故有"地瓜喜上隔年粪"和"地瓜长陈粪"的农谚，说的就是甘薯基肥要提前堆积腐熟或在前茬施肥均有一定的增产效果。

基肥用量一般占总施肥量的 60%～80%。具体施肥量，每亩产 4 000 kg 以上的地块，一般施基肥 5 000～7 500 kg；每亩产 2 500～4 000 kg 以上的地块，一般施 3 000～4 000 kg。同时，可配合施入过磷酸钙 15～25 kg、草木灰 100～150 kg、碳酸氢铵 7～10 kg 等。

施肥采用集中深施、粗细肥分层结合的方法。基肥的半数以上在深耕时施入底层，其余基肥可在起垄时集中施在垄底或在栽插时进行穴施。这种方法在肥料不足的情况下，更能发挥肥料的作用。基肥中的速效氮、速效钾肥料，应集中穴施在上层，以便薯苗成活即能吸收。

b.追肥。追肥需因地制宜，根据不同生长时期的长相和需要确定追肥的时期、种类、数量和方法，做到合理追肥。追肥的原则是"前轻、中重、后补"。具体方法有以下几种。

提苗肥：这是保证全苗，促进早发加速薯苗生长的一次有效施肥技术。提苗肥能够补基肥不足和基肥作用缓慢的缺点，一般追施速效肥。追肥在栽后 3～5 d 内结合查苗补苗进行，在苗侧下方 7～10 cm 处开一小学穴施入一小撮化肥（每亩 1.5～3.5 kg），施后随即浇水盖土，也可用 1%尿素水罐根；普遍追施提苗肥最迟在栽后半个月内团棵期前进行，每亩轻施氮素化肥 1.5～2.5 kg，注意小株多施，大株少施，干旱条件下不要追肥。

壮株结薯肥：这是分枝结薯阶段及茎叶盛长期以前采用的一种施肥方法。其目的是促进薯块形成和茎叶盛长。所以老百姓称之壮株肥或结薯肥。因分枝结薯期，地下根同形成，薯块开始膨大，吸肥力强，为加大叶面积，提高光合生产效率，需要及早追肥，以达到壮株催薯、快长稳长的目的。追肥时间在栽后 30～40 d。施肥量因薯地、苗势而异，长势差的多施，每亩追硫酸铵 7.5～10 kg 或尿素 3.5～4.5 kg，硫酸钾 10 kg 或草木灰 100 kg；长势好的，用量可减少一半。如上次提苗或团棵肥施氮量较大，壮株催薯肥就应以磷、钾肥为主，氮肥为辅；不然，要氮、钾肥并重，分别攻壮秧和催薯。基肥用量多的高产田可以不追肥，或单追钾肥。结薯开始是调节肥、水、气三个环境因素最合适的时机,施肥同时结合灌水,施后及时中耕,用工经济,收效也大。

催薯肥:又称长薯肥。在甘薯生长中期施用,能促使薯块持续膨大增重。一般以钾肥为主,施肥时期一般在栽后 90~100 d。追施钾肥,一可使叶片中增加含钾量,能延长叶龄,加粗茎和叶柄,使之保持幼嫩状态;二是能提高光合效率,促进光合产物的运转;三是可使茎叶和薯块中钾的钾、氮比值增高,能促进薯块膨大。催薯肥如用硫酸钾,每亩施 10 kg;如用草木灰则施 100~150 kg。草木灰不能和氮、磷肥料混合,注意分别施用。施肥时加水,可尽快发挥其肥效。

夹边肥:这是福建省和浙江省南部地区甘薯丰产的重要施肥措施。一般在栽后 45 d 前后,地上部已甩蔓下垄,薯块数基本定型,在垄的一侧,用犁破开 1/3,曝晒半天至 1 d,将总施肥量的 40％左右施入。南方薯区基肥用量少,这次追肥是甘薯丰产的重要措施。

裂缝肥:甘薯生长后期,薯块盛长,在垄背裂缝处所施的追肥,叫裂缝肥或白露肥。实践证明,容易发生早衰的地块、在茎叶盛长阶段长势差的地块和前几次追肥不足的地块,在薯苑土壤裂开成缝时,追施少量速效氮肥,有一定的增产效果。一般每亩追施硫酸铵 4~5 kg,兑水 500 kg;或用人粪尿 200~250 kg,兑水 600~750 kg,顺裂缝灌施。

根外追肥:甘薯生长后期,根部的吸收能力减弱,可采用根外追肥,弥补矿质营养吸收的不足。此法见效快,效果好。即在栽后 90~140 d,喷施磷、钾肥,不但能增产,还能改进薯块质量。具体方法为:用 2％~5％的过磷酸钙溶液、0.3％磷素二氢钾溶液或 5％~10％过滤的草木灰溶液,在午后 3 时以后喷施,每亩喷液 75~100 kg。每 15 d 喷 1 次,共喷 2 次。

5.棉花

(1)棉花总量控制和钾肥与追肥的分配原则。合理的施肥首先要确定施肥总量,在确定了氮肥总量的前提下,就要考虑如何将肥料合理地分配为基肥和追肥。根据棉花生长发育规律,蕾期、花铃期和铃期是棉花养分需求量最大的时期,80％以上的养分都是在这几个生育阶段吸收的。因此,也是施肥调控的最为关键时期。在棉花施肥中要因地制宜掌握施足基肥、施用种肥、轻施苗肥、稳施蕾肥、重施桃(花铃)肥和补施秋(盖顶)肥等环节。

(2)根据土壤肥力水平和目标产量确定。根据测土配方施肥原理,棉花施肥要考虑土壤养分状况和区域生产状况。表 3-1-3 和表 3-1-4 是西北棉区土壤肥力丰缺指标及根据目标产量确定的相应施肥量。表 3-1-5 是长江流域棉区土壤肥力分级和目标产量确定的肥料推荐量。

表 3-1-3　西北区土壤养分丰缺指标

项　目	肥力等级			
	极低	低	中	高
有机质(g/kg)	<8	8~15	15~18	>18
速效氮(N,mg/kg)	<16	16~40	40~90	>90
速效磷(P_2O_5,mg/kg)	<7	7~13	13~30	>30
速效钾(K_2O,mg/kg)	<90	90~160	160~250	>250

表 3-1-4　西北棉区根据目标产量确定的施肥量

肥力等级	目标产量(kg/亩)	推荐施肥量(kg/亩)		
		氮(N)	磷(P_2O_5)	钾(K_2O)
低肥力	120	14	9	2
中肥力	150	18	12	3
高肥力	180	22	15	4

表 3-1-5　长江流域棉区根据土壤肥力分级和目标产量确定化肥推荐量

肥力等级	目标产量	推荐施肥量(kg/亩)					
		氮(N)		磷(P_2O_5)		钾(K_2O)	
		总量	基施	总量	基施	总量	基施
低肥力	80	16	5	5	3	9	6
中肥力	100	19	8	6	4	12	6
高肥力	120	21	10	7	6	15	8

(3)基肥和追肥的施用方法。通常棉花的氮肥需要根据需肥规律分次施入,磷、钾肥全部作为基肥施入为宜,但对长江流域棉区,钾肥以基肥和追肥各半施用,效果更好。

从既遵循棉花营养规律、又具备田间可操作性的角度出发,基肥在总施氮量中的比例应当低于追肥所占的比例;追肥应当在蕾期、花铃期进行。花铃期以后,棉田封行,无法机械施肥,如果使用人工施肥也可考虑追施第三次氮肥。例如西北棉区基肥与追肥的分配比例以30%~40%作为基肥、60%~70%作为追肥为宜。追肥在浇头水和二水前施用。其中蕾期追肥量为总追肥量的40%,花铃期追肥量为总追肥量的60%。

磷肥以作基肥全层施用为好,即在播种前或移栽前将磷肥撒在地面,翻耕耙耱,可使磷肥均匀地分布于全耕作层中,这样根系与磷肥接触面大,磷肥利用率高。为了减少土壤对磷肥的固定,磷肥最好与有机肥堆沤或混合后全层施用。

钾肥作基肥为好,但对于长江流域棉区,基肥和追肥可以各半施用。我国南方土壤普遍缺钾,要重视施用钾肥。北方土壤缺钾较少,但近年来北方一些棉田施钾也有明显效果,也要注意施用钾肥。

对于同一生态区域,一般来说作物的目标产量基本接近,肥料推荐用量应根据土壤的养分含量进行调整。由于肥料用量的变化,常带来施肥时的基肥及追肥的比例发生相应的变化。表 3-1-6 和表 3-1-7 是长江流域棉区根据土壤速效磷和速效钾含量水平确定的磷、钾肥使用量及相应基肥、追肥比例。

表 3-1-6 长江流域棉区根据土壤速效磷测定值的磷肥施用推荐量及比例

速效磷 (mg/kg)	丰缺状况	磷(P_2O_5)推荐 用量(kg/亩)	磷肥施用方法
<10	严重缺乏	7~9	移栽基肥和花铃肥各半
10~20	中度缺乏	5~7	移栽基肥和花铃肥各半
20~30	轻度缺乏	3~5	基肥
>30	丰富	1~2	基肥

表 3-1-7 长江流域棉区根据土壤速效钾测定值的磷肥施用推荐量及比例

速效钾 (mg/kg)	丰缺状况	钾(K_2O)推荐 用量(kg/亩)	钾肥施用方法
<50	严重缺乏	9~12	移栽基肥和花铃肥各半
50~100	中度缺乏	6~9	移栽基肥和花铃肥各半
100~150	轻度缺乏	4~6	基肥
>150	丰富	1~3	基肥

注:皮棉目标产量为 120 kg/亩。

(4)微量元素肥料施用。我国很多省份的棉区缺少中、微量元素,尤其是硼、锌等微量元素。棉田土壤有效硼、锌的临界值如表 3-1-8 所示。

表 3-1-8 棉田土壤有效硼、有效锌含量分级指标

微量元素名称	微量元素等级		
	低	中	高
有效硼(mg/kg)	<0.4	0.4~0.8	>0.8
有效锌(mg/kg)	<0.7	0.7~1.5	>1.5

中、微量元素施肥原则应为"因缺补缺"。可以通过经验、土壤测试或田间缺素

试验确定一定区域中、微量元素土壤缺乏程度,并制定补充元素。一般微量元素最高不得超过每亩 2 kg。

硼肥的施用,当土壤有效硼为<0.4～0.8 mg/kg 时,每亩用硼砂 0.4～0.8 kg 作为苗期土壤追肥,花铃期以 0.02 kg 硼砂喷施较好。如果土壤有效硼含量的提高以硼砂喷是较好的话,其中以蕾期、初花期、花铃期连续喷 0.2%硼砂 3 次为最好,每次每亩用水量 50～80 L。

在缺锌土壤上(土壤有效锌<0.7～1.5 mg/kg),每亩用硫酸锌 1～2 kg。如果已施锌肥作基肥,一般可以不再追施锌肥;如果未施锌肥作基肥,可在苗期至花铃期连续喷施 2～3 次 0.2%硫酸锌溶液进行根外追肥。2 次喷施锌肥之间相隔7～10 d。

6. 花生

(1)花生的施肥原则。

①因土施肥。实践表明,肥力越差的田块,增施肥料后增产幅度越大;中等肥力次之;肥沃的田块,增产效果不明显。因此,肥力差的田块要增施肥料。

②拌种肥。

将每亩用的花生种拌 0.2 kg 花生根瘤菌剂,拌 2.5～10 g 钼酸铵。将每 kg 花生种拌施 0.4～1 g 硼酸。将每亩用的花生种先用米汤浸湿,然后拌石膏 1～1.5 kg。这三种方法,均可及时补充肥料,使花生苗苗壮生长。

③因苗施肥。花生所需氮、磷、钾的比例为 1∶0.18∶0.48。苗期需肥较少,开花期需肥量占总需肥量的 25%,结荚期需肥量占总需肥量的 50%～60%。因此,在肥料施用上,一是普施基肥,每亩施腐熟有机肥 1 500 kg 左右,磷 15～20 kg,钾肥 10 kg 左右,肥力差的田块再施尿素 5 kg。二是始花前,每亩施腐熟有机肥 500～1 000 kg、尿素 4～5 kg、过磷酸钙 10 kg,结合中耕施入。三是结荚期喷施 0.2%～0.3%磷素二氢钾和 1%尿素溶液,能起到补磷增氮的作用。

(2)花生施肥时期。

①苗期。苗期根瘤开始形成,但固氮能力弱,此期为氮素饥饿期,对氮素十分敏感。因此,未施基肥或基肥不足的花生应在此期追肥。

②开花期。此期植株生长较快,且植株大量开花并形成果针,对养分的需求量急剧增加。根瘤的固氮能力增强,能提供较多氮素,此期对氮、磷、钾的吸收达到高峰。

③结荚期。荚果所需的氮、磷、钾元素可由根、子房柄、子房同时供应,所需要的钙则主要依靠荚果自身吸收。因此,当结果层缺钙时,易出现空果和秕果。

④饱果成熟期。此期营养生长趋于停止,对养分的吸收减少,营养体养分逐渐

向中运转。由于此期根系吸收功能下降,应加强根外追肥,以延长叶片功能期,提高饱果率。

【任务评价】

评价内容	评价标准	分值	评价人	得分
了解粮油作物测土配方施肥方法	认真,掌握方法	20分	组内互评	
田间土壤养分快速测定	方法准确,操作熟练,数据正确	20分	教师	
制定施肥方案	方案合理,简便易行	20分	师生共评	
施肥实践	方法正确,操作熟练,效果明显	30分	教师	
团队协作	小组成员间团结协作	5分	组内互评	
职业素质	责任心强,学习主动、认真、方法多样	5分	组内互评	

【任务拓展】

植物营养的阶段性与合理施肥的环节

一、植物营养的阶段性

植物在从种子萌发经营养生长、生殖生长到形成种子的整个生长周期内,要经过几个不同的生长发育阶段。在这些生育阶段中,除前期种子营养阶段和后期根部停止吸收的阶段外,在其他的生育阶段都要通过根系从土壤中吸收养分。植物通过根系从土壤中吸收养分的整个时期称为植物的营养期。在植物的营养期中,不同的生育阶段植物对养分的吸收有不同的特点,主要表现在对营养元素的种类、数量和比例等方面有不同的要求,这就是植物营养的阶段性。总的来说,表3-1-9列举了几种常见作物在不同生长发育期吸收氮、磷、钾的百分比。从表中可以看出,植物吸收养分的规律是:生长初期吸收的养分数量和强度都较低,随着时间的推移,对养分的吸收逐渐增加,到成熟阶段又趋于减少。关于养分吸收高峰和各生育期对不同养分的数量比例要求,不同的作物有明显的差别,禾本科作物对氮养分吸收的高峰大致在拔节期,而棉花对氮的吸收高峰在现蕾至开花期,但对磷和钾的吸收高峰则在开花至成熟期。从作物在不同生育时期对养分的吸收状况来看,有极其重要的时期,一个是作物营养的临界期;另一个是强度营养期。如果能满足这两个重要时期作物对养分的要求,可以显著地提高产量。

表 3-1-9   作物在不同生育期吸收氮、磷、钾的比例

作物	生育期	吸收养分的百分比（%）		
		氮（N）	磷（P$_2$O$_5$）	钾（K$_2$O）
冬小麦	越冬前	14.4	9.1	6.9
	返青	2.6	1.9	2.8
	拔节	23.8	18.0	30.3
	孕穗	17.2	25.7	36.0
	开花	14.0	37.9	24.0
	乳熟	20.0	—	—
	完熟	8.0	7.5	—
水稻	秧苗期	0.5	0.3	0.4
	分蘖期	23.2	10.6	17.0
	圆秆期	51.4	58.0	57.7
	抽穗期	12.3	19.6	16.9
	成熟期	12.6	11.5	6.0
玉米	幼苗期	5.0	5.0	5.0
	孕穗期	38.0	18.0	22.0
	开花期	20.0	21.0	37.0
	乳熟期	11.0	35.0	15.0
	成熟期	26.0	21.0	21.0
棉花	出苗-真叶	0.8	0.6	0.2
	真叶-现蕾	10.0	5.2	2.9
	现蕾-开花	52.7	28.8	17.3
	开花-成熟	36.5	65.4	80.6

（一）作物营养的临界期

在作物生长发育过程中,常有一个阶段对某种养分需要的绝对数量虽不多,但要求却很迫切,此时如果不能满足作物对该种养分的要求,作物的生长发育将会受到严重影响;也就是说,错过了这个时期,即使大量补给含这种养分的肥料,也基本无效。这个时期称为作物营养的临界期。

作物营养的临界期一般出现在作物生长的早期阶段。不同养分的临界期略有不同。大多数作物需磷的临界期在幼苗期,即从种子营养转向土壤营养的时候。此时作物种子里所贮存的磷素已经用完或将近用完,但根系还很细弱,吸收的范围和能力都比较小,如果土壤中速效磷缺乏,幼苗生长就会受到阻碍。据试验,在大麦发育的最初 15 d 中,把磷从营养液中除去,会使植物生长发育受到很大抑制,以

致颗粒无收。而在植株发育的后期从营养液中除去磷,却对大麦产量无不良作用(表 3-1-10)。

表 3-1-10 磷的定期营养对大麦产量的影响

营养条件	总产量(%)	籽粒产量(%)
全部时间营养正常	100.0	100.0
最初 15 d 无磷	17.4	0
第 45～60 天无磷	102.0	104.0

另据研究,棉花需磷的临界期在出苗后 10～20 d,玉米需磷的临界期在出苗后 1 周左右,水稻、小麦需磷的临界期在 3 叶期,油菜需磷的临界期在 3～5 叶期。根据一般作物需磷的临界期在幼苗阶段,并考虑到磷在土壤中移动性小,易被固定以及磷在植物内能被再利用等特点,通常把磷作为底肥施用。在磷肥供应不足,土壤又缺少有效磷时,应强调用少量速效磷肥作种肥施用。

作物需氮的临界期一般也在幼苗阶段,但比磷的临界期稍晚。如果此时缺乏氮素,植株的营养生长将受到阻碍,叶色变黄,生长缓慢,植株矮小,搭不起丰产架子,这种损失也常常是后期施肥所无法弥补的。例如,冬小麦氮的营养临界期在分蘖初期,此时如果缺少氮素,就会导致分蘖少,降低每亩穗数,即使后期补施氮肥,由于每亩穗数不足,也会严重影响产量。在生产实践中,在中、低产土壤上,氮素化肥作底肥和种肥施用常常可以收到良好的效果。

关于钾的营养临界期,水稻在分蘖初期和幼穗形成期。正常生长的水稻茎秆钾量须在 2.5% 以上。分蘖初期缺钾、茎秆中含 K_2O 量在 1.5% 以下时,分蘖缓慢;1.0% 以下时,分蘖停止;幼穗形成期在 1% 以下时,每穗粒数显著减少。

应当指出的是,由于苗期需肥的绝对数量比较少,在地力水平较高的情况下,通常临界期不施肥也能满足幼苗正常的生长需要。因此,临界期施肥只是在严重缺肥、地力很低下的情况下才表现出较为显著的增产效果。

(二)作物营养的强度营养期

作物在生长发育的不同阶段吸收养分的数量常有很大差别。由于各生育阶段经历的日数不同,在单位时间内作物吸收养分的数量差别很大。据表 3-1-11 可知,按照阶段吸收量,小麦以在返青至拔节期吸收氮素养分的数量最多,每亩 1.99 kg,开花至乳熟次之,每亩 1.71 kg。而按照平均每日吸收量计算,则以开花至乳熟期为最多,每亩 190 g,而返青至拔节期则退居第四位,每亩只有 44.2 g,数量只有开花至乳熟期的 23.26%。另外,大量试验结果及实践经验证明,返青期追肥在瘠薄地不如基肥、种肥或冬前追肥;而在肥水地,在已有壮苗的基础上又不如拔节期追肥。由此看来,简单地根据各种阶段的每亩吸收量来确定追肥时期而不考虑各阶段的经历日数,未必适宜。据此,应该把单位时间内吸收养分数量最多的时期,称为作物需肥的强度营养期。

表 3-1-11　小麦对氮素养料的吸收状况

	越冬 11. 27	返青 3.1	拔节 4.14	孕穗 4.29	开花 5.16	乳熟 5.25	成熟 6.9
阶段吸收量(g/亩)	1 210	225	1 990	1 456	1 170	1 710	680
吸收量累计(%)	14.4	17.0	40.7	58.1	72.0	92.3	100.0
相隔天数(d)	40	94	94	15	17	9	15
平均每日吸收量(g/亩)	30.2	2.4	2.4	97.3	68.8	190.0	45.3

作物的强度营养期一般是在作物营养生长的盛期或营养生长期与生殖生长同时并进的时期。此时,作物吸收养分的数量大、速度快,单靠土壤中以正常速度释放出的速效养分已不能满足作物的要求,应该及时追肥加以补充。此时追肥往往能得到较大的经济效果。对于追肥效果来说,这个时期是施肥的高效期,或称为追肥的最大效率期。在生产实践中,强调施用小麦的拔节肥,水稻的穗肥,玉米的大喇叭口肥,棉花的铃肥,油菜的薹肥等,道理就在于此。

作物的强度营养期和施肥的最大效率期是两个不同的概念。前者主要是对作物而言,是作物需肥规律的反映;后者则主要是对肥料而言,是施肥经济效益的反映。在这里还要注意的是,施肥适期的确定并不简单地决定于养分吸收曲线,还要受土壤保肥供肥能力、气象条件、肥料种类、农业技术措施以及作物的长相、长势等多种因素的影响。如陕西关中地区的小麦一般于 3 月 22~25 日拔节,4 月下旬抽穗。据研究,在施足基肥,已有壮苗和足够大蘖的基础上,高产麦田追肥以在 3 月底的前后 10 d 为宜。此时小麦基部第一节间已经定长,生长中心已经转移,适时追肥既能改善拔节、孕穗期的通风、透光状况,预防倒伏,又能满足孕穗后对养料的迫切需要。这样就能在保证一定合理穗数的前提下,主要通过结实率的提高达到增产的目的。另据研究,水稻于出穗前 48 d 前后追施氮肥,特别是出穗前 38~33 d(幼穗分化开始)前后追氮,会使三叶加长,叶面积增大,导致群体内部通风、透光不良,且由于基部一、二节间伸长过快,易于倒伏,不利结实。而在施足基肥的基础上,推迟到出穗前 20 d(25~15 d),基节和叶面积已经定型,幼穗长约 2 mm(1.5~2.5 mm)时追肥,可以缓和穗分化后期营养物质的供需矛盾,并主要通过有效小穗数、结实率和千粒重的提高而达到增产的目的。

作物营养的临界期和强度营养期是作物营养中的两个关键时期,保证关键时期有适量的养分供应,对提高作物产量有重要意义。但是,作物营养的各阶段是相互联系、彼此影响的,前一个阶段营养状况的好坏必然会影响到下一阶段作物的生长与施肥效果。除临界期和强度营养期以外,在其他发育阶段中,根据苗情或长相适当地供给养分有时也是必要的。根据作物营养的连续性和阶段性的特点,在农业生产中,不仅应施足基肥,为作物整个生育期中养分的持续供应打好基础,同时,还要重视适量施用种肥和实时施用追肥,保证重点满足关键时期对养分的迫切需要。

二、合理施肥

合理施肥简单地说就是科学地确定施肥种类、数量、施肥时间和方法。它是指在作物养分需求与供应平衡的基础上,坚持有机肥料和无机肥料相结合,坚持大量元素与中量元素、微量元素相结合,坚持基肥与追肥相结合,坚持施肥与其他措施相结合的原则下,根据土壤的类型、肥料的性质、作物的营养特性和肥料资源等综合因素,确定肥料的用量和肥料的配方后,重点是掌握合理的施肥技术。也就是肥料种类的选择、确定施肥时期和施肥方法等。现将几种常见的施肥技术介绍如下。

(一)基肥

基肥又称底肥,是在进行植物播种或移植前,结合耕地施入土壤中的肥料。施用基肥的意义在于:一是满足整个植物在整个生长发育阶段内能获得适量的营养,为植物高产打下良好的基础;二是培养地力,改良土壤,为植物生长创造良好的土壤条件。尤其是对那些生长期相对较短,在生产中不宜追肥的农作物来说,比如两季作地区的马铃薯生产,主要靠施足基肥来补充作物生长需要的养分。对应这类作物来说施足基肥尤为重要。

1. 基肥施用的原则

一般以有机肥为主,无机肥为辅;氮、磷、钾(或多元素)肥配合施用为主,根据土壤的缺素情况,个别补充为辅。

2. 基肥的施用量

基肥的施用量应根据植物的需肥特点与土壤的供肥特性而定,一般基肥施用量应占该植物总施肥量的 50% 左右为宜。质地偏黏的土壤应适当多施,相反,质地偏沙的土壤适当少施。

3. 基肥的施用方法

一是撒施,在土地翻耕前将肥料均匀撒于地表,然后翻入土壤中。撒施是施用基肥的一种常见方法,凡是植物密度较大(如水稻、小麦等),植物根系遍布于整个耕层,且施肥量又相对较多的地块上,都可采用这种方法。二是条施,条施是较撒施集中的一种施用方法,"施肥一大片,不如一条线"。条施也称沟施,即是先开好施肥沟,深 5~10 cm,条施有利于将肥料施到根系层,并可与灌水措施相结合,有利于集中、长效供肥,并防止烧根,主要适用于林、果类及种植密度较小的农作物(如马铃薯等)。有机肥和化肥都可条施,条施肥料都须开沟后施入沟中并覆土,有利于提高肥效。除此之外,基肥还可进行穴施、分层施、环状施和放射状施,环状施肥和放射状施肥仅用于果树。

(二)种肥

种肥是指播种或定植时施于种子附近或与种子混合施用的肥料。施用种肥的意义在于:一是满足植物营养临界期的需要;二是满足植物生长初期根系吸收养分能力较弱的需要,搭好丰产架子。

1.种肥的施用原则

一般以速效肥为主,迟效肥为辅;以酸性肥或中性肥为主,碱性肥为辅;有机肥则以腐熟好的肥料为主,为腐熟的肥料不宜施用。

2.种肥用量

同样根据植物需要量而定,一般占该植物总施肥量的 5%~10% 为宜。种肥的用量一般很少,氮、磷、钾化肥实物量一般每亩小于 3~5 kg,有机肥最好能腐熟过筛,一般在种子重量的两倍左右。

3.种肥的施用方法

一是沟(条)施法,即在播种沟内施用肥料的方法。例如小麦或棉花,在开沟播种时(先施肥,后播种),将要施入的混合后施入沟中,并使肥土相融,然后,再播种覆土,这种肥料一般以施用大量元素为主。二是拌种法(包括浸种、蘸秧根等),当肥料用量少或肥料价格比较昂贵及各种生物制剂、激素等均采用此法。拌种法是先将要施入的肥料与填充物充分拌匀后,再与种子相拌,拌种时氮肥以每亩 2.5 kg 为宜,过磷酸钙以 5~10 kg 为宜,一般随拌随拌种,不能久置。三是浸种法,即是先将肥料用水溶解配制成很稀的溶液,然后将种子浸入溶液中一段时间(根据植物特性而定)。浸种时要注意的问题是溶液的浓度不能过高,浸种时间不能过长,以免伤害种子,影响发芽和出苗。

(三)追肥

追肥是指在作物生育期中施用的肥料,是根据作物各生长发育阶段对营养的需要而补施的肥料。它的目的是及时满足作物生育期间,特别是强度营养期对养分的迫切需要。

1.追肥的施用原则

一要看土施肥,即肥土少施轻施,瘦土多施重施;沙土少施轻施,黏土适当多施、重施;二是看苗情施肥(看植物苗的长势长相),即旺苗不施,壮苗轻施,弱苗适当多施;三要看植物的生育阶段,苗期少施轻施,营养生长与生殖生长旺盛时多施重施;四要看肥料性质,一般苗期追肥以速效肥为主,而营养生长与生殖生长旺盛时则以有机无机肥配合施用为主;五要看作物种类,播种密度大的作物(如水稻、小麦等)以速效肥为主。

2.追肥的用量

一般追肥施用量应占总施肥量的 $40\%\sim50\%$ 为宜,其中植物生长的旺盛时期应占总施肥量的 50%。

3.追肥的施用方法

①条施、穴施:为了氮肥的挥发损失,特别是在石灰质土壤上,追肥一般应施在深度 $7\sim10$ cm 的土层内。对于深根作物还可以再深一些。磷、钾肥料由于在土壤中的移动性小,追施深度也不能浅。条播作物可在作物行间适当距离处开沟条施;株行距较大的点播作物可挖穴施肥。不论是条施还是穴施,施肥后都应及时覆土,以减少养分损失,提高肥效。

②撒施(适宜于播种密度大的作物,如水稻等):在密播作物上追施化学肥料时,往往难以深施,可以采用撒施后结合灌水的方法,使肥料随水渗入土中。

③环状施肥法(多用于果树追肥):以树干为圆心,沿地上部树冠边际内对应的田面开一条围沟,施肥后覆土。

④根外追肥:指用适当的营养液喷射到作物的叶面,来解决作物生长期间缺乏的氮、磷、钾等大量元素和铁、硼、锌、锰、钼等微量元素的一种施肥方法,通常作为补充施肥的方法。根外追肥是用肥少、收效快、肥效高的一种辅助性施肥措施。在作物生长后期根部吸收能力减弱时进行根外追肥,可以及时补足根部吸收养料之不足。

任务二　主要果树的施肥技术

一、知识准备

(一)常绿果树的需肥特点

(1)柑橘类果树。

①柑橘类果树需肥规律。

A.柑橘类果树对营养元素需要量因物候期而异,新梢对三要素的吸收,从春季开始迅速增长,夏季达最高峰,入秋后开始下降,入冬后基本停止。三要素中以氮钾较多,氮、磷、钾比例为1:0.3:1.4;果实对氮、磷、钾的吸收量从6月开始逐渐增加,8～10月达到顶峰。

B.地下部分根系生长与地上部分的生长互为消长,其对肥料的吸收也有类似规律。柑橘类果树一般以春梢和健壮秋梢为结果母枝;夏、冬梢中,除大龄树的夏梢成为次年的结果母枝外,一般不形成结果母枝。故在生产中应通过施肥为主的调控树体放梢、促梢和控梢技术措施,协调树体营养生长、生殖生长、挂果大小年、高产稳产与树体早衰之间的矛盾。

C.施肥原则。根据柑橘类果树的树龄和生产目的,对于不同时期的果树应掌握如下原则。

a.幼龄树。此阶段的施肥的目标是促进根系迅速生长,树冠迅速扩展,在施肥上应以速效氮肥为主,薄肥勤施,适当配合磷、钾肥,施肥数量上从少到多,逐年提高。

b.初结果树。初结果柑橘既要适量挂果,又继续要扩大树冠,且主要以秋梢为结果母枝,故促发健壮、足够的秋梢是丰产栽培的关键。施肥上以攻秋梢、壮果肥为重点,巧施春肥,合理施用氮肥、适当增加磷、钾等肥料。

c.成年结果树。通过施肥协调好根、梢、花、果的关系,维持果树生长与结果之间的平衡,防止树势早衰,延长果树经济寿命,是此类果树施肥管理的关键。应重点抓好采果肥、花前肥、壮果肥、稳果肥的施用,以当年结果数量大小决定施肥种类和数量。

(2)龙眼。由于龙眼的栽培条件,土壤,气候,品种,产量,树龄,树势等不同,各地的施肥比例和施肥也不同,每生产100 kg龙眼鲜果,需氮1.8～2.3 kg,磷1.0～1.8 kg,钾2.0～2.3 kg。

龙眼树生长期长,挂果期短,不同阶段对营养元素的需求量也有不同。据研究,龙眼从2月开始吸收氮、磷、钾等养分,在6～8月出现第二次吸收高峰,11月至来年1月下降。氮、磷在11月,钾在10月中旬即基本停止吸收。果实对磷的吸收从5月开始增加,7月达到吸收高峰,龙眼在周年中吸收养分最多的时期是6～9月。

(3)荔枝。据测定,每生产100 kg荔枝成熟果需氮1.68～2.0 kg、磷1.2～2.0 kg、2.5～3.5 kg。

(4)香蕉。据报道,中秆香蕉每生产1 000 kg的香蕉吸收氮5.9,磷1.1,钾22,矮秆香蕉吸收氮4.8,磷1.0,钾18,对氮、磷、钾、钙、镁的需求比例为4:1:5:1:1。可见,香蕉对钾的需要量最大,其次是氮,对磷的需要量最小,只有氮的1/4,钾的1/5。据广西某地试验,亩产2 000 kg的蕉田,需施N 35～40 kg,P_2O_5 13～15 kg,K_2O 35～40 kg。

(5)芒果。每生产1 000 kg鲜芒果需N1.74 kg,P_2O_5 0.23 kg,K_2O 2.0 kg。需要量最多的是钾,其次是氮、磷。生产上一般按N:P_2O_5:K_2O=1:0.5:(0.5～1)

施用氮、磷、钾肥料,但不同树龄、不同地区、不同产量水平的芒果树,其推荐施肥量往往变化较大。

(6)菠萝。菠萝为多年生常绿草本植物,每生产 1 000 kg 需要氮素 0.78 kg、磷 0.30 kg、钾 2.38 kg,三要素比例为 1∶0.38∶3.0,需钾量是氮的 3 倍。钾除影响菠萝产量外,对品质的影响更为重要。

(二)落叶果树的需肥特性

(1)葡萄类的需肥特性。葡萄需钾、钙均较多,对微量元素较为敏感。施肥时按氮磷钾 1∶0.7∶(0.7~0.8)比例进行施肥。在亩产的情况下,通常施用有机肥 1 000 kg,纯氮 15~20 kg,P_2O_5 15~20 kg,K_2O 15~22 kg,硫酸锌 1 kg,酸性土适当施用石灰。

(2)苹果的需肥特性。苹果幼树以长树—扩大树冠、搭好骨架为主,以后逐步过渡到以结果为主。由于各时期的要求不同,因此苹果对养分的需求也各有不同。苹果幼树需要的主要养分是氮和磷,特别是磷素,对植物根系的生长发育具有良好的作用。建立良好的根系结构是苹果树冠结构良好、健壮生长的前提。成年果树对营养的需求主要是氮和钾,特别是由于果实的采收带走了大量的氮素和钾素等许多营养元素,若不能及时补充将严重影响苹果来年的生长及产量。

此外,苹果的根系比较发达,且根系多集中在 20 公分以下,可吸收深层土壤中的水分和养分,为改善苹果的营养状况需注意深层土壤的改良与培肥。

(3)梨的需肥特性。据多年丰产优质梨园调查,每生产 100 kg 梨,需要氮 0.47 kg,磷 0.23 kg,钾 0.48 kg,吸收氮、磷、钾的比例大体为 1∶0.5∶1。不同树龄的梨树需肥规律不同,梨树幼树需要的主要养分是氮和磷,特别是磷素,对根系的生长发育具有良好的作用,建立良好的根系结构是梨树树冠结构良好、健壮生长的前提。成年果树对营养的需求主要是氮和钾,特别是由于果实的采收带走了大量的氮、钾和磷等许多营养元素,若不能及时补充则将严重影响梨树来年的生长及产量。

(4)桃的需肥特性。桃树每生产 100 kg 的桃果需氮量为 0.3~0.6 kg、吸收的磷量为 0.1~0.2 kg、吸收的钾量为 0.3~0.7 kg。由于养分流失、土壤固定以及根系的吸收能力不同等因素的影响,肥料的施用量因土壤类型和桃树品种的差异、管理水平的高低等,有较大的差异,一般高产桃园每年的氮肥施用量为 20~45 kg,磷肥的施用量为 4.5~22.5 kg,钾肥的施用量为 15~40 kg。桃树也需要微量元素和钙镁硫等营养元素,它们主要靠土壤和有机肥提供。对于土壤较瘠薄、施用有机肥少的桃树可根据需要施用微量元素肥料等。

(5)枣的需肥特性。枣树各个生长时期所需养分,从萌芽开花对氮吸收较多,供氮不足时影响前期枝叶和花蕾生长发育,枣树开花期对氮、磷、钾的吸收增多。

幼果期是枣树根系生长高峰时期,果实膨大期是枣树对养分吸收的高峰期,养分不足时果实生长受到抑制,会发生严重落果。果实成熟至落叶前,树体主要进行养分的积累和贮存,根系对养分的吸收减少,但仍需要吸收一定量的养分,为减缓叶片组织的衰老过程,提高后期光合作用。

每生产 100 kg 鲜枣需氮 1.5 kg,磷 1.0 kg,钾 1.3 kg,对氮、磷、钾的吸收比例为 1∶0.67∶0.87。

(6)草莓的需肥特性。通常每生产 1 000 kg 鲜果需吸收纯氮 6～10 kg,磷 3～4 kg,钾 9～13 kg。氮、磷、钾比例为 1∶0.4∶1.3 左右,可见草莓需钾量高于氮。此外,草莓对氯敏感,含氯肥料施用过多会严重影响果实品质。

(7)猕猴桃的需肥特性。亩产量在 1 000 kg 的猕猴桃园,年周期猕猴桃树体总吸氮量为 7.3 kg,磷素为 1.0 kg,钾素 4.31 kg,猕猴桃对氯、锰、铁、硼、锌等微量元素比较敏感。

(8)板栗的需肥特性。有研究结果表明,板栗每生产 100 kg 栗实,需 N 6.2 kg,P_2O_5 1.5 kg,K_2O 2.6 kg,对氮、磷、钾的需要量大,吸收时期各不相同。氮的吸收量大且时间长,从芽萌动开始至果实采收前都在持续吸收,其中又以果实迅速膨大期的吸收量最多,采收后才逐渐减少。磷的吸收时间从开花后至采收前都较稳定,但吸收量少,吸收时间也比氮、钾短。然而磷对板栗的结果性能和产量极为重要,据测定,盛果期树丰产园土壤有效磷的含量高达 20.18～27.00 mg/kg,新梢中磷的含量达 2 420 mg/kg;低产园土壤磷含量只有 1～9 mg/kg,新梢中的磷含量低到 1 360 mg/kg,可见磷对产量高低起的作用之大。磷是促进花芽分化、果实发育、种子成熟和增进品质的重要物质。钾从开花前开始少量吸收,开花后逐渐增加,果实肥大期吸收最多,采收后又急剧减少。由此证明,在年生长周期中,从春初的雄花分化起至开花坐果这段时期,需氮最多,钾次之,磷较少;开花后至果实膨大期需磷最多,氮、钾次之;果实肥大期至采收,需钾最多,氮次之,磷较少。

板栗在需肥上除需充足的氮磷钾三要素外,对中量元素镁和微量元素锰、硼特别敏感,如缺乏或不足,就会发生严重的生理障碍而影响生长发育。据测定,板栗是需锰量高的果树,生长发育正常的树叶片含锰量为 1 000～2 500 mg/kg,若低于 1 000 mg/kg,就出现叶片黄化,生长受阻。如果缺镁或供量不足,叶脉间会出现萎黄,褐色部分渐变成褐色而枯死。由于硼是促进花粉发芽、花粉管生长和子房发育的重要元素,土壤缺硼就会导致出现空苞。据调查,土壤有效硼含量为 0.56～0.87 mg/kg 的栗园,结果正常,空苞率只有 3%～6.9%;含量为 0.2～0.4 mg/kg 的栗园,产量很低,空苞率竟高达 44%～81%。剑川县东岭乡梅园村段续根,种板栗时每株在基肥中掺硼砂 100 g,栽后每年 6 月喷施一次 350 倍硼砂水,三年始花挂果,比不施硼和不喷硼的提早两年结果。

(9)大果山楂需肥特性。山楂需要的氮、磷、钾养分的比例为 1.5∶1∶2。

二、工作准备

(1)图书馆或资料室　利用现有的图书馆或资料室以及报刊杂志,查找有关果树品种测土配方施肥的资料。

(2)网络环境条件　利用现有的电脑网络、网站、WIFI 等,查找相关果树品种测土配方施肥技术等方面的信息资料。

(3)果树实训(生产)基地　到果树实训(生产)基地现场了解本地主栽果树品种,制订各果树品种的测土配方施肥技术方案。

(4)工具:卷尺、铁铲、锄头、肥料。

【任务设计与实施】

一、任务设计

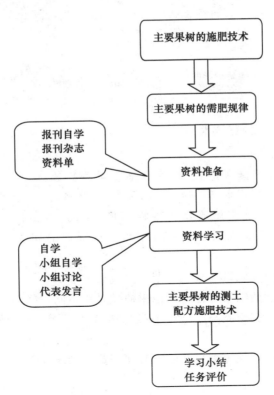

二、任务实施

(一)果树测土配方施肥方案的制订

参照《粮油作物测土配方施肥方案的制订》

实例:某农户计划柑橘产量为 3 500 kg/亩,土壤肥力中等,试计算需施化肥多少。每 100 kg 柑橘需吸收的氮、磷、钾量依次为 0.60 kg、0.11 kg、0.40 kg,如此可算出 3 500 kg 柑橘氮、磷、钾吸收量依次为 21.0 kg、3.85 kg、17.5 kg,土壤供给量按 6 成,肥料供给量按 4 成计算,则需要施化肥的实物量计算式为:化肥供给量÷化肥养分含量÷化肥当季利用率,如利用尿素作氮肥,则需施尿素量=21.0 kg×0.4÷46%÷40%=45.65 kg。磷肥、钾肥实物施用量也如此类推。

学员练习流程:

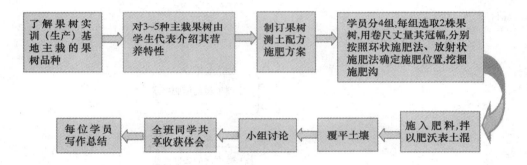

(二)果树的具体施肥技术

1.柑橘类果树

柑橘类果树种类繁多,施肥时期和施肥量差异较大,应该在摸清当地柑橘不同土壤肥力与柑橘吸收养分关联性、肥料利用率后,通过测定土壤养分供应水平,按平衡施肥法确定施肥量。现将柑橙、金橘、沙田柚的施肥技术分述如下,在不具备土壤测试条件的情况下,可参照所列的相关作物施肥水平酌情增减。

(1)柑橙。柑橙施肥量与施肥时期一览表见表 3-2-1。

(2)金橘。金橘的结果习性与其他柑橘类果树不同,每年开 3~4 次花,果花同树,四代同堂,因此,其施肥与其他柑橘类果树显然不同。柑橙施肥量与施肥时期一览表见表 3-2-2。

(3)沙田柚。沙田柚施肥量与施肥时期一览表见表 3-2-3。

表 3-2-1 柑橙施肥量与施肥时期一览表

	采果肥	花前肥	稳果肥	壮果攻秋梢肥	备注
幼龄树	施肥时期:每次新梢萌发前 10~15 d 和新梢自剪后各施肥 1 次,9 月后停止根际,防止晚秋梢施肥萌发 施肥量:随树龄增加逐年增大。新梢萌发前株施尿素 0.1~0.2 kg 或高浓度复混肥 0.1~0.2 kg 加腐熟粪尿肥;或株施 20%~30% 腐熟饼肥水 5~10 kg;新梢自剪后株施中高浓度复合肥 0.1~0.2 kg				全年施肥不少于 6~8 次
初结果树	12 月至次年 1 月施用,供春梢和花芽分化所需,以有机肥为主,速效肥为辅,通常株施尿素 0.15~0.3 kg 高浓度复合肥 0.1~0.3 kg,农家肥 10~20 kg	2 月至 3 月上旬施用花前肥,促发健壮春梢和提高花质。通常株施尿素 0.15~0.3 kg 高浓度复合肥 0.1~0.3 kg,农家肥 10~20 kg	—	7 月中旬施用,以促发秋梢、壮梢、增大果实为目的,肥料用量应占全年的 50%,为次年丰产打下基础。通常株施尿素 0.2~0.3 kg,饼肥 1~2 kg,磷肥 0.5~1 kg,硫酸钾 0.25~0.3 kg	
壮年结果树	于采果前后施用(树势弱的于采前施,椪柑和树势强的于采后施,雨水少的应早施);以速效肥为主,以恢复树势,通常株施尿素 0.1~0.2 kg,磷肥 0.5~1.0 kg,农家肥 40~50 kg,饼肥 1~2 kg,酸性土应适当配施石灰 0.5 kg	春梢萌发前 15 d 施用。株施尿素 0.3~0.5 kg,复混肥 0.3~0.5 kg,生物有机肥 2~3 kg	看树势施用株施尿素 0.2~0.3 kg,或高浓度复混肥 0.4~0.5 kg	秋梢萌发前 15 d 施用。以促发健壮秋梢。通常株施饼肥 2~3 kg,复混肥 0.5~0.6 kg,硫酸钾 0.3~0.5 kg,钙镁磷 0.5~1.0 kg	全年施肥 4~5 次

表 3-2-2　金橘施肥量与施肥时期一览表

	采后肥	基肥	春梢萌芽肥	保花、稳果肥	果实膨大肥	备注
幼龄树	以氮肥为主，配合磷钾肥施用，并结合深耕改土，增施有机肥，薄肥勤施，通常全年株施农家肥30~40 kg，尿素0.4~0.5 kg；着重在各次新梢抽发前10~15 d施用					全年施肥不少于6~8次
成年结果树	株施含硫高浓度复混肥0.25~0.5 kg，尿素0.5 kg	6月中旬施用，株施饼肥2~3 kg，农家肥10~15 kg	春梢萌发前15 d，株施含硫复混肥0.8~1.0 kg	于5月现蕾期施用，株施含硫复混肥0.5~0.7 kg	于7月中旬左右施用，株施粪肥15~20 kg，加含硫复混肥0.25 kg	

表 3-2-3　沙田柚施肥量与施肥时期一览表

	采后肥	萌芽肥	稳果肥	壮果肥	备注
幼龄树	施肥时期同柑橙类，但在施肥量上宜比之大2~3倍，第二年在第一年基础上增加40%~50%，以后视树龄树势适当增加				全年施肥不少于6~8次
成年结果树	施肥量占全年的15%，采果后立即施下。以有机肥为主，辅以三元复合速效肥。株施粪尿肥或饼肥水50 kg，猪牛粪40~50 kg，尿素0.1 kg，磷肥1~2 kg；或含硫复合肥1 kg，酸性土酌施石灰	占全年施肥量的30%，于萌芽前10~15 d施下，株施人粪尿50~10 kg，尿素0.5 kg，钾肥0.5 kg	占全年施肥量的20%，于4月中下旬至5月上旬施用，此时应以复合肥为主，配合腐熟厩肥，一般株施含硫复合肥0.75~1.0 kg，或尿素0.3~0.5 kg，腐熟人粪尿50~100 kg	占全年施肥量的35%，于6~8月施用。株施饼肥水50~100 kg，尿素0.3~0.6 kg，含硫复合肥1.0 kg	还必须根据植株的挂果量、树势等确定是否需要补肥、增减施肥次数、施

(4)根外追肥。

a.为提高花的质量、坐果率,可在柑橘现蕾开花期,根外喷施 0.1～0.2％硼砂＋0.1～0.2％尿素混合液 1～2 次。

b.为减少生理落果,促进幼果膨大,可于谢花期以 0.1％～0.2％尿素＋0.1％～0.2％磷酸二氢钾喷施 2～3 次。

c.在每次新梢老熟前以 0.3％～0.5％尿素＋磷酸二氢钾作根外追肥,可促进枝梢老熟。

d.采果后喷施 0.1％～0.2％磷酸二氢钾,可促进树势恢复和冬季保叶。

2.龙眼

(1)幼年树施肥。

幼苗定植肥:定植时株施优质有机肥 20～50 kg 和石灰 1 kg,钙镁磷肥 2 kg,将肥料与表土混匀后分层施入定植穴中。

定植 1 个月后施肥:每株可用 30％的腐熟人粪尿淋施在根际部位,或以 50 kg 水加尿素 0.3～0.4 kg,淋 4～5 株。以后每个月施肥一次。以促进新梢生长和展叶。随着树龄增加逐渐提高浓度和施肥量,一般从第二年起,施肥量在前一年的基础上增加 40％～60％。每次梢发前 10 d 株施 45％氮磷钾复合肥 150～200 g 兑水淋施,新梢发后,株施尿素、氯化钾各 100～200 g 以壮旺新梢。

(2)成年结果树施肥。

花前肥:施肥量应占全年的 50％以上,以氮肥为主,磷、钾肥配合,氮、磷、钾肥配合,氮、磷、钾比例为 1∶0.16∶0.54,有机肥和化肥各一半。按每生产 50 kg 果施复合肥 1～2 kg,尿素 0.5 kg,氯化钾 0.25 kg。但此期常遇高于 18℃的天气,应注意防止施用过量氮肥,而引起"冲梢"影响产量。

促果促梢肥:在 5 月中旬至 6 月上旬施用。每株施专用肥 3～5 kg 或尿素 0.6 kg,过磷酸钙 2 kg,钙镁磷肥 1～2 kg,氯化钾 2 kg,可采用环状沟,放射沟,月形沟等方式,将肥料与表土混匀后施入沟内覆土。

幼果肥:施肥量约占全年 20％,以磷、钾肥为主,氮肥配合。施肥时间可在谢花第 1 次生理落果后的 6 月上、中旬,幼果黄豆大小时,根据树势及结果量,适当施肥 1 次,假种皮迅速生长期的 7 月中旬施 1 次,每次施肥量按每生产 50 kg 果施复合肥 1.5～2 kg,氯化钾 1.5～2 kg,尿素 0.5 kg,氮、磷、钾比例为 1∶0.16∶1.24。

采果肥:应以采前肥为主,一般在采果前 10～15 d 施用,施用量占全年的 30％,以速效性氮肥为主,配合磷、钾肥。按每生产 50 kg 果施尿素 1 kg,氯化钾 0.5 kg,硫酸镁 0.25 kg,对于当年挂果量多、弱树、老树,采后抽梢有困难的,应在采后再次施以速效氮,促发秋梢。秋旱时,此期施肥应注重果园灌水,才能收到好的效果。

(3)根外追肥:根外追肥是龙眼栽培管理中快捷、高效的补肥措施,在龙眼丰产稳产必不可少的环节之一。叶面施肥一般不必单独使用,可结合保花保果,病虫防治是使用。全年4~5次,根据植株生长状况而定。选用的肥料种类和浓度分别为尿素0.3%~0.5%,硼砂0.1%~0.2%,在新梢叶片展开至转绿前使用。最后一次叶面施肥应在果实收获前20 d进行0.2%~0.4%磷酸二氢钾,对增强树势,提高产量和品质有很好的效果。

3.荔枝

(1)幼年树施肥。种植前2个月,每个定植坑施堆肥、土杂肥100 kg、钙、镁、磷肥1 kg,石灰1 kg,与熟土混合回填的土墩应比地面高40~50 cm,定植后1个月开始施肥,1年内每月施1次,每株用尿素20 g兑水5 kg淋施。2~3年生树每次新梢萌发前10 d株施复合肥0.2~0.25 kg兑水淋施。新梢萌发后每株施尿素、氯化钾各0.1~0.2 kg。

(2)结果树施肥。

a.基肥:一般在采果后,每亩施用腐熟的有机肥约1 000~2 000 kg、每株施1~1.5 kg尿素,过磷酸钙磷1.8 kg,氯化钾0.7 kg,在每次新梢叶片转绿后,可喷些0.3%磷酸二氢钾等叶面肥。

b.花前肥:一般在开花前施用,以磷、钾肥为主,一般挂果50 kg的植株,每株施用0.5~1 kg高钾型复合肥,或株施尿素0.7 kg,氯化钾0.5 kg,氮肥不要过量,以避免"冲梢"。

c.稳果壮果肥:坐果后,一般挂果50 kg的植株,每株施0.5~1 kg高钾型复合肥,或尿素1 kg,钙镁磷肥0.5 kg,氯化钾1.1 kg,对壮果和减少采前落果会起到重要的作用。

d.根外追肥:花期可喷施0.3%磷酸二氢钾溶液或1%~3%草木灰浸出液。缺硼和缺钼的果园,在花前、谢花及果实膨大期喷施0.2%硼砂+0.05%钼酸铵;在荔枝梢期喷施0.2%的硫酸锌或复合微量元素。各次根外追肥均可加0.3%~0.5%尿素。

4.香蕉

(1)基肥。基肥株施有机肥10~20 kg,另施复合肥(15-15-15)0.1~0.2 kg,移栽时香蕉苗时,香蕉根系不宜与肥料直接接触。

(2)追肥。

a.春蕉定植后20 d左右,幼苗抽生1~2片新叶,新根开始生长时追施。第一次在距离香蕉假茎30~40 cm处挖弧形沟,每株追施复肥(18-5-10)0.1~0.2 kg

后,施入弧形沟内,然后覆土浇足水。也可兑水冲施。以后每隔15～20 d追施一次,每株每次追复肥(18-5-10)0.1～0.2 kg。

b. 7月中旬施花芽肥,9月中旬施幼穗肥。每株每次施复肥(15-9-26)0.3～0.5 kg。可施后浇水或兑水冲施。

c. 10月上旬与下旬分两次追施,每株每次追施复肥(15-9-26)0.2～0.3 kg。

d. 11月份追施一次过寒肥,为壮果和越冬打好基础。每株每次追施有机肥10～20 kg,并配复肥0.3～0.5 kg。此次施肥最好在距离蕉茎80～100 cm处挖弧形沟深施。在每次施肥之间,还可以根据香蕉的长势和长相临时追施。追施方法为用少量肥兑水浇施。

5. 芒果

(1)幼树施肥。芒果幼树施肥着重促进营养生长,使根系发达,增加枝条数,扩大树冠面积,为早结果,早丰产创造条件,施肥以氮、磷为主,适当施用钾肥,尽可能多施用复合微生物菌肥,加强土壤培肥,注重果园土壤的改良,为结果打下基础。

a. 定植肥。定植肥以有机肥为主,配合少量磷肥,施入种植坑中。土壤酸度较大时应配合施入石灰,在施肥前将石灰均匀撒入土壤中,然后翻土,让石灰与土壤充分作用,间隔10～15 d后挖穴坑,再施有机肥后定植。

b. 追肥。幼树定植成活后应及时施追肥。追肥以速效氮磷肥为主,促进早发新根,抽生枝梢。芒果定植后1～2个月开始抽生新梢,以后约2个月抽生1次梢,每次抽梢后都可追肥1次。植后1～2年施肥要勤施薄施,每次每株用尿素20 g兑水或稀粪水5 kg淋施。随着树龄增加,施肥量可增大1倍。植后第二年秋季结合扩穴,株施有机肥25～50 kg及磷肥0.5～1.0 kg,或是0.5 kg复合肥。以后每次梢每株施尿素0.1～0.15 kg,复合肥0.2～0.3 kg。兑水淋施或浅沟施。

(2)结果树施肥。芒果树一般在定植后第3年可以开始结果,第4年正式投产。建议芒果结果树化肥施肥量是,在第4～5年每年株施N 0.4～0.5 kg,P_2O_5 0.25～0.3 kg,K_2O 0.36～0.4 kg。6年树龄后,根据株产量适当增加N、P_2O_5、K_2O施用量。

芒果结果树的施肥主要在四个时期:

a. 催花肥。开花前1个月为芒果花芽分化期,广西芒果花芽分化期一般在12月,花芽分化前施肥可促进花芽分化。肥料应以尿素、生物钾为主,用量为全年用量的20%左右,每株施尿素、生物钾各0.1～0.2 kg。可结合叶面喷施0.2%～0.3%磷酸二氢钾,喷至叶面有布满水滴为准,连续喷2～3次,每次喷施间隔7～10 d。

b. 壮花肥。芒果树开花量大,养分消耗多,应在花期追施1次速效氮肥,且以植株50％的末级枝梢现蕾时开始施肥为宜。否则,如树势壮旺,气温升高,施肥太早则可诱发过多营养枝梢或混合花枝的萌发,减少花量。壮花肥可选用尿素或复合肥,每株施尿素或复合肥0.1～0.15 kg,可结合叶面喷施0.1％硼砂、0.2％～0.3％磷酸二氢钾溶液。如果催花肥施用充足,植株生长旺盛,这次肥可不施。

c. 壮果肥。谢花后30 d左右是果实迅速生长发育时期,在幼果迅速增大期间,要追施壮果肥才能满足果实发育对养分的需要。一般每株施尿素0.3～0.4 kg、生物钾0.2～0.3 kg。(如催花肥中没有配合施用磷肥,这次可配合施用钙镁磷肥1.6～1.8 kg。)可结合叶面喷施0.2％～0.3％尿素加磷酸二氢钾喷施,连续喷2～3次,每次喷施间隔7～10 d。

d. 催梢壮梢肥。芒果结果量大,消耗营养多,如不及时供肥补充,将难以恢复树势,影响萌发秋梢。采果前后施肥是非常关键的,分两次施更好。第一次在采果前后可株施尿素0.2～0.3 kg,生物钾0.1～0.2 kg,促进恢复树势,尽快萌发抽生秋梢。第二次施肥在末次梢开始转绿时,结合翻土埋入杂草,每株施入有机肥,三元复合肥0.5 kg。

6. 菠萝

(1)施足基肥。菠萝种植区土壤贫瘠,定植时一次性施足基肥是菠萝高产优质的战略性措施,基肥可结合深耕作畦时进行,可用牛栏粪、绿肥(1 000 kg)配合适量化肥(复合肥50 kg)沟(穴)施。

(2)追肥。菠萝从定植到成熟,历时23个月。从定植到花芽分化的1年多时间中,是菠萝的营养生长阶段。第1次与3～4月份亩施复合肥100 kg,第二次7～8月份,亩施碳铵75 kg、过磷酸钙50 kg、氯化钾20 kg硫酸镁10 kg;第3次,10月下旬、11月上旬亩施碳铵60 kg、钙镁磷40 kg,氯化钾20 kg,此外,每半个月根外追肥1次,喷施0.2％～0.3％的零售二氢钾＋1％尿素＋2％硫酸镁。芽苗种植1年后,以根外追肥为主,根际施肥为辅,根外追肥每半个月1次,花蕾前喷施硫酸钾0.75～1.0 kg＋1.0 kg尿素兑水50 kg;吐蕾至采收前喷施3％硫酸钾＋2％尿素＋1％硫酸镁肥液50 kg。根际追肥。

重点抓好3次追肥:

第1次,于11月份施花芽分化肥,以磷钾肥为主,适量控制氮肥用量。

第2次,于12月份至1月间施催蕾肥,每株施农家肥10～15 kg,磷肥0.5 kg。

第3次,于4～5月份施攻果催芽肥,此期以中量氮、高量钾促进果实长大、提高果实品质。

7. 葡萄

葡萄施肥量与施肥时期一览表见表 3-2-4。

表 3-2-4 葡萄施肥量与施肥时期一览表

树龄＼主要施肥时期	萌芽肥	花前肥	壮果肥	采后肥	根外追肥
幼龄树	定植时,苗木根系要注意勿与肥料直接接触以避免烧根死苗。施肥时要薄肥勤施,并以低浓度液肥为主,第一次施肥在幼树新梢长至 6～8 片叶后施入,以后每隔 10～15 d 追肥 1 次。人粪尿兑水的比例为 1∶4,以后过渡到 1∶3。定植后第二年,亩施纯氮 7～9 kg,P_2O_5 2.5～4.5 kg,K_2O 7～10 kg				
结果树	结合松土施肥,以速效氮为主,亩施尿素 7.5～15 kg	氮肥、钾肥分别占总施肥量 30%、15%,于抽梢后至开花前,亩施复混肥 15～25 kg	氮肥、钾肥分别占总施肥量 40%、55%。第一次在浆果绿豆大小时坐果稳定后,亩施复混肥 30 kg;第二次在浆果着色初期,亩施硫酸钾 10～15 kg,酌量加以氮肥	有机肥、微肥、磷肥 100%,氮、钾肥各 30%(树势旺的可不施氮肥,树势弱的应适度增施氮肥)在此时施用,一般于采果后 5～10 d 施下。实际操作时可用农家肥 3 000～4 000 kg,钙镁磷肥 10～18 kg,磷酸二氢钾 5～10 kg,与土壤搅拌混匀后回填踩实,浇透水	a. 开花前以 0.3% 尿素＋0.05%～0.1% 硼酸＋0.2%～0.3% 硫酸锌喷施以提高坐果率 b. 盛花期以 0.05%～0.1% 硼酸或 0.1%～0.2% 喷施 c. 在浆果着色成熟前和枝蔓加粗时,以 0.3% 磷酸二氢钾叶面喷施 2～3 次,可提高果实甜度

8. 苹果

(1)施肥时期。

a. 基肥:苹果树一般在秋季施,尤其以早秋采果后至落叶前施最好。基肥以迟效性有机肥料为主,常用的有牲畜圈粪或其他有机肥料,同时配合速效氮肥、磷肥和钾肥等。

b. 追肥:苹果树每年需要追肥 2～3 次。一般有以下几个时期:

发芽前后。对弱树、老树和结果多的树,追施速效性氮肥,有促进新梢生长和提高坐果率的作用。但对初果的树,这个时期可不追,以免引起新梢旺长,导致严重的生理落果。

花芽分化前追肥。除施氮肥外,适当增加磷肥。这个时期追肥,有利于养分物质的合成和积累,可促进花芽分化和果实的生长。

果实膨大期追肥。以磷、钾肥为主,这个时期追肥主要是加强树体后期的养分物质积累,充实花芽,促进果实膨大,增加产量,提高果实品质。

除土壤追肥外,也可结合果园喷药进行根外追肥,喷施浓度在化学肥料项目中已讲过,可参考。

(2)施肥量。施肥量应根据树龄大小、结果多少、树势强弱、土壤肥力高低及历年施肥水平来确定。一般成龄树、结果多的树、生长弱的树、土壤瘠薄的果园,应适当多施;反之可适当减少。综合一些丰产果园的施肥经验,苹果树的施肥量大体如表 3-2-5 所示。

表 3-2-5　苹果树施肥量参考值　　　　　　　　kg/株

树龄(年)	产量	土粪	追肥		
			硫铵	过磷酸钙	草木灰(干)
1～5	0～25	50～100	0～0.25	0.5～1	—
6～10	25～50	100～150	0.5～1	1～1.5	1～1.5
11～15	50～100	150～200	1～2	2～3	2～3
16～20	100～150	200～300	2～3	3～4	3～4
20 年以上	150～200	300～400	3～3.5	4～5	4～5

因为肥料品种繁多,质量也有差异,土壤肥力和树体营养状况也不同,所以肥料用量变幅较大,效果悬殊。上述表格只供一个大致参考,各地可结合具体情况参照应用,特别是应试验观察,并总结当地丰产果园施肥经验,逐步探索出适合自己果园的施肥量。

9. 梨

(1)基肥:梨树应适当深施基肥,防止根系上浮。施肥量:基肥以有机肥为主,化肥为辅,用量占全年施肥量的 40% 左右。基肥秋施比春施好,早秋施比晚秋和冬季施好。这是因为:一是此时正是根系生长高峰,能使受伤根系早愈合,并促发大量新的吸收根。二可促进根系吸收养分和叶片光合作用,增加贮藏营养水平,提高花芽质量和枝芽充实度,从而提高抗寒力,效果极佳。三是有机肥秋施,经过冬春腐熟分解,肥效能在春季养分最紧张的时期,得到最好的发挥。而若冬施或春施,肥料来不及分解,易导致春季需肥时有劲使不上,秋梢旺长的现象。为满足后期生长需要,还应配合施用磷、钾肥和速效性氮肥,同时结合灌水,以增进肥效。

(2)追肥:梨树在年周期生长中,对氮、磷、钾三要素的吸收动态与苹果树基本相似,但氮、钾的吸收高峰早于苹果树,因此梨树追肥要早施。一般分为3次:萌芽肥、花前或花后肥、花芽分化肥。此外,在每次采果前,还可酌情进行根外追肥。一年中,一般每株施氮(N)225 g。

花前追肥:多在早春后开花前施用,能促进萌芽,使开花整齐,减少落花落果,促进新梢健壮生长,施用的肥料以氮肥为主,占年施肥量的20%左右,若基肥的施用量较高或冬季施用的基肥,花前肥可不施或少施。

花后追肥:多在谢花之后施用,能有效提高坐果率、改善树体营养、促进果实前期的快速生长。用量占年施用量的10%左右。

果实膨大期追肥:在果实再次进入快速生长期之后施用,此时追肥对促进果实的快速生长,促进花芽分化,为来年生产打好基础具有重要意义。施肥用量约占年施用量的20%~30%。

如果梨园的树冠出现黄叶,这一般是缺铁的症状,及时喷施硫酸亚铁溶液或液体微肥能够矫正,从而避免减产。

(3)注意养分平衡,实行平衡施肥,才能保证果品的良好风味。

10. 桃

(1)基肥的施用。根据桃树不同品种的差异,基肥最好在果实采摘后尽快施入,如当时不能及时施肥,也可在桃树落叶前1个月左右施入。在基肥的施用中,最好以有机肥为主,氮、磷、钾肥配合施用。

氮肥用量可根据树龄的大小和桃树的长势,以及土壤的肥沃程度灵活确定。一般基肥中氮肥的施用量占年总施肥量的40%~60%,每株成年桃树的施肥量折合纯氮为0.3~0.6 kg(相当于碳酸氢铵1.7~3.4 kg或尿素0.6~1.3 kg或硝酸铵0.9~1.9 kg)。

磷肥主要作基肥施用,如果同时施入较多的有机肥,每株折合纯五氧化二磷为0.3~0.5 kg(相当于含磷量的15%的过磷酸钙2~3.3 kg或含磷量40%的磷酸铵0.75~1.25 kg)。

钾肥施用量折合纯氧化钾为0.25~0.5 kg(相当于含氧化钾量50%的硫酸钾0.5~1 kg或含氧化钾量60%的氯化钾0.4~0.8 kg)。注意施肥时不要靠树体太近,施肥时要适当与土壤混合,以免造成烧根。土壤含水量较多、土壤质地较黏重、树龄较大、树势较弱的桃树,在施用有机肥较少的情况下,施肥量可取高量;反之则应减少用量。

(2)促花肥的施用。促花肥多在早春后开花前施用,施用的肥料以氮肥为主,占年施肥量的 10% 左右,多结合开春后的灌水同时进行,每亩的氮肥用量以纯氮计为 2～5 kg(合尿素为 4.3～10.9 kg 或碳酸氢铵 11～28.6 kg)。若基肥的施用量骄高或冬季施用的基肥,则促花肥可不施或少施。

(3)坐果肥的施用。坐果肥多在开花之后至果核硬化前之间施用,主要是提高坐果率、改善树体营养、促进果实前期的快速生长。施肥以氮肥为主,配合少量的磷钾肥。用量占年施用量的 10% 左右,每亩的氮肥用量以纯氮计为 2～5 kg(合尿素为 4.3～10.9 kg 或碳酸氢铵 11～28.6 kg)。

(4)果实膨大肥的施用。果实膨大肥以氮钾肥为主,根据土壤的供磷情况可适当配施一定量的磷肥。施肥用量占年施用量的 20%～30%,每亩的氮肥用量以纯氮计为 4～10 kg(合尿素为 8.6～20.8 kg 或碳酸氢铵 22～57.5 kg);钾肥的每亩施用量以氧化钾计为 6～15 kg(约合含氧化钾量为 50% 的硫酸钾 12～30 kg 或含氧化钾量为 60% 的氯化钾 10～25 kg)。根据需要可配施含五氧化二磷 14%～16% 的过磷酸钙 10～30 kg。

桃树对微量元素肥料的需要量较少,主要靠有机肥和土壤提供,如有机肥施用较多,可不施或少施;有机肥施用较少的可适当施用微量元素肥料。实际的微肥用量以具体的肥料计作基肥施用为:硼砂亩用量 0.25～0.5 kg,硫酸锌亩用量 2～4 kg,硫酸锰每亩用量 1～2 kg,硫酸亚铁亩用量 5～10 kg(应配合优质的有机肥一起施用,用量比为有机肥与铁肥 5：1),微肥也可进行叶面喷施,喷施的浓度根据叶的老化程度控制在 0.1%～0.5%,叶嫩时宜稀,叶较老时可浓一些。

11.枣的施肥技术要点

(1)秋施基肥。基肥时一年中长期供应枣树生长与结果的基础肥料,在秋季枣树落叶前后施基肥为好。施肥量一般占全年施肥量 50%～70%,一般 1～3 年树株施有机肥 10～12 kg,4～8 年树施有机肥 20～50 kg,过磷酸钙 1～2 kg,尿素 0.2～0.5 kg,8～10 年的树株施有机肥 50～100 kg,适当配施化肥。

(2)追肥。

萌芽肥:在萌芽前 7～10 d 施入,成龄结果树株施三元复合肥 1.5 kg。

花期肥:在枣树开花前施入以氮肥为主,用 0.3%～0.5% 尿素叶面喷施。

助果肥:株施 40% 氮磷钾复合肥 1.5～2.0 kg。

后期追肥:叶面喷施 0.2%～0.3% 磷酸二氢钾加 0.3%～0.5% 尿素,2 次;果实采收后喷 0.4% 尿素,延缓叶片衰老,增加树体营养累积。

12.草莓的施肥技术要点

(1)施足基肥。9 月初定植前,结合整地亩施优质有机肥 1 500～2 000 kg,饼肥 100 kg,硫酸钾型符合肥 75～100 kg,硫酸钾 25 kg。

（2）合理追肥。

第 1 次（定植 20 d,9 月中下旬），亩施腐熟饼肥 10～15 kg 与尿素 5～7.5 kg,配成液肥淋施。

第 2 次（10 月上旬,第 1 次追肥 10 d),亩用尿素 5 kg,复混肥（15-15-15）7.5 kg 配成水肥淋施。

大量结果后,为尽快恢复植株生长,应根据采果量决定追肥数量,多采多施,少采少施。

（3）根外追肥。草莓生长中后期,根据长势情况,可进行根外辅助施肥。一般以 0.3%～0.5%尿素＋0.3%～0.5%磷酸二氢钾＋0.1%～0.3%硼酸＋0.03%硫酸锰＋0.01%的钼酸铵等喷施 3～4 次,可提供坐果率,增长单果重,改善果实品质,延长结果期。喷肥时间宜在阴天或晴天傍晚。

13.猕猴桃的施肥技术

（1）基肥:一般提倡秋施基肥,采果后早施比较好。根据各品种成熟期的不同,施肥时期为 10～11 月份,施基肥应多施入有机肥,如厩肥、堆肥、饼肥、人粪尿等,同时加入一定量速效氮肥,根据果园土壤养分情况可配合施入磷、钾肥。基肥的施用量应占全年施肥量的 60%。

（2）萌芽肥:一般在 2、3 月份萌芽前后施入,此时施肥可以促进腋芽萌发和枝叶生长,提高坐果率。肥料以速效性氮肥为主,配合钾肥等。

（3）壮果促梢肥:一般在落花后的 6～8 月份,这一阶段幼果迅速膨大,新梢生长和花芽分化都需要大量养分,可根据树势、结果量酌情追肥 1～2 次。该期施肥应氮、磷、钾肥配合施用。还要注意观察是否有缺素症状,以便及时调整。

施肥量与比例。根据树体大小和结果多少以及土壤中有效养分含量等因素灵活掌握。一般年早春 2 月和秋季 8 月采果后分 2 次施入,以堆肥、饼肥、厩肥、绿肥为主,配施适量尿素、磷肥和草木灰等。据陕西的经验,基肥施用量:每株幼树有机肥 50 kg,加过磷酸钙和氯化钾各 0.25 kg;成年树进入盛果期,每株施厩肥 50～75 kg,加过磷酸钙 1 kg 和氯化钾 0.5 kg。幼树追肥采用少量多次的方法,一般从萌芽前后开始到 7 月份,每月施尿素 0.2～0.3 kg,氯化钾 0.1～0.2 kg,过磷酸钙 0.2～0.25 kg;盛果期树,按有效成分计一般每亩施纯氮 11.2～15 kg,磷 3～3.5 kg,钾 5.2～5.7 kg。

（4）叶面喷施:又叫根外施肥,即将一定浓度的肥料水溶液均匀喷洒在叶片上。根外追肥方法简单易行,用肥量小,肥效发挥快,可避免某些营养元素在土壤中的固定或淋失损失;叶面喷施肥料在树冠上分布均匀,受养分分配中心的影响小,可结合喷药、喷灌进行,能节约劳力,降低成本。猕猴桃叶面喷肥常用的肥料种类和浓度如下：尿素 0.3％～0.5％，硫酸亚铁 0.3％～0.5％，硼酸或硼砂 0.1％～0.3％，硫酸钾 0.5％～1％，硫酸钙 0.3％～0.4％，草木灰 1％～5％，氯化钾 0.3％。叶面喷肥最好在阴天或晴天的早晨和傍晚无风时进行。

14.板栗的施肥技术

(1)幼树施肥。7 年生以下的幼树，按照"勤施淡施，次多量少，先少后多，先淡后浓"原则，施肥间隔的时间要短，浓度要淡，次数要多，肥量要少，随着树龄的增大而减次增多增浓。一般 1～3 年生树，2 月初至 5 月底，每隔 40～45 d 施一次速效氮肥，每次每株施腐熟清人畜粪尿 15～20 kg 或尿素 20～30 g，以促进枝叶萌发和生长。6 月初至 8 月底，每隔 40～45 d 施一次氮磷钾全肥，每次每株施三元复合肥 30～40 g，以促进枝梢发育老熟充实。4～7 年生树，在 2～8 月每隔 2 个月追肥一次，依然前期以氮为主，钾为次，磷再次，中后期施氮磷钾三元复合肥，但肥量应随树龄的逐年增大而同步增多。氮磷钾全年的施用比例，以 1：0.7：0.8 为宜。每年 4 月和 6 月各喷一次 300～350 倍硼砂水，促其提早投产。进入第 4 年生长后应用全环状沟或对称挖条状沟施基肥。

(2)大树施肥。结果大树一年应施肥三次，全年所需氮磷钾比例约为 1：0.85：0.9。

花前肥：在萌发后开花前的 3 月，结合灌春水施入，每株施腐熟清人畜粪尿 100～120 kg，或尿素 350～400 g，以促进发叶抽梢、开花结果，提高坐果率和产量。

壮果肥：在果实迅速膨大期施，每株施氮磷钾三元复合肥 800～1 000 g，以促进果实发育，提高品质。

基肥：供给栗树全年生长发育的基础肥料，要求元素齐全，比例协调，肥量大，浓度高，适时施。肥料用厩肥、堆肥、土杂肥、经过沤制加工的垃圾肥、糖泥、绿肥、饼肥均可，含有效磷、硼少的红壤或黄壤地，加施适量化学磷肥和硼砂。一般树势中庸、肥力中等、结果较多的树，每株施腐熟厩肥 80～100 kg，过磷酸钙 3～4 kg，硼砂 100 g。以采果后的 9～10 月施入最佳。方法用半环沟、辐射沟、扇形坑和条状沟，根系已布满全园的树，用行间开沟或全园撒施翻埋。

此外，不论小树大树，在生长期的 5～7 月，应结合防治病虫喷施农药，加入锰、镁元素混喷，以补充微肥，其浓度为硫酸锰 3 500 倍，硫酸镁 2 500～3 000 倍。硼砂在盛花期喷布，以 300～350 倍为宜。

另据报道，板栗复合肥最佳配方为 12.4-7.75-6.3-0.4(B)-0.3(Zn)-0.3(Mg)，3 年龄树施肥量为株施 0.5 kg（按树冠投影面积 0.05 kg/m²），大树适当增加，于 3 月中下旬或 5 月下旬根际施用。

15.山楂的施肥技术

(1)幼树施肥技术：定植后 30 d 左右，可开始施肥，最好以农家肥料为主。第一年种下的小树,每株可用鸡粪 2.5～5 kg,复合肥 0.25～0.5 kg,花生麸 0.25～0.5 kg,全部肥料放入坑后盖好土再用杂草覆盖起到保肥保水作用。每一季度施肥一次,以水肥为主。

及时施有机肥做基肥,以补充树体营养。每亩开沟施有机肥 3 000～4 000 kg,加施尿素 209 g、过磷酸钙 50 kg、草木灰 500 kg。每年施 3 次追肥,在树液开始流动时,每株追施尿素 0.5～1 kg。谢花后每株施尿素 0.5 kg。在花芽分化前每株施尿素 0.5 kg、过磷酸钙 1.5 kg、草木灰 5 kg。

(2)成龄山楂的施肥技术。一般成年山楂的肥料施用量的范围是,每株果树的年肥料用量为:氮肥以纯氮计为 0.25～2 kg,磷肥以五氧化二磷计为 0.3～1.0 kg,钾肥以氧化钾计为 0.25～2.0 kg。山楂是高产果树,3 年龄以上的果树,一般株产 50 kg 以上。因此,山楂施肥要充分满足果树的营养需要,山楂的施肥时期主要有基肥、花期追肥、果实膨大前期追肥、果实膨大期追肥。一般每株共需施有机肥 25 kg,氮、磷、钾三元复合肥 5 kg,微量、中量元素肥 0.2 kg,其中基肥占 60%,在 11～12 月结合土壤扩穴与泥土拌匀施下,促花肥、壮果肥各占 20%。

基肥:最好在晚秋果实采摘后及时进行,这样可促进树体对养分的吸收积累,有利于花芽的分化。基肥的施用最好以有机肥为主,配合一定量的化学肥料。化学肥料的用量为:作基肥的氮肥,施用尿素 0.25～1.0 kg 或碳酸氢铵 0.7～5.0 kg;磷肥全部作基肥,相当于施用含五氧化二磷 16% 的过磷酸钙 1.2～6.0 kg。基肥中的钾肥用量一般主要为 0.25～2.0 kg 的硫酸钾或 0.25～1.5 kg 的氯化钾,具体施用量根据果树的大小及山楂的产量确定。开 20～40 cm 的条沟施入,注意不可离树太近,先将化学肥料与有机肥或土壤进行适度混合后再施入沟内,以免烧根。

花期追肥:以氮肥为主,一般为年施用量的 25% 左右,相当于每株施用尿素 0.1～0.5 kg 或碳酸氢铵 0.3～1.3 kg。根据实际情况也可适当配合施用一定量的磷钾肥。结合灌溉开小沟施入。

果实膨大前期追肥:主要为花芽的前期分化改善营养条件,一般根据土壤的肥力状况与基肥、花期追肥的情况灵活掌握。土壤较肥沃,基肥、花期追肥较多的可不施或少施,土壤较贫瘠,基肥、花期追肥较少或没施的应适当追施。施用量一般为每株 0.1～0.4 kg 尿素或 0.3～1.0 kg 碳酸氢铵。

果实膨大期追肥:以钾肥为主,配施一定量的氮磷肥,主要是促进果实的生长,提高山楂的碳水化合物含量,提高产量、改善品质。每株果树钾肥的用量一般为硫酸钾 0.2～0.5 kg,配施 0.25～0.5 kg 的碳酸氢铵和 0.5～1.0 kg 的过磷酸钙。

山楂对微量元素肥料的需要量较少,主要靠有机肥和土壤提供,如有机肥施用较多,可不施或少施微量元素肥料,有机肥施用较少的可适当施用微量元素肥料,实际的微肥用量以具体的肥料计作基肥施用为;硼砂亩用量 0.25～0.5 kg,硫酸锌亩用量 2～4 kg,硫酸锰亩用量 1～2 kg,硫酸亚铁亩用量 5～10 kg(应配合优质的有机肥一起施用,用量比为有机肥与铁肥 5∶1),微肥也可进行叶面喷施,喷施的浓度根据叶的老化程度控制在 0.1％～0.5％,叶嫩时宜稀,叶较老时可浓一些。

16.果树施肥方法

(1)土壤施肥法。果树对肥料的吸收主要靠根系中的根毛来完成,因此在根系集中分布区施肥是提高肥效的关键之一。果树的地上部和地下部存在着一定的相关性。一般情况下,水平根的分布范围约为树冠径的 1～2 倍,但绝大部分集中于树冠投影的外缘或稍远处。其垂直分布,随树种、土质、管理水平而有差异。一般苹果、梨、核桃、板栗、葡萄等的根系分布较深,可达 70～80 cm,但 80％以上的根系集中于 60 cm 左右的土层中,桃、杏、李、樱桃的根系分布较浅,绝大部分在 40 cm 左右的土层中。

全园施肥法:在果园已封行,根系已布满全园时使用,将肥料撒于地面后深翻 30 cm,因施肥浅,易造成根系上浮,宜与其他施肥法交替使用。

环(条)状沟施肥:在树冠外缘南北或东西对称挖环(条)状沟,深 20～40 cm,宽 30～50 cm,施入肥料后覆土,注意每年轮换方位,逐年往外扩移(图 3-2-1)。

放射状施肥法:在距树干 1 m 外顺根生长方向挖 4～8 条宽 30～50 cm 的沟,施肥后盖土,次年更换位置,扩大施肥范围(图 3-2-2)。

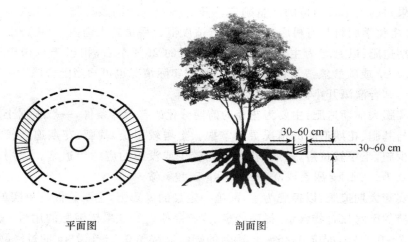

平面图   剖面图

图 3-2-1 果树环状施肥示意图

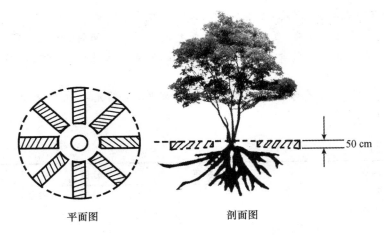

平面图　　　　　　　　　　剖面图

图 3-2-2　果树放射状施肥示意图

穴状施肥法:在树冠滴水线外均匀挖 10～20 个上口直径 30 cm、下口 20 cm、深 40～50 cm 的锥形穴,穴内填以枯叶杂草,以塑料布盖口,每次施肥、浇水均在此穴内进行,此法可减少肥料的固定。

以水带肥法:又称为灌溉式施肥发,即将肥料溶于水中,随灌水一道施入,目前广泛推广的水肥一体化膜下滴灌施肥法即为此法的升级应用。时间证明:任何形式的灌溉式施肥,由于水肥供应及时,肥料分布均匀,既不伤根系,又保护耕作层的土壤结构,节省劳动力,肥料利用高,也可以提高产量和品质,同时还降低了生产成本,提高了劳动生产效率。

(2)根外追肥法。指将一定浓度的肥料溶液直接喷洒在果树叶片上,利用叶片气孔和角质层吸肥特性达到施肥目的。这种施肥法具有用肥省、肥效快、肥料利用率高等优点。传统的喷肥是人工操作,比较费工费时,而现在农用无人机的使用正悄无声息地渗透和改变人们的作业方式。如果你是个农场主,想想是不是觉得有点酷?请看如下报道。

西部网讯(通讯员 高翔 郭艳梅)2014 年 6 月 17 日,在太白县农机推广站门前,一架农用无人直升机在工作人员的娴熟遥控下,在空中来回穿梭,别看它小,干起活来相当厉害,它 1 h 能喷洒 30 亩。据太白县农机推广站工作人员郭艳梅介绍,该飞机喷洒农药均匀,能快速有效地抑制病虫的传播。据了解,这架无人直升机轴距长 1.05 m,空机重量仅 4 kg,最多可装载农药 10 kg,采用锂电池供电,作业高空 10～20 m,价值 8.5 万元。与传统农业机械相比,普通农民用电动喷雾器 1 h 能给 2 亩农田喷药,而无人飞机 1 h 可以喷洒 30 亩。无人直升机在田间每小时作业人工和农药成本约 15 元,远远小于人工喷药成本。

此外,农药与人分离,可以最大限度保护人体健康。同时,它也不受地势限制,田间、山上均可喷洒。它除了能施药,还能根据需要进行施肥、播种、辅助授粉等多项作业。

可以预料,随着科学技术和中国智造的发展,电动无人机在农业上的应用前景将越发广阔。

【任务评价】

评价内容	评价核标准	分值	评价人	得分
寻找教学现场	识别主栽果树品种	10 分	组内互评	
了解果树营养特性	说出果树吸收养分规律,需肥量及三要素比例	20 分	教师	
制订施肥方案	能正确制订果树施肥量、施肥时期、施肥方法	20 分	师生共评	
确定施肥位置,挖施肥沟	位置确定准确,施肥沟挖掘规范	30 分	教师	
施肥、拌土、覆土	用肥沃表土拌肥,覆平土表	10 分		
团队协作	小组成员间团结协作	5 分	组内互评	
职业素质	责任心强,学习主动、认真、方法多样	5 分	组内互评	

【任务拓展】

一、果树的营养特性

(1)终生在同一位置上生长。果树为多年生作物,一经定植,就终身固定在同一个位置生长发育,土中的养分缺乏、失衡会愈发严重,根系分泌物累积会反过来抑制根系生长,且这无法与 1～2 年生的植物那样,可通过轮作加以解决,而只能通过合理的土壤改良与施肥来克服了,具体方法为,在果树定植之前,高质量挖掘定植穴(沟),将有机肥、化肥(磷肥等)与肥沃表土混匀后施入再定植果苗,若果园土壤中含较多、较大的砾石或其他渣砾,则应去除后换以肥沃土壤;以后逐年施用有机肥扩大改土范围。不论是任何果园,定植时都应抓好施肥改土、以后逐年扩穴深耕,这是一个极具战略意义的环节,应予以高度重视。

(2)树体营养贮藏极其重要。果树树体内贮藏着大量的、可在各组织器官间调剂使用的营养物质,可较长时间的供应果树花芽分化和枝叶发育所需。例如,果树开花时所用的营养就是树体在头一年或前几年所贮藏的,因此要维持果树树体一定水平的营养贮藏,就必须在保持适当产量的同时,合理的施肥。

（3）根系分布广而深。果树多为乔木，小乔木植物，根系分布广而深，故施肥宜深施于吸收根分布密集的树冠滴水线稍远处，以利于果树根系对养分的吸收，促进果树根系向纵深伸展，扩大根系的吸收面积，为果树的丰产奠定基础。

（4）繁殖方式复杂。果树大多是嫁接繁殖的，其根系为砧木的根系，不同种类的砧木根系吸收养分的能力、适应环境的能力都是不同的。故在实际中，同一果园同一品种的果树也会因砧木种类不同而表现强弱不同的长势。

二、测土配方施肥是一项综合性技术体系

植物生长发育需要水分、养分、光照、空气、热量（温度）五大因子，作物产量当然也是上述五大因素综合作用的结果，涉及植物、土壤、肥料及其他环境条件，这些环境条件都会对植物吸收养分产生影响，进而影响施肥的效果，这就是因子综合作用律。

由此可见，测土配方施肥虽然以确定不同养分的施用量为主要内容，但为了充分发挥肥料的最大增产效益，施肥必须与肥水管理、耕作制度，气候变化等影响肥效的诸因素相结合，同时配方肥料生产要求有严密的组织和系列化的服务，形成一套完整的施肥技术体系，故配方施肥就不是一个孤立的行为，而是农业生产中的一个环节，具有极强的综合性，要使施肥获得理想效果，就必须考虑与其余的因子的配合。例如，在干旱的地区、土壤或季节，若只施肥不灌水，肥效则难以发挥，只有在施肥的同时结合灌水，在水的参与下，作物才能实现对养分的吸收利用。这说明在生产中，施肥必须与其他农业技术措施（灌溉、中耕、病虫防治等）配合，或者各种肥料（有机肥、氮肥、磷肥、钾肥及微肥）配合施用，才能充分发挥肥料的增产作用。

现以阳朔金橘品牌打造措施为例说明这个问题。

阳朔金橘甲天下是如何成就的

以"栽培面积 18.1 万亩，占全县水果面积的 64.3%，约占全国金橘面积的55.3%。年总产量达到 21.6 万吨，占全县水果产量的 60.3%，约占全国金橘产量的 64.5%，年产值达 14.8 亿元"享誉全国的桂林阳朔金橘产业，目前已连续获得农业部首批"无公害农产品"认证、国家地理标志产品保护（图 3-3-3）、"消费者最喜爱的中国农产品区域公用品牌"、广西金橘之乡等称号，该县现有金橘已经成为全国效益最好、品质最优、面积最大的金橘产区。中国工程院院士袁隆平曾欣然为之题词："中国金橘第一县"。2014 年 12 月 30 日，在北京召开的金橘国家标准审定会上，经专家严格审核，一致通过了阳朔县制定的金橘生产标准，形成报批稿上报国

标委备案,预计 2015 年 5 月份发布,至此,阳朔县终于成就名副其实的"阳朔金橘甲天下"的美誉。

那么,甲天下的阳朔金橘产业是如何打造的?金橘果农对于自产的金橘以前是"不想吃(因为品质不理想),现在是舍不得吃(因为品质好,畅销且卖价高)",实现这个历史性跨越,当地采取的主要措施有下面几项:

1. 测土配方施肥与水肥一体化相结合,为果品优质奠定基础

该县金橘在肥料施用上以鸡粪、猪牛粪、花生麸、菜子麸、桐麸等有机肥为主,化肥为辅。在收果后即可开始进行,到 3 月上旬结束,标准为株施有机肥 30～50 kg,复合肥 0.5～1 kg,方法为于树冠滴水线下开宽 50 cm,深 30～40 cm 的圆形或半圆形施肥沟,将肥料与土拌匀后填回坑内,除在早春果实采收后重施有机肥外,在 6～9 月的果实生长期每隔 15 d 左右淋施腐熟麸水或沼液 1～2 担。在春梢萌芽前的 15～20 d,每株施尿素 100～200 g,过磷酸钙 1 kg。

在配方施肥的基础上,该县把配方施肥与水肥一体化喷灌、微喷灌、膜下滴灌等节水灌溉施肥技术结合起来,实现节水 50％～70％,节肥 20％～30％,增产 10％以上,每亩增收 1 000 元左右。以前,一株金橘在旱季浇上 25 kg 水,保湿不到两天就蒸发了,而使用滴灌技术后,一斤水可管一株果树一个星期。给果树下一次肥,以往要请 10 个劳动力花 10 多天才能完成,现在请 3 个人用两天时间就大功告成。通过滴灌施肥,肥料直输到果树根部,可以提高金橘品质和产量。如蕉芭林村赖玉梅 180 亩的金橘全部采用世界上最先进的全自动化滴灌施肥技术,2012 年产金橘 560 多 t,亩产量同比增加了 300 kg,增加收入 80 多万元。

2. 金橘树冠盖膜,避雨防寒,确保果品优质

由于金橘果实皮薄汁多,在着色后如遇连续几天的中到大雨,极易引起大量裂果,而每年在金橘进入着色期后,都会有好几次中到大雨天气,因此而引起的金橘裂果率达 20％～30％,严重的年份达 70％以上,有的果农甚至因裂果而绝收,造成惨重的损失。

为解决金橘雨后裂果这一难题,在金橘果实着色后,在下雨前 3～5 d,用农膜将金橘树树冠进行覆盖(图 3-2-3)。

(1)金橘树冠盖膜取得的成效。

①避雨。阳朔金橘皮薄质脆,在成熟期遇小雨就造成裂果,伤口感染病菌后落果,对产量影响极大。盖膜后,果实接触不到雨水,减少了裂果、落果,可达到稳产高产的目的。

图 3-2-3　阳朔金橘"三避"栽培示范基地一角

②避寒。树冠盖膜除了能抵抗霜雪的直接危害外,因树冠内及行间有塑料薄膜包裹,还可避风保温防寒。

③有利果实着色、增甜。金橘树冠盖膜后,树冠内昼夜温差大,有利于糖分累积,促进着色。此外,改善了树冠小气候水分,根部吸收水分相对减少,减少了氮素的吸收,促进磷、钾的吸收,果实糖分高、质脆肉甜。

④防病虫、少用农药。树冠盖膜后,树冠内温度相对高于气温,但达不到病虫害繁殖适宜温湿度。实际生产中,盖上膜以后都很少喷施农药。

⑤防污染。树冠盖膜后,果实与外界隔开,空气中尘土等污染物不易落到果实表面上,果实光滑透亮。

⑥果品综合质量好,销售价格高。树冠盖膜后进行完全成熟栽培,完全着色后才采收。这时的金橘果实色泽金黄亮丽,皮脆肉甜化渣,深受消费者喜爱。

⑦延长市场供应期。树冠盖膜后,果农不用担心裂果、落果,等到果实充分成熟后才采收上市销售,有效地延长了鲜果市场供应期。金橘的鲜果供应期从当年的10月上中旬开始,一直延续到次年的4月底,因此,金橘的留树鲜果期可长达半年,为当前国内以鲜果上市供应时间最长的柑橘类品种。

(2)盖膜时间的选择。盖膜要选择恰当时期,盖膜过早,根部吸收水分少,影响后期果实膨大,盖膜过晚,果实吸收水分过足易裂果,因此,最佳的盖膜时间应为果实进入着色期第一场雨过后第二场雨到来之前(累计雨量≤10 mm),一般为每年的 10 月下旬左右。

（3）盖膜前的准备。

①材料的准备。在 10 月上旬的果实着色前立好桩子，固定拱架，备好供膜，塑料绳等。

②膜的选用。选用生产上常用的塑料大棚膜，最好用抗老化膜，厚度为 0.06～0.08 mm，隔度 3～12 m。每 3～4 年换膜一次。

③病虫防治。盖膜前 2～3 d，进行一次综合的病虫预防。常选用长效杀螨剂（如尼索朗、四螨嗪等）加广谱杀菌剂（多菌灵、咪鲜胺等）混合使用，全园进行均匀、彻底喷雾防治。

（4）覆膜的方式。山区果农的盖膜方式依各自的经济条件、树种、树龄、果园地势、架材来源等不同而不同，常用的有以下几种方式。

①直接覆膜式。将膜沿行向直接覆盖在树冠上，两则用绳子拉紧，固定在另一行的树干上。常用于幼龄的果园或树冠高大的老果园。优点：经济、简易、省工省料。缺点：顶部枝叶易折断，高温时被烫死，膜易被刺破，不抗风。

②倒"U"形拱架式。在果树的两旁各打一个桩，选一长竹片，拱成倒"U"形，两端绑缚在桩上，再在架上盖膜。优点：不伤果及枝叶，比较牢固、抗风。缺点：费材、费工。

③倒"V"形架式。沿行向在行间生隔一定距离立一长柱，高度以高出树冠顶部 20 cm 以上，在柱间架一长条竹或拉一铁丝，将膜盖在架上，两侧拉绳固定，使膜形成倒"V"形。常用于树冠比较矮小的果树。

④拱棚式。与常规的蔬菜大棚相同，两行果树入一棚，棚的长度依行长而定。优点：相当牢固，抗风雪，不但能避雨，还能保温。缺点：费工费材，不适用于树冠高大的老果园。

所以，以倒"U"形拱架式和倒"V"形架式最为实用。

（5）盖膜后的管理。

①加强检查。特别是在大风后及雨水来临前，检查膜是否被吹翻、划破、撕裂，及时修补、固定。

②揭膜防晒。采用直接覆膜方式的，在气温高的太阳天要揭膜通风防晒，傍晚温度下降时注意盖回。

③防虫防病。在盖膜后第一个月，遇气温高的年份，注意检查红蜘蛛，达到 3～5 头/叶时用药防治。

④防霜冻。在霜冻期，树冠较矮及地势平坦的果园，盖膜后仍有可能遭受霜冻的袭击，还要采用常规的防霜方法。

3. 经营组织化，发展金橘标准化种植

为确保各项技术措施准确到位，该县一是通过"公司＋家庭农场"方式与示范区农户合作，二是培育农民专业合作社，推广避雨避寒避晒增产优质、滴灌和果园留草防旱抗旱、"捕食＋诱虫灯＋黄板"生态防治病虫害等栽培技术，实行统一培训，统一采购和使用农资，统一品牌、包装和销售，统一产品和基地认证等生产金橘。如遇龙河生态农业发展有限公司就带动农户种植金橘 600 亩；桂珠金橘专业合作社（6 户人），种植金橘 266 亩，年人均纯收入达 5 万元以上，注册了"翠羽"牌金橘产品商标，产品远销北京、上海等大中城市。

4. 装备设施化

该县投资 180 万元，硬化示范区入村道路和果园道路 8.5 km；投资 1 800 多万元，建成大批钢架保温大棚、钢架小拱棚等，推广标准化盖膜"三避"生产技术；投资近 1 000 万元，引进推广以色列技术，实施水肥一体化灌溉；投入近 500 万元，建设金橘气调贮藏库；让所有果园喷药全部采用动力机械；推广具有阳朔专利的金橘分级选果机械，机械入户率达 100%。

5. 要素集成化

该县成立了金橘试验站，引进省区研究院专家组技术团队 21 人，引道示范区生产、科研向全区、甚至全国水平发展。

6. 产业特色化

阳朔选定特有的金橘产业，配合阳朔特有的旅游资源，作为示范区的发展定位，打造具有阳朔特色的"一村一品"、"一乡一业"示范区，修建了连通四镇的新农村公路 52 公里，使之成了一主多业、一体多元的"农业休闲观光"示范区。

7. 大力实施金橘品牌保护与发展战略

近年来，阳朔县委、县政府始终把金橘产业作为提高当地农民百姓创收的重点工作来抓，包括制定出台了《关于加快阳朔金橘产业发展的若干意见（试行）》，在国家号召、市场需要与产业现代化发展进程的新形势下，进一步扩大种植面积，内部推行金橘标准化生产，保护阳朔金橘品牌、大力开展金橘种植技术培训等；对外加大市场促销力度，包括，每年在阳朔举办金橘节、漓江渔火节，继续在全国大中城市举办金橘推介会、展销会，随着 2015 新年的到来，更是委托北京中广华威国际广告传媒公司等，在 CCTV-7《农业气象》栏目中，作为唯一一家金橘产区，开窗"广西阳朔县—金橘主产区"的品牌展播工作，以及同步在 CCTV-7、CCTV-4 播出"阳朔县金橘"5 秒广告片，积极宣传和推介阳朔金橘，极大提升了阳朔县金橘在全国的公信力、美誉度和品牌价值，为进一步推进阳朔县特色产业规模化、品牌化发展注入了新的活力（图 3-2-4）。

图 3-2-4　获国家地理标志产品保护的阳朔金橘外包装

　　从阳朔金橘品牌打造过程我们可以得到启示,根据因子综合作用律,作物的高产、优质、高效,不是单独采取某一项措施即可达到的,而是需要多种措施并举,满足和协调作物对光、水、肥、气、热等诸因素的需要,让作物生活"舒服",方可实现。

任务三　主要蔬菜的施肥技术

【任务准备】

一、知识准备

(一)主要蔬菜种类

按照农业生物学分类法,可将蔬菜分为 9 类。

1. 根菜类

包括萝卜、胡萝卜、大头菜等蔬菜。它们的特点是:以肥大肉质根供食用;要求疏松肥沃、土层深厚的土壤;第一年形成肉质根,第二年开花结籽。

2. 白菜类

包括大白菜、普通白菜等蔬菜。它们的特点是:以柔嫩的叶球或叶丛供食用;要求土壤的供给充足的水分和氮肥;第一年形成叶球或叶丛,第二年抽薹开花。

3. 茄果类

包括番茄、辣椒和茄子三种蔬菜,其特点是:以熟果或嫩果供食用;要求土壤肥沃,氮、磷充足;先育苗、再定植大田。

4. 瓜类

包括黄瓜、冬瓜、南瓜、丝瓜、瓠瓜、苦瓜、菜瓜等。其特点是:以熟果或嫩果供食用;要求高温和充足的阳光;雌雄异花同株。

5. 豆类

包括豇豆、蚕豆、菜豆、豌豆、毛豆、扁豆等蔬菜,其特点是:以嫩荚果或嫩豆粒供使用;根部有根瘤菌,进行生物固氮作用,对土壤肥力要求不高;除蚕豆、豌豆外,均要求温暖气候。

6. 绿叶菜类

包括菠菜、芹菜、米苋、莴苣、茼蒿、蕹菜等蔬菜。其特点是:以嫩茎叶供食用;生长期较短;要求充足的水分和氮肥。

7. 薯芋类

包括马铃薯、芋、山药、姜等蔬菜。其特点是:以富含淀粉的地下肥大的根茎供食用;要求疏松肥沃的土壤;除马铃薯外生长期都很长;耐贮藏,为淡季供应的重要蔬菜。

8. 葱蒜类

包括葱、蒜、洋葱、韭菜等蔬菜。其特点是:以富含辛香物质的叶片或鳞茎供食用;分泌植物杀菌素,是良好的前作;大多数耐贮运,可作为淡季供应的蔬菜。

9. 水生蔬菜类

包括茭白、慈姑、藕、水芹、菱、荸荠等蔬菜。这些蔬菜生长要求肥沃土壤和淡水层。

10. 多年生蔬菜类

包括竹笋、金针菜、石刁柏(芦笋)等蔬菜。

11. 芥菜类

芥菜中,除根芥变种归为根菜类外,其余全部属于芥菜类。

12. 甘蓝类

包括结球甘蓝、花椰菜、青花菜、抱子甘蓝、羽衣甘蓝、球茎甘蓝、皱叶甘蓝和芥蓝等蔬菜。

13. 食用菌类

包括蘑菇、草菇、香菇、木耳等,有栽培的,也有野生的或半野生的。

14. 其他蔬菜类

未包括到以上种类的蔬菜,包括甜玉米、黄秋葵等。

（二）主要蔬菜的需肥特性

运用测土配方施肥技术进行科学施肥是实现蔬菜作物高产优质的重要技术，在运用测土配方技术进行科学施肥前，首先要弄清不同蔬菜作物的需肥特性。现将主要蔬菜作物的需肥特性介绍如下。

1. 果类蔬菜

（1）番茄

需肥量：每生产 1 000 kg 果实，需吸收氮 2.2～2.8 kg，磷（五氧化二磷以下同）0.5～0.8 kg，钾（氧化钾以下同）4.2～4.8 kg，钙（氧化钙以下同）1.6～2.1 kg，镁（氧化镁以下同）0.3～0.6 kg。各元素之间比例为 3.8∶1∶6.9∶2.8∶0.7。

需肥特性：番茄在不同生育时期对各种养分的吸收比例及数量不同。以氮素为例，幼苗期约占其需氮总量的 10%，开花坐果期约占 40%，结果盛期约占 50%。在生育前期对氮、磷的吸收量虽不及后期，但因前期根系吸收能力较弱，所以对肥力水平要求很高，氮、磷不足不仅抑制前期生长发育，而且它对后期的影响也难以靠再施肥来弥补。当第一穗果坐果时，对氮、钾需要量迅速增加，到果实膨大期，需钾量更大。

番茄对磷的需要量比氮、钾少，磷可促进根系发育，提早花器分化，加速果实生长与成熟，提高果实含糖量，在第一穗果长至核桃大小时，对磷的吸收量较多，其中 90% 以上存在于果实中。在番茄一生所需的养分中，钾的数量居第一位，钾对植株发育、水分吸收、体内物质的合成、运转及果实形成、着色和品质的提高具有重要作用，缺钾则植株抗病力弱，果实品质下降，钾肥过多，会导致根系老化，妨碍茎叶的发育。

（2）茄子

需肥量：每生产 1 000 kg 茄子，需吸收氮、磷、钾分别为 3 kg、0.7 kg、5 kg，其比例为 1∶0.23∶1.7。

需肥特性：茄子幼苗期对养分的吸收量不大，但对养分的丰缺非常敏感，养分供应状况影响茄子幼苗的生长和花芽分化。茄子从幼苗期到开花结果期对养分的吸收量逐渐增加，开始采收果实后茄子进入需要养分量最大的时期，此时对氮、钾的吸收量急剧增加，对磷、钙、镁的吸收量也有所增加，但不如钾和氮明显。茄子对各种养分的吸收特性也不同，氮素对茄子各生育期都是重要的，在生长的任何时期缺氮，都会对开花结实产生极其不良的影响。从定植到采收结束，茄子对氮的吸收量呈直线增加趋势，在生育盛期，氮的吸收量最高，充足的氮素供应可以保证足够的叶面积，促进果实的发育。磷影响茄子的花芽分化，所以前期要注意满足磷的供应。随着果实的膨大和进入生育盛期，茄子对磷的吸收量较少。茄子对钾的吸收量到生育中期都与氮相当，以后显著增高。在盛果期，氮和钾的吸收增多，如果肥料不足，植株生长不好。

(3)甜椒

需肥量:每生产 1 000 kg 产品,需吸收氮 2.5～3.5 kg,磷 0.4～0.8 kg,钾 4.5～5.5 kg,钙 1.5～2.0 kg,镁 1.12 kg。

需肥特性:甜椒幼苗期对养分的吸收量少,主要集中在结果期,此时吸收养分量最多。甜椒在各生育时期吸收营养元素的数量不同,对氮的吸收随生育进展稳步增加,果实产量增加,吸收量增加,对磷的吸收虽然随生育进展而增加,但吸收量变化的幅度较小,对钾的吸收在生育初期较少,从果实采收初期开始,吸收量明显增加,一直持续到结束。钙的吸收也随生育期的进展而增加,若在果实发育期供钙不足,易出现脐腐病。镁的吸收峰值出现在采果盛期,生育初期吸收较少。甜椒植株吸收的养分在各器官中的分配也随生育期不同而变化,氮素在结果期以前,主要分布在茎叶中,约占氮素吸收总量的 80% 以上,随着果实的形成膨大,果实中分配的养分数量逐步增加,从开花至采收期果实中吸收量仅占 17.2%,采收盛期为 24.4%,收获结束前高达 33.6%。吸收的钙、镁主要分配在叶片中,其次是茎与果实,根中较少。

2.瓜类蔬菜

(1)黄瓜

需肥量:亩产 5 000 kg 产品需吸收氮、磷、钾分别为 11.14 kg、7.66 kg、15.57 kg,其比例为 1.5∶1∶2。

需肥特性:黄瓜生育前期养分需求量较小,氮的吸收量只占全生育期氮素吸收总量的 6.5%。随生育期的推进,养分吸收量显著增加,到结瓜期时达到吸收高峰。在结瓜盛期的 20 多天内,黄瓜吸收的氮、磷、钾量要分别占吸收总量的 50%、47% 和 48%。到结瓜后期,生长速度减慢,养分吸收量减少,其中以氮、钾减少较明显。黄瓜各生育期对氮、磷、钾三要素吸收比例分别是:苗期 4.5∶1∶5.5;盛瓜前期 2.5∶1∶1.7;盛瓜后期 2.5∶1∶2.5。

(2)冬瓜

需肥量:每生产 1 000 kg 冬瓜,需吸收氮 1.29 kg,磷 0.61 kg,钾 1.46 kg,其比例为 2.1∶1∶2.4。

需肥特性:冬瓜耐肥力强,产量高,需要肥料也多,特别是磷肥的需要量比一般蔬菜多,钾肥需要量相对较少。

(3)南瓜

需肥量:每生产 1 000 kg 南瓜,需吸收氮 3.92 kg,磷 2.13 kg,钾 7.92 kg,其比例为 1.8∶1.3.4。

需肥特性:南瓜不同生长发育阶段对养分的吸收量和吸收比例各异。幼苗期需肥较少,进入果实膨大期是需肥量最大的时期,尤其是对氮素的吸收急剧增加,钾素也有相似的趋势,磷吸收量增加较少。据日本宫崎研究表明,南瓜从定植到拉秧的 137 d 中,前 1/3 的时间内对五要素(氮、磷、钾、钙、镁)的吸收量增加缓慢,中间 1/3 的时间增长迅速,而最后 1/3 时间内增长最为显著。全期五要素的吸收量以钾和氮最多,钙居中,镁和磷最少。产量的增加与五要素吸收的总趋势是完全一致的,也是在最后 1/3 的时间内迅速上升。

(4)丝瓜

需肥量:据测定,每生产 1 000 kg 丝瓜,需吸收氮 1.9～2.7 kg、磷 0.8～0.9 kg、钾 3.5～4.0 kg。

需肥特性:定植后 30 d 内吸氮量呈直线上升趋势,到生长中期吸氮最多。进入生殖生长期,对磷的需要量剧增,而对氮的需要量略减。结瓜期前植株各器官增重缓慢,营养物质的流向是以根、叶为主,并给抽蔓和花芽分化发育提供养分。进入结瓜期后,植株的生长量显著增加,到结瓜盛期达到了最大值,在结瓜盛期内,丝瓜吸收的氮、磷、钾量分别占吸收总氮量的 50%、47% 和 48% 左右。到结瓜后期,生长速度减慢,养分吸收减少。

(5)苦瓜

需肥量:每生产 1 000 kg 苦瓜,需吸收 5.277 kg 氮,1.761 kg 磷,6.666 kg 钾。

需肥特性:苦瓜生长期长,连续开花结瓜能力强,产量高,需肥量大;前期需氮较多,中后期以磷、钾为主。

(6)西瓜

需肥量:每生产 1 000 kg 西瓜,必须保证植株吸收氮 2.52 kg,磷 0.81 kg,钾 2.86 kg,其比例为 3.1:1:3.5。

需肥特性:西瓜一生经历发芽期、幼苗期、伸蔓期、开花期和结瓜期。不同时期对养分的需求是不同的。一般幼苗期氮、磷、钾的吸收量仅占总吸收量的 0.6%;伸蔓期占总吸收量的 14.6%;结瓜期约占 84.8%。

3.白菜类蔬菜

需肥量:每生产 1 000 kg 鲜菜,需氮、磷、钾分别为 1.77 kg、0.81 kg、3.72 kg,其比例为 2.2:1:4.6。

需肥特性:大白菜对三要素的吸收随生育期而变化,苗期为 5.7:1:12.7;莲座期为 1.9:1:5.9;包心期为 2.3:1:4.1。

4.甘蓝类蔬菜

(1)结球甘蓝

需肥量:生产 1 000 kg 结球甘蓝约需氮 3.0 kg、磷 1.0 kg、钾 4.0 kg,其比例为 3:1:4。

需肥特性:结球甘蓝是喜肥耐肥作物,对土壤养分的吸收大于一般蔬菜。在幼苗期、莲座期和结球期吸肥动态与大白菜相同。生长前半期,对氮的吸收较多,至莲座期达到高峰。叶球形成对磷、钾、钙的吸收较多。结球期是大量吸收养分的时期,此期吸收氮、磷、钾、钙可占全生育吸收总量的80%。定植后,35 d前后,对氮、磷、钙元素的吸收量达到高峰,而50 d前后,对钾的吸收量达高峰。一般吸收氮、钾、钙较多,磷较少。

(2)花椰菜

需肥量:每生产1 000 kg商品花球,需吸收氮7.7~10.8 kg,磷3.2~4.2 kg,钾9.2~15 kg。

需肥特性:花椰菜需要量最多的是氮和钾,特别是叶簇生长旺盛时期需氮肥更多,花球形成期需磷比较多。现蕾前,要保证磷、钾营养的充分供应。另外,花椰菜生长还需要一定量的硼、镁、钙、钼等微量元素。因此,在保证氮磷钾肥供应的基础上,应加强微量元素的供给。

5.根菜类蔬菜

(1)萝卜

需肥量:亩产量为4 000 kg时,氮、磷、钾、钙、镁的吸收量分别为8.5 kg、3.3 kg、11.3 kg、3.8 kg、0.73 kg,其比例为2.5∶1∶3.4∶1.2∶0.2。

需肥特性:萝卜在不同生育期中对氮磷钾吸收量的差别很大,一般幼苗期吸氮量较多,磷钾的吸收量较少;进入肉质根膨大前期,植株对钾的吸收量显著增加,其次为氮和磷,到了肉质根膨大盛期是养分吸收高峰期,此期吸收的氮占全生育期吸氮总量的77.3%,吸磷量占总吸磷量的82.9%,吸钾量占总吸钾量的76.6%。因此,保证这一时期的营养充足是萝卜丰产的关键。

(2)胡萝卜

需肥量:每生产1 000 kg肉质根,需吸收氮3.9~4.1 kg,磷1.5~1.7 kg,钾8.5~11.7 kg。

需肥特性:生育初期迟缓,中后期根系开始膨大时生长急速增加,养分吸收也随着生育量的加大而增加。在播种后的两个月内,各要素的吸收量不大,随着根部的膨大,吸收量显著增加,吸收量以钾最多,其次是氮、钙、磷和镁,依次减少。在收获时叶片中的钾最多,其次是氮、钙、镁,磷很少。而在根部中钾和氮最多,其次是磷、钙和镁。胡萝卜对氮的要求以前期为主,在播种后30~50 d,适量追施氮肥很有必要,如此期缺氮,根的直径明显减小,肉质根膨大不良。不同形态的氮对胡萝卜的生长影响很大。胡萝卜对磷的吸收较少,约为吸氮量的1/3。当土壤中有效磷含量少时,增施磷肥的效果明显,随着施肥量增加,产量亦有增加的趋势。对于磷吸收系数比较大的石灰性土壤上,施用较多的磷肥作基肥,有益于植株早期生长和后期根系的膨大。钾对胡萝卜的影响主要是使肉质根膨大,生产中应重视钾肥的施用,防止土壤缺钾,特别是在肉质根膨大期,要保证钾肥的供给。

6.葱蒜类蔬菜

（1）韭菜

需肥量:亩产 5 000 kg 产品,需吸收氮 20～30 kg,磷 9～12 kg,钾 31～39 kg。

需肥特性:幼苗期生长量和耗肥量较小,但营养生长盛期,尤其是春、秋收割季节,生长量和需肥量大,应分期大量施肥。2～4 年生的韭菜,生长旺盛,分蘖能力强,产量高,需肥量最大,是肥料需要的高峰。5 年生以上的韭菜,逐渐进入衰老阶段,为防止早衰,需要加强施肥。

（2）洋葱

需肥量:生产 1 000 kg 洋葱,需吸收氮 1.98 kg,磷 0.75 kg,钾 2.66 kg,钙 1.16 kg,镁 0.33 kg,其比例为 2.6∶1∶3.5∶1.5∶0.4。

需肥特性:洋葱根为白色弦线状、浅根性须根系。根系较弱,根毛少,主根系密集分布在土层,入土深度和横展直径为 30～40 cm,吸收能力和抗旱能较弱。洋葱是喜肥作物,对营养元素的吸收以钾为最多,氮、磷、硼次之,其中氮对洋葱生育影响最大。洋葱根系吸肥力较弱,产量又高,因此,需要充足的营养条件。幼苗期以氮素为主,鳞茎膨大期增施磷钾肥,能促进鳞茎肥大和提高品质。在一般土壤条件下,施用氮肥可显著提高产量。

（3）大葱

需肥量:生产 3 000 kg 大葱,需吸收氮 8～10 kg,磷 1.5～1.8 kg,钾 9～11 kg。

需肥特性:大葱对磷的要求以幼苗期最敏感,苗期缺磷时会严重影响大葱的产量;在葱白形成期应加强钾肥的施用。除氮、磷、钾外,钙、镁、硼、锰等微量元素对大葱的生长也有一定的影响,增施含这些元素的肥料可使葱白增长增粗,从而达到提高产量和品味变浓的目的。

7.薯芋类蔬菜

（1）马铃薯

需肥量:每生产 1 000 kg 马铃薯块茎,需吸收氮 4.84 kg,磷 2.24 kg,钾 0.34 kg,其比例为 2.2∶1∶4.6。

需肥特性:马铃薯(土豆)属高淀粉块茎作物,生育期分苗期、块茎形成与增长期、淀粉积累期。马铃薯在整个生育期中,吸收钾肥最多,氮肥次之,磷肥最少。不同生育期对养分的需要有不同的特点。苗期,由于块茎含有丰富的营养物质故需要养分较少,大约占全生育期的 1/4。块茎形成与增长期,地上部茎叶生长与块茎的膨大同时进行,需肥较多,约占总需肥量的 1/2。淀粉积累期,需要养分较少,约占全生育期的 1/4。可见,块茎形成与增长期的养分供应充足,对提高马铃薯的产量和淀粉含量起重要作用。氮素能促进茎、叶生长及块茎淀粉、蛋白质的积累。磷素促进植株生育健壮,提高块茎品质和耐贮性,增加淀粉含量和产量。钾素促进马铃薯生长后期的块茎淀粉积累,增进植株抗病和耐寒能力。另外,马铃薯对硼、锌比较敏感,硼有利于薯块膨大,防止龟裂,对提高植株净光合生产率有特殊作用。

(2)生姜

需肥量:亩产 1 500 kg 生姜,需吸收氮 17～19 kg,磷 5.5～6.6 kg,钾 41～44 kg,其比例为 3∶1∶7。

需肥特性:在幼苗期植株生长缓慢,生长量小,幼苗对氮、磷、钾的吸收量也较少,三股杈期以后,植株生长速度加快,分杈数量增加,叶面积迅速扩大,根茎生长旺盛,因而需肥量迅速增加。

(3)山药

需肥量:亩产 1 875 kg 山药块茎,需吸收氮 12.15 kg,磷 3.02 kg,钾 15.22 kg,其比例为 4∶1∶5。

需肥特性:山药的生育期较长,需肥量很大,特别喜肥效较长的有机肥。由于块茎的形成伴随着淀粉等物质的积累,故磷钾的需求量相对较大。山药在生长前期,由于气温低,有机养分释放慢,宜供给适量的速效氮肥,促进茎叶生长;生长中后期块茎的生长量急增,需要吸收大量的养分特别是磷钾肥,要特别注意防止缺肥早衰。山药是忌氯作物,土壤中氯离子过量会影响山药生长,表现为藤蔓生长旺盛,块茎产量降低、品质下降、易碎易断,不耐贮藏和运输。因此,不宜施用含氯肥料。

8.绿叶菜类

(1)菠菜

需肥量:菠菜对氮、磷、钾的吸收量,是氮大于钾,钾大于磷,每生产 1 000 kg 菠菜,需要吸收氮 2.76 kg、磷 0.33 kg、钾 2.06 kg。其氮、磷、钾的吸收比例为 8.38∶1∶6.24。

需肥特性:微量元素硼的缺乏会产生缺硼症状。菠菜植株个体对养分的吸收量比较少,但是单位面积群体植株的吸收量比较大,因为每亩株数达到万株。菠菜对养分的需求与植株的生长量同步增加。生长初期,植株生长较小,对养分的吸收量少;植株进入旺盛生长期,对养分的吸收量增加,在这个时期,要特别注重视氮肥的投入,因为氮肥关系到菠菜的产量和品质。如果这个时期氮肥供应量不足,会导致菠菜叶片变小,叶色变黄,食用率降低。因此,在菠菜栽培中要增加有机肥,改善土壤肥力条件,以利于根系吸收养分;同时要及时适量追施氮肥,定植缓苗后追施少量氮肥,进入旺盛生长期,要追施适量的氮肥和钾肥,磷肥要用来作基肥。

（2）芹菜

需肥量:芹菜亩产 4 000 kg,需氮 7.3 kg,磷 2.7 kg,钾 16 kg,钙 6.0 kg,镁 3.2 kg,其比例为 2.7∶1∶5.9∶2.2∶1.2。

需肥特性:芹菜需氮量最高,钙、钾次之,磷、镁最少。芹菜对硼的需要量也很大,在缺硼的土壤或因为干旱低温抑制吸收时,叶柄易横裂,即"茎折病",严重影响芹菜的产量和品质。

（3）莴苣

需肥量:根据测定每形成 1 000 kg 莴苣需要从土壤中吸收氮 2.08 kg、五氧化二磷 0.71 kg、氧化钾 3.18 kg。

需肥特性:莴苣的需肥较大。为促进叶球生长,以氮肥供应最为重要。结球期应供应钾肥。在生长初期,生长量和吸肥量均较少,随生长量的增加,对三要素的吸收量也逐渐增大,尤其到结球期吸肥量呈"直线"猛增趋势。其一生中对钾需求量最大,氮居中,磷最少。莲座期和结球期氮是对其产量影响最大的一种元素。结球 1 个月内,吸收氮素占全生育期吸氮量的 84%。幼苗期缺钾对莴苣的影响最大。莴苣还需钙、镁、硫、铁等中量和微量元素。莴苣无论是叶用的还是茎用的,都要施足基肥,在各生育期还要按需追肥,以满足结球和笋茎肥大的需要。结球期缺肥水,结球会不良;笋茎膨大期缺肥水会导致"窜"。

9.豆类

（1）豇豆

需肥量:每生产 1 000 kg 豇豆,需要纯氮 10.2 kg,五氧化二磷 4.4 kg,氧化钾 9.7 kg,但是因为根瘤菌的固氮作用,豇豆生长过程中需钾素营养最多,磷素营养次之,氮素营养相对较少。因此,在豇豆栽培中应适当控制水肥,适量施氮,增施磷、钾肥。

需肥特性:豇豆对肥料的要求不高,在植株生长前期(结荚期),由于根瘤尚未充分发育,固氮能力弱,应该适量供应氮肥。开花结荚后,植株对磷、钾元素的需要量增加,根瘤菌的固氮能力增强,这个时期由于营养生长与生殖生长并进,对各种营养元素的需求量增加。因此,在豇豆栽培中应适当控制水肥,适量施氮,增施磷、钾肥。

（2）蚕豆

需肥量:据分析,每生产 50 kg 蚕豆籽粒,需要吸收氮 3.22 kg,五氧化二磷 1 kg,氧化钾 2.5 kg。蚕豆对钙的要求也较多,每生产 50 kg 籽粒,需要 1.97 kg 氧化钙。

需肥特性:从出苗期到始花期所需养分总量比重氮、磷、钾是蚕豆必需的主要营养元素。不同生育阶段蚕豆吸收各种营养元素的量并不相同。从发芽到出苗所需养分由种子子叶供给,从出苗到始花期需要全生育期所需养分总量的比重为:氮20%、磷10%、钾37%、钙25%;从始花到终花期的比重为氮48%、磷60%、钾46%、钙59%;自灌浆到成熟的比重为氮32%、磷30%、钾17%、钙16%。氮素主要靠植株正常生长过程中的固氮作用获得,其他元素要依赖施肥。

此外,微量元素对蚕豆的生长发育也很重要。硼能促进根瘤菌固氮,减少落花落荚,提高结荚率。钼对蚕豆根系和根瘤的发育均有良好影响。

(3)菜豆

需肥量:每生产 1 000 kg 菜豆需要氮 3.37 kg、磷 2.26 kg、钾 5.93 kg。

需肥特性:菜豆生育期中吸收氮钾较多,菜豆根瘤菌不甚发达,固氮能力较差,合理施氮有利于增产和改进品质,但氮过多会引起落花和延迟成熟。对磷肥的需求虽不多,但缺磷使植株和根瘤菌生育不良,开花结荚减少,荚内子粒少,产量低,因此应适当补充磷肥。钾能明显影响菜豆的生长和产量,土壤中钾肥不足,影响产量。微量元素硼和钼对菜豆的生长发育和根瘤菌的活动有良好的作用,缺乏这些元素就会影响植株的生长发育,适量施用钼酸铵可以提高菜豆的产量和品质。

矮生菜豆的生育期短,发育早,从开花盛期起就进入旺盛生长期,嫩荚开始生长时,茎叶中的无机养分转向嫩荚。荚果成熟期,磷的吸收量逐渐增加而吸氮量却逐渐减少。蔓性种生长发育得比较缓慢,大量吸收养分的时间开始的也迟,从嫩荚伸长起才旺盛吸收,但其吸收量大,生育后期仍需吸收多量的氮肥。荚果伸长期,茎叶中无机养分向荚果的转移量比矮生菜豆少。所以矮生菜豆宜早期追肥,促发育早,开花结果多,蔓性菜豆更应后期追肥,防止早衰,延长结果期,增加产量。菜豆喜硝态氮,铵态氮多时影响生育,植株中上部叶子会褪绿,且叶面稍有凹凸,根发黑,根瘤少而小,甚至看不到根瘤。

(4)豌豆

需肥量:每生产 100 kg 豌豆籽粒,需要氮 3.1 kg,五氧化二磷 0.9 kg,氧化钾 2.9 kg。

需肥特性:自出苗到始花期,氮的吸收量占一生总吸收量的 40%,开花期占 59%,终花期至成熟占 1%;磷的吸收分别为 30%、36%、34%;钾的吸收分别为 60%、23%、17%。豌豆营养生长阶段,生长量小,养分吸收也少,到了开花、坐荚以后,生长量迅速增大,养分吸收量也大幅增加,豌豆一生中对氮、磷、钾三要素的吸收量以氮素最多,钾次之,磷最少。豌豆的根瘤虽能固定土壤及空气中的氮素,但仍需依赖土壤供氮或施氮肥补充。施用氮肥要经常考虑根瘤的供氮状况,在生育初期,如施氮过多,会使根瘤形成延迟,并引起茎叶生长过于茂盛而造成落花落荚;

在收获期供氮不足,则收获期缩短,产量降低。增施磷、钾肥可以促进豌豆根瘤的形成,防止徒长,增强抗病性。

二、工作准备

(1)利用现有的图书馆或资料室以及报刊杂志,查找有关蔬菜概念及种类、主要蔬菜的需肥量、需肥特性、主要蔬菜的施肥关键期、施肥量、不同模式下主要蔬菜的施肥技术等方面的信息资料。

(2)利用现有的电脑网络、网站、WiFi等网络环境条件,查找有关蔬菜概念及种类、主要蔬菜的需肥量、需肥特性、主要蔬菜的施肥关键期、施肥量、不同模式下主要蔬菜的施肥技术等方面的信息资料。

【任务设计与实施】

一、任务设计

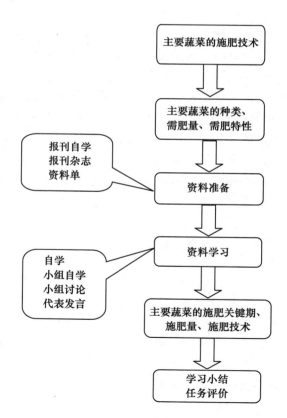

二、任务实施

(一)蔬菜测土配方施肥方案的制订

参照《粮油作物测土配方施肥方案的制订》相关内容。

实例：某菜农计划芹菜产量为 4 000 kg/亩，土壤肥力中等，试计算需施化肥多少。每 1 000 kg 芹菜需吸收的氮磷钾量依次为 2.0 kg、0.93 kg、3.88 kg。如此可算出 4 000 kg 芹菜氮、磷、钾吸收量依次为 8.0 kg、3.79 kg、15.52 kg，土壤供给量按 6 成，肥料供给量按 4 成计算，则需要施化肥的实物量计算式为：化肥供给量÷化肥养分含量÷化肥当季利用率，如利用尿素作氮肥，则需施尿素量＝8.0 kg×0.4÷46%÷40%＝17.39 kg。磷肥、钾肥实物施用量计算如此类推。

学员练习流程：

(1)安排学生课前预习主要蔬菜的种类；提前了解主要蔬菜的需肥量、需肥特性；提前了解主要蔬菜的施肥关键期、施肥量，不同模式下主要蔬菜的施肥技术。

(2)在教师的指导下，通过多种信息渠道查询资料。关键词有：主要蔬菜种类、主要蔬菜的需肥量、需肥特性、主要蔬菜的施肥关键期、施肥量、不同模式下主要蔬菜的施肥技术。

(3)汇总查找的相关资料。在老师的带领下，针对当地典型的蔬菜品种栽培技术，进行实地调研，理论联系实践，加强对蔬菜施肥技术的认知。

(4)每人写一份学习收获。小组讨论，用集体的智慧完成一份较好的学习收获体会。

(5)每组选一个代表，在全班讲解小组的学习路径、学习收获，组员补充收获的内容。教师组织发动全班同学讨论、评价各小组的学习情况，达到全班同学共享学习资源和收获体会，巩固所学的知识内容。

(二)主要蔬菜的施肥关键期、施肥量及不同模式下主要蔬菜的施肥技术

1. 茄果类蔬菜

(1)番茄。

A. 定植期施足基肥。秧苗移栽前每亩施优质农家肥 10 000 kg；尿素 10 kg、磷酸铵 10 kg、过磷酸钙 40～50 kg，或者每亩施优质土杂肥 10 000 kg、硫酸钾三元复合肥 25～50 kg、尿素 10 kg。

B. 壮秧期施肥。番茄幼苗长至 5～6 片叶时，如叶色变淡可进行叶面喷肥。常用的肥料有 300 倍尿素溶液、300 倍磷酸二氢钾溶液、0.1%～0.3%硫酸钾复合肥

溶液。在壮秧期每隔 10 d 左右喷施 1 次。另外,叶面喷肥可与防治病虫结合进行。

C. 结果期适时追肥。第一果的直径长至 1.5~2.5 cm 时追肥浇水,一般每亩硝酸铵 15~20 kg、过磷酸钙 20~30 kg,或者用尿素 5 kg、硫酸钾复合肥 10~20 kg,地面撒施后水冲施入。第 2 和第 3 果长到直径 3 cm 大小时,分别进行第 2 和第 3 次施肥浇水,每亩用尿素水 10 kg、硫酸钾复合肥 15~20 kg,方法同第一次。在盛果期,可结合喷药进行根外追肥,可用磷酸二氢钾、过磷酸钙等肥料,有利于果实着色及品质的提高。

(2)茄子。

A. 基肥。

温室:每亩施腐熟有机肥 8 000~1 000 kg,过磷酸钙和硫酸钾各 25 kg。

露地:每亩施有机肥 5 000~7 000 kg,配合适量过磷酸钙与草木灰等。满足营养需要,改善土壤条件,增加地温。

B. 苗期施肥。在 11 m² 苗床上施入过筛腐熟有机肥 200 kg、过磷酸钙与硫酸钾各 0.5 kg,叶片发黄缺氮可喷 0.2%尿素。培育壮苗,促进花芽分化。

C. 定植后追肥。缓苗后,结合浇水施一次腐熟的人粪尿或化肥。第一次花开后幼果期结合浇水,每亩施尿素 10~15 kg。门茄膨大后,增加追肥次数,10 d 左右追 1 次,直至四门斗茄收获完毕。减少结实较少的间歇周期。促多坐果,防落花,长大果。

(3)甜椒。每亩施优质有机肥数量应达到 5 000~7 000 kg。基肥可用猪圈粪、人粪尿、鸡粪和土杂肥等。但是无论用什么肥,一定要充分腐熟,同时要注意磷钾配合施用。将过磷酸钙按每亩 35~50 kg 掺入有机肥中进行堆制,还可掺入硫酸钾 35~30 kg。

A. 基肥。在整地前撒施 60%基肥,定植时再按行距开沟、施用剩余的 40%。撒施与沟施相结合可避免因肥料集中出现烧苗的现象,有利于小苗发育。

B. 追肥。一般需进行 3 次追肥。第一次追肥在缓苗后进行,在植株附近开沟追肥,将优质有机肥施于沟中,然后覆土,这时适当控制浇水,以便蹲苗,促进根系发育;第二次追肥在盛果期进行,在第一层果实(门椒)采收前,第二层果实(对椒)和第三层果实(四门斗)继续膨大及第四层果实正在谢花坐果时,是需肥的高峰期。这时应追施氮肥和适量钾肥,尿素 10~13 kg 或硫酸铵 23~28 kg,硫酸钾 12~15 kg;第三次追肥应在采收的中后期进行,每隔 8~10 d 追施 1 次人粪尿(或畜禽粪水),或适量化学氮肥,其数量应依当时植株的长势而定,并注意与灌溉相结合。

2.瓜类蔬菜

(1)黄瓜。

A.苗肥。栽培黄瓜的育苗营养土要求质地疏松,透气性好,养分充足,pH 在 5.5～7.2 范围内,配制方法参照番茄的营养土配方。在营养土配制时,加入一定量的磷肥非常必要,一般要加入占营养土总量 2%～3% 的过磷酸钙。磷肥对促进秧苗根系生长有明显的作用,配制床土时施入适量的过磷酸钙,对培育壮苗有良好效果。

黄瓜苗期如发现缺肥现象,可以通过叶面喷施的方法进行补肥。用含有 0.04% 的硫酸铵、0.03% 的过磷酸钙、0.05% 的硫酸镁和 0.04% 的氯化钾水溶液效果较好;把 81 g 硝酸钾,95 g 硝酸钙,50 g 硫酸铵,35 g 磷酸二氢钾和 2 g 三氯化铁溶于 100 kg 水中,进行叶面喷施效果更好。

B.底肥。黄瓜根系扎得不深,主要分布在 15～25 cm 的耕层内,根系的耐盐性较差,不宜一次性施用大量化肥,而黄瓜对氮磷钾等营养元素的需要量大,吸收速率快。因此,大量施用有机肥是黄瓜高产栽培的基础,一般以每亩施用 4 000～6 000 kg 的腐熟鸡粪或其他厩肥作为基肥,另外再施用 20～30 kg 的过磷酸钙。

C.追肥。追肥时,每次的追肥量不要过大,追肥的次数要多,一般要追肥 3～5 次,掌握好“少量多次”的原则。在结瓜初期进行第一次追肥,每亩施纯氮 3～4 kg(尿素 7～9 kg 或硫酸铵 14～17 kg),氧化钾 4～6 kg(硫酸钾 8～12 kg)。盛瓜初期进行第二次追肥,在盛瓜期每次的追肥间隔要缩短,结合灌水进行。第三次以前的追肥相同,以后各次减半,最后一次可以不追钾肥。在结瓜盛期可以用 0.5% 的尿素和 0.3%～0.5% 的磷酸二氢钾水溶液进行叶面喷施 2～3 次。

(2)冬瓜。冬瓜施肥应以氮肥为主,配合磷、钾肥。施肥时应掌握早促、中控、开花结果后攻的原则。冬瓜定植前要施足基肥,成活后开始追肥,可选用稀释后的腐熟粪肥浇施,并配施磷、钾肥,每隔 10～15 d 追施一次,以促进伸蔓,为对结瓜打好基础。但在雄花开放前后要控制肥水,尤其是氮肥,以免茎叶徒长,造成花瓜。坐瓜后可适当追肥,一般每亩追施 5 kg 尿素或腐熟人粪尿 500 kg。

(3)南瓜。

A.基肥。以有机肥为主,配合氮、磷、钾复合肥。基肥用量一般占总施肥量的 1/3～1/2,每亩施有机肥 3 000～4 000 kg。磷、钾肥全部或大部分作为基肥,并与有机肥混合一起施入土层中,在有机肥不足的情况下,每亩补施氮、磷、钾复合肥 15～20 kg。基肥有撒施和集中施用两种方法。撒施时一般应结合深耕进行,均匀撒施有机肥或复合肥以后,进行土壤耕耙,使肥料与土壤均匀混合。在肥料较少时,一般采用开沟集中条施,将肥料施在播种行内。

B.追肥。追肥以速效性氮肥为主,配合施用磷、钾肥。追肥量一般占总施肥量的 1/2～2/3。追肥时要根据南瓜不同生育期所需氮、磷、钾量的不同而分批进行。苗期追肥以氮肥为主,目的是促进秧苗发棵。一般每亩施尿素 5～8 kg。结果期不仅需供应充足的氮肥,同时要求磷、钾肥的及时补充,以保证果实充分膨大。一般在坐果以后,每亩施尿素 10～15 kg,硫酸钾 5～10 kg,共追施 1～2 次。在追肥时应注意位置,苗期追肥应靠近植株基部施用,进入结果期,追肥位置应逐渐向畦的两侧移动,一般进行条施。在石灰型性土壤上,氮肥应遵守深施覆土的施肥原则,特别是碳酸氢铵,一定要深施约 6 cm 以上覆土,以免肥料挥发,降低肥效。硫酸铵、尿素等化学稳定的氮肥,可采用撒施结合灌水进行追肥。在南瓜生长的中、后期,根系吸收养分的能力减弱,为保证南瓜生长发育的需要,可利用根外追肥方式来补充养分。喷施的肥料可用 0.2％～0.3％ 的尿素,0.2％～0.3％ 的磷酸二氢钾等,每 7～10 d 喷施 1 次,几种肥料可交替施用,连喷 2～3 次。

(4)丝瓜。丝瓜的施肥原则是:一是基肥足,每亩施 3 000～5 000 kg 腐熟优质有机肥。二是苗肥早,定植后,早施 2～3 次提苗肥,每次每亩追施优质腐熟粪尿肥 100～150 kg 加水浇施,以满足早发的需要。三是果肥重,结果盛期追肥 5～6 次,每次每亩追施腐熟人粪尿 200～300 kg,或氮、磷、钾复合肥 25～30 kg。

(5)苦瓜。整地前每亩施优质粪肥 5 000 kg,氮肥 40 kg,磷肥 50 kg,钾肥 30 kg。耕深 30 cm,平整打畦,畦宽 1.6 m。定植后结合浇缓苗水,每亩施尿素 5 kg,生物钾肥 2 kg 或磷酸二氢钾 5 kg,以后依苗情适量追施提苗或弱小苗重点施肥。当收获第二条瓜后,在距根部 15～20 cm 外穴施坐果肥,每亩施氮、磷钾复合肥 20～30 kg,后期注意根外追肥,以防早衰。苦瓜生育期长,采收期达 3 个多月,因此要保证水肥供应充足,特别是进入盛果期,如遇干旱应每 7 天浇一次水。浇水之前应结合穴施尿素或复合肥,每亩施 7～10 kg,如遇连阴雨,应注意排涝;同时叶面喷施磷酸二氢钾 2～3 次。

在保护地内的施肥原则应掌握以粪肥为主,化肥为辅;粪肥与磷、钾肥及少量氮肥(尿素)作底肥,其余氮素化肥随水追施。追肥时间,以采收始期至采收盛期较好,追肥量应是前轻后重,有条件可选用 C/N 较大、充分腐熟的粪肥或缓效化肥。但不宜施用氮肥增效剂。

(6)西瓜。

A.基肥。每亩施用商品有机肥 250 kg 以沟施为宜,也可施于瓜畦上,后翻入土中。

B. 追肥。

巧施苗肥:西瓜幼苗期,土壤中需有足够的速效肥料,以保证幼苗正常生长的需要。一般来说,在基肥中已经施入了部分化肥的地块,只要苗期不出现缺肥症状,可不追肥。苗期追肥切忌过多、距根部过近,以免烧根造成僵苗。

足追伸蔓:西瓜瓜蔓伸长以后,应在浇催蔓水之前施促蔓肥,由于伸蔓后不久瓜蔓即爬满畦面(有些地方习惯在伸蔓时给畦面进行稻草覆盖),不宜再进行中耕施肥,因此大部分肥料要在此时施下。一般每亩追施三元复合肥 20～25 kg,尿素 20～25 kg,硫酸钾 10～12 kg。伸蔓肥以沟施为宜,但开沟不宜太近瓜株,以免伤根,施肥后盖土。

酌施坐瓜肥:

西瓜开花前后,是坐瓜的关键时期,为了确保西瓜植株能够正常坐瓜,一般来说不要追肥。但在幼瓜长到鸭蛋大小时,西瓜进入吸肥高峰期。此期若缺肥不仅影响瓜的膨大而且会造成后期脱肥,使植株早衰,既降低西瓜产量,又影响瓜的品质。所以要酌施坐瓜肥,一般可用高浓度复合肥 5～10 kg 兑水淋施。

后期适当喷施叶面肥:

西瓜膨瓜后进入后期成熟阶段,根系的吸肥能力已明显减弱,为弥补根系吸肥不足而确保西瓜的正常成熟与品质的提高,可进行叶面喷施追肥。如可喷 0.2％～0.3％的尿素溶液,或 0.2％尿素＋磷酸二氢钾混合液。配合多种微量元素推广叶面追肥,配合多种微量元素叶面追肥方法方便简单,养分全面,吸收养分快,见效快。多种营养元素配合使用,做到根据西瓜的需要进行合理施用。

3. 大白菜

A. 基肥。首先要施足基肥,每亩施腐熟好的有机肥 3 000～5 000 kg,配合适宜的配方肥 30～40 kg,在翻地前撒施,做到土肥相融,配方肥首选 18-12-20、18-12-18、16-16-16 等硫基型,也可用 19-19-19、18-18-18、17-17-17 等氯基型。

B. 追肥。大白菜追肥要抓住幼苗期、莲座期和结球期。应根据施用的基肥品种选用 18-12-20、18-12-18、34-0-16 等肥料作追肥,对已施足基肥的幼苗期可不追肥。结球期如能配合追施硝态氮肥则更好。每次每亩追肥量 15～20 kg。可在行间沟施、株间穴施并及时覆土,最好配合浇水,莲座期和结球期不便操作可结合浇水冲施。

4. 甘蓝类蔬菜

(1)结球甘蓝。甘蓝喜肥,尤其是对氮肥的需要量大,因此整个管理过程要注重施足氮肥。

基肥:每亩施入充分腐熟的厩肥 6 000～7 000 kg、尿素 40 kg、过磷酸钙 40～

60 kg、氯化钾 20～30 kg 作基肥,在土地翻耕时全部撒施,并翻耕于土中。适当补充钙、铁等中、微量元素。

追肥:甘蓝定植 10 余 d,经过浇水、中耕蹲苗后,即可开始第一次追肥,每亩施化肥 10～15 kg 或人粪尿 1 000 kg 左右,为莲座期生长提供充足养分。进入莲座叶初期,可进行二次追肥,适当提高人粪尿的浓度,并增施速效氮肥 15～20 kg,以加速叶片快速生长。进入莲座盛期可进行第三次追肥,应在行间开沟或挖穴,追施腐熟的有机肥和硫酸铵、过磷酸钙等肥料,施后覆土并浇水,进入结球后,在初期和中期,再分别追肥两次,每次追施磷酸铵 15～20 kg。到甘蓝结球后期,一般不再追施肥料。

(2)花椰菜。花椰菜栽培分春作和秋作两茬,多采用育苗移栽。为培育壮苗和利于缓苗,在分苗及定植均可随水追施低浓度的人粪尿。秧苗宜定植在有机质丰富、疏松肥沃的壤土或沙壤土上。早熟品种生长期短,对土壤营养的吸收量相对较低,但其生长迅速,对养分要求迫切。所以早熟品种的基肥除施用有机肥外,每 10 000 m² 还需加施人粪尿 22 000～30 000 kg。中、晚熟品种生育期长,基肥应以厩肥和磷、钾肥配合施用,一般每公顷施厩肥 40 000～75 000 kg。定植缓苗后,为促进营养生长,尽快建成强大的营养体,应追肥一次。当花球直径长到 2～5 cm 时,为保证花球发育所需的矿质营养,需及时施肥浇水。一般从定植到收获需追肥 2～3 次。早熟品种每次每 10 000 m² 用人粪尿 22 000～30 000 kg,或氮素 20～30 kg,中、晚熟品种每次每 10 000 m² 施用人粪尿 30 000～40 000 kg 或氮素 45～75 kg。

5.根菜类蔬菜

(1)萝卜。萝卜是喜钾作物。萝卜在不同生育期中对氮、磷、钾吸收量的差别很大,一般幼苗期吸氮量较多,磷钾的吸收量较少;进入肉质根膨大前期,植株对钾的吸收量显著增加,其次为氮和磷,到了肉质根膨大盛期是养分吸收高峰期,保证这一时期的营养充足是萝卜丰产的关键。施肥技术要点:

基肥:一般每亩施腐熟有肥 2 000 kg 以上,并结合施用磷、钾化肥。

追肥:在前期适当追肥的基础上,当萝卜破肚时,结合灌溉每亩施尿素 8～10 kg。氮肥施用不宜过多、过晚,应尽量在萝卜膨大盛期前施用,如果施用过多或过晚,易使肉质根破裂或产生苦味,影响萝卜的品质。在萝卜膨大盛期还需要增施钾肥。此外还应注意养分平衡,施用三元复合(混)肥比单施尿素可使萝卜增产,并能改善其品质。

(2)胡萝卜。施足基肥:胡萝卜根系入土深,适于肥沃疏松的沙壤土。播种前应深耕,施足基肥。每亩施腐熟厩肥和人粪尿 2 000～2 500 kg,过磷酸钙 15～20 kg,草木灰 100~150 kg。如果仅用化学肥料，每亩可用硫酸铵 20 kg，过磷酸钙 30~40 kg，硫酸钾 30~35 kg。施用的方法有撒施和沟施两种，凡施用固体肥料都应与细土掺匀后混施。施肥对肉质根的形状影响较大，化学肥料用量多而有机肥少时，畸形根比例显著增加；增施腐熟有机肥做基肥，可以减少畸形肉质根的形成。若施用未腐熟的有机肥，易增加畸形根。

合理追肥：胡萝卜除施足基肥外，还要追肥 2~3 次。一般第一次是在出苗后 20~25 d，长出 3~4 片真叶后，每亩施硫酸铵 5~6 kg，钾肥 3~4 kg。第二次追肥在胡萝卜定苗后进行，每亩可用硫酸铵 7~8 kg，钾肥 4~5 kg。第三次追肥在根系膨大盛期，用肥量同第二次追肥。施肥的种类除化肥外，也可使用腐熟的人粪尿，每亩施用 1 000~2 000 kg。追肥的方法，可以随水灌入，也可以将人粪尿加水泼施。生长后期应避免肥水过多，否则易造成裂根，也不利于贮藏。

巧施微肥：胡萝卜对钙的吸收较多，钙含量多时会使胡萝卜糖分和胡萝卜素含量下降，缺钙时易引起空心病；胡萝卜对镁元素的吸收量不多，镁含量越多，其含糖量和胡萝卜素含量也越多，品质越好。基肥中施用钙镁磷肥，可分别于幼苗期、叶片生长盛期各喷施一次。肉质根膨大初期和中期用 0.1%~0.25% 的硼酸溶液或硼砂溶液各喷施一次。

6.葱蒜类蔬菜

(1)韭菜。韭菜对肥料的需求以氮肥为主，配合适量的磷、钾肥料。只有氮素肥料充足叶子才能肥大柔嫩，与其他蔬菜相比吸氮量较高，但氮素过多易造成韭菜倒伏。增施钾肥可以促进细胞分裂和膨大，加速糖分的合成和运转；施入足量的磷肥，可促进植株对氮肥的吸收，提高产品品质。另外，有机肥料的施入可以改良土壤，提高土壤的通透性，促进根系生长，改良品质。

基肥：韭菜在经过苗床育苗后，移栽时的幼苗仍相对比较弱小，吸肥能力弱，应施足基肥，以满足韭菜生长前期对于养分的需求。定植前，在定植地内亩施入 5 000 kg 有机肥，采用撒施方式，耕翻入土，整平地后按栽培方式作畦或开定植沟，畦内(沟内)再每亩施入优质有机肥 2 000 kg，肥料与土壤混合均匀后即可定植。

追肥：除施足基肥外还应分期追施速效化肥，促进生长，使幼苗生长健壮。定植后进入秋凉季节，韭菜生长速度及生长量均增加，应及时进行追肥，以促进韭菜对养分的吸收和累积量。

收割前施肥：一般在韭菜苗高 12~15 cm 时结合浇水追二次肥，每亩施硫酸铵 20 kg。定植后的韭菜经过炎热夏季后，进入凉爽秋季。此时是韭菜最适宜的生长阶段，是肥水管理的关键时期，及时施肥，促进叶部生长为韭菜根茎膨大和根系生长奠定物质基础。韭菜的越冬能力和来年的长势主要取决于冬前植株积累营养的多少,而营养物质的积累又决定于秋季生长状况,所以应抓好此阶段的肥水管理。一般要追2～3次肥。北方地区追施肥料于9月上旬和下旬各1次,每亩施硫酸铵15～20 kg,随水施入。10月上旬再追1次硫酸铵(用量同上)或追施1次粪稀。

当年播种的韭菜一般当年不收割。播种第二年的韭菜已经生长健壮,发育成熟,开始收割上市。此期的施肥原则是及时补充因收割而带走的养分,使韭菜迅速恢复生长,保持旺盛的生长势头,防止因收割造成养分损失而导致植株早衰。

收割后施肥:在韭菜收割后2～3 d,新叶长出2～3 cm高时结合浇水,每亩施硫酸铵15～20 kg。不要收割后马上浇水、施肥,这样易引起根茎腐烂。

韭菜收割一般在春秋两季,炎夏不收割韭菜。夏季由于韭菜不耐高温,高温多雨使光合作用降低,呼吸强度增强,生长势减弱,呈现"歇伏"现象,此期韭菜管理以"养苗"为主。养苗期间要适当追肥,以增强韭菜抗性,使之安全越夏。追肥量以每亩施硫酸铵15～20 kg为宜,施肥可在雨季进行,此时期可以采用撒施的方式施入硫酸铵。

在韭菜生长期内可以适当增施草木灰。草木灰是良好的水溶性速效钾肥,有利于韭菜发根、分蘖,有明显的增产效果。棚室韭菜主发病害是灰霉菌,撒施草木灰可降低灰霉病的发病率。草木灰吸水量大,能迅速降低土壤含水量,降低棚内空气湿度,控制病菌传播,同时,对韭菜根蛆有一定防治作用。

(2)洋葱。洋葱育苗床应选择疏松肥沃、保水力强的土壤,施足底肥,一般在11 m² 育苗畦中施用腐熟有机肥25～30 kg,再加五氧化二磷0.08～0.15 kg;幼苗期可结合浇水追施腐熟人粪尿17～20 kg,或追氮0.09～0.12 kg,以促进幼苗生长。幼苗定植前要整地、施足基肥,每10 000 m² 施用有机肥用量20 000～40 000 kg,对酸性土壤可施入450～600 kg的草木灰,对磷肥不足的田块加施五氧化二磷55～90 kg。洋葱缓苗后进入茎叶生长,为促进形成良好的营养器官,需抓紧追施第一次肥,每10 000 m² 施人粪尿15 000～19 000 kg,或追氮30～45 kg。鳞茎膨大期应追施2～3次"催头肥",每次每10 000 m² 施氮45～60 kg。追施化肥的方法,苗小时可撒施,随后立即浇水,不应延误。植株长大封严后可结合浇水施肥。在定植后30～50 d,即在鳞茎开始转入迅速膨大期,为重点追肥期,对洋葱的增产效果显著。追肥时既要重视数量和质量,还要注意追肥的适宜时期。若重点施肥时间过迟则鳞茎迅速膨大时缺乏足够的营养,成熟期推迟,不能及时转入休眠,影响洋葱的产量,也不利于贮藏;如重点追肥过早,地上部叶子易贪青生长,因而不利于鳞茎的膨大。

（3）大葱。大葱施肥分育苗期（苗床肥）与定植后田间生长期两个阶段。

A. 苗期。大葱育苗期要重施基肥，一般每亩施 2 000～3 000 kg 优质土杂肥、圈肥和 40～60 kg 过磷酸钙作基肥。整地前撒施于地面，然后浅耕细耙，使肥料与土壤充分混合后整平做畦。播种时每亩撒施尿素 5 kg 或复合肥 10～15 kg 作种肥，锄匀耧平，使种肥与畦土均匀混合，以免伤种。一般越冬前苗床不施肥、浇水。越冬期为确保幼苗安全过冬，在土壤开始上冻时，可结合浇越冬水追施少量的氮、磷肥，并在地面铺施 1～2 cm 厚的土杂粪、圈粪等。翌年春天葱苗返青时，结合浇返青水追施返青提苗肥，一般每亩施磷酸铵 10 kg。在幼苗旺盛生长前期和中期，根据幼苗的长势，可各追施一次速效性氮肥，每亩施硫酸铵 5～10 kg 或尿素 3～5 kg。定植前控肥控水炼苗，能提高定植后的成活率。

B. 定植前。大葱定植前要施足基肥，以腐熟有机肥为主，一般每亩施 5 000～8 000 kg。含磷钾少的土壤亩增施磷酸钙 25 kg、草木灰 150 kg 或硫酸钾 10 kg。此外，每亩撒施磷酸铜 2 kg、硼酸 1 kg。普施与集中施相结合，普施在土地耕翻前撒施，集中施是开葱沟后在沟内集中施用。

C. 定植后田间生长期。大葱田间生长期间追肥应掌握前轻、中重、后补的原则。追肥要与中耕、培土和浇水相结合。立秋至白露是大葱的叶片旺盛生长期，要追施"攻叶肥"，以确保叶部生长，为大葱优质高产奠定足够的光合营养面积。立秋、处暑追施攻叶肥。立秋第一次追肥，每亩施土杂肥 3 000～4 000 kg 或饼肥 150～200 kg，也可施尿素 10～15 kg。施在沟背上，中耕使肥、土混合后划入沟中。处暑第二次追肥，每亩施饼肥 50～100 kg、人粪尿 750 kg、过磷酸钙 30 kg、草木灰 100 kg，施后中耕、培土、浇水。白露至霜降，是大葱发棵期，即葱白形成期，大葱的生长量和需肥量都较大，要重施追肥，在白露和秋分各追施一次发棵肥。白露第三次追肥，每亩施硫酸铵 15～20 kg 或尿素 10～15 kg，草木灰 100 kg 或硫酸钾 10～15 kg。秋分第四次追肥，每亩施尿素 15～20 kg，或复合肥 20～30 kg，草木灰 100 kg 或硫酸钾 10～15 kg。

7. 薯芋类蔬菜

（1）马铃薯。我国南、北方均种植马铃薯，南方土壤缺钾多，应增施钾肥，北方土壤缺磷多，应增施磷肥，但马铃薯对钾素需求大，也应该重视。

A. 施足基肥。马铃薯施肥以基肥为主，一般占总用肥量的 60%～70%。通过试验施基肥可增产 5%～8%。基肥结合整地或覆土时施入，播种后每亩用 2 000～2 500 kg 有机肥盖种，然后再用 150 kg 稻草覆盖。有机肥来源广，取材方便，养分全，是理想的马铃薯有机肥和盖种材料。用稻草覆盖，不仅增加土壤的透气性，还可使结出的薯块表皮光滑，有光泽，提高马铃薯的商品外观，腐烂后又可增加土壤有机质含量 3 d 后,把总施肥量 50%的氮肥、40%的钾肥和 100%的磷肥施入,每亩同时施入 2 kg 硫黄,施肥方法以条施为主,随即覆土。

B. 早施追肥。氮肥在追肥中不宜过迟,尤其在后期,以避免茎叶徒长和影响块茎膨大及品质。中后期以施钾肥为主。可分为 2~3 次施用,齐苗时进行第一次追肥,促早发,增加光合作用面积。此时氮肥占施氮量的 30%,钾肥占总施钾量的 20%,对水浇施,沟底留有浅水层,施后应立即排水。现蕾时进行第二次追肥,促茎叶持续生长,增加光合作用面积,有利于块茎的膨大。这次追肥一般施入总施氮量的 20%,总施钾量的 40%。追肥宜在下午进行,应避免肥料沾上叶片,肥料撒施后应立即浇水以加速肥料溶解,兼顾清洗叶片。试验表明,后期增施钾肥不仅可增产 3%~6%,商品正品率较对照提高 2%~3%。以后看苗施肥,苗势差的每亩应补施 4~5 kg 的进口复合肥。

C. 适当根外追肥。马铃薯对钙、镁、硫等中、微量元素要求较大,为了提高品质,可结合病虫害防治进行根外追肥,前期用高氮型,以增加叶绿素含量,提高光合作用效率,后期距收获期 40 d,采用高钾型,每 7~10 d 喷一次,以防早衰,加速淀粉的累积。

D. 根据生育期,选择肥料品种。施足基肥可以促进马铃薯前期枝叶繁茂,根系发达。一般采用的肥料:氮肥以尿素为主。尿素肥性温和不易灼伤幼苗和根系,施入土壤后需经过分解转化为碳铵后才能被作物吸收。磷素肥以过磷酸钙为宜,它不仅含磷,还含有硫、钙等中量元素;钾肥采用氯化钾,施肥时可将三种肥料混合一起,条状施入畦中。

第一次追肥可采用碳酸氢铵加过磷酸钙对水浇施,施肥时应使碳铵充分溶解,以免桶底肥液浓度过高灼伤叶片。中后期则多采用尿素、氯化钾或进口复合肥混合施用。

在马铃薯团棵期、现蕾期,向叶片喷施锰、锌、铁肥,可防止叶片黄化,从而提高产量。硼对促进植物体内碳水化合物的运输及发育有特殊作用,如土壤中有缺硼现象,可用 0.01%的硼砂溶液浸块茎,增产效果明显。

(2)生姜。生产上,根据生姜的需肥规律进行配方施肥,适时追施氮肥有助于增产。生姜的施肥分为基肥和追肥。

A. 基肥。有机肥、饼肥和化肥都可以作为基肥投入。有机肥在播种前结合整地撒施,一般每亩施优质腐熟鸡粪 5~8 m³,施后旋耕;饼肥、化肥集中沟施,即在播种前将粉碎的饼肥和化肥集中施入播种沟中,一般每亩施饼肥 75~100 kg,氮、磷、钾复合肥 50 kg 或尿素、过磷酸钙、硫酸钾各 25 kg。

B. 追肥。除施足基肥外,一般进行三次追肥。第一次追"壮苗肥":幼苗期植株生长量小，需肥不多，但幼苗生长期长，为促进幼苗生长健壮，通常在苗高 30 cm 左右，具有 1～2 个分枝时进行第一次追肥。这次追肥以氮肥为主，每亩可施硫酸铵或磷酸二铵 20 kg。若播期过早，苗期较长，可随浇水进行 2～3 次施肥，施肥数量同上。

第二次追"转折肥"：在立秋前后，此时是生姜生长的转折时期，也是吸收养分的转折期，自此以后，植株生长加快，并大量积累养分形成产品器官。因此，对肥水需求量增大，为确保生姜高产，于立秋前后结合姜田除草，进行第二次追肥。这次追肥对促进发棵和根茎膨大有着重要作用。这次追肥一般将饼肥或肥效持久的农家肥与速效化肥结合施用。每亩用粉碎的饼肥 70～80 kg，腐熟的鸡粪 3～4 m^3，复合肥 50～100 kg 或尿素 20 kg、磷酸二铵 30 kg、硫酸钾 50 kg，在姜苗的一侧距植株基部 15 cm 处开一条施肥沟，将肥料撒入沟中、并与土壤混匀，然后覆土封沟、培土，最后浇透水。

第三次追"壮姜肥"：在 9 月上旬，当姜苗具有 6～8 个分枝时，也正是根茎迅速膨大时期，可根据植株长势进行第三次追肥，称"壮姜肥"。对于长势弱或长势一般的姜田及土壤肥力低的姜田，此期可追施速效化肥，尤其是钾肥和氮肥，以保证根茎所需的养分。一般每亩施复合肥 25～30 kg 或硫酸铵、硫酸钾各 2.5 kg。对土壤肥力高，植株生长旺盛的姜田，则应少施或不施氮肥，防止茎叶徒长而影响养分累积。

锌肥和硼肥通常可作基肥或根外追肥。在缺锌缺硼姜田作基肥时，一般每亩施用 1～2 kg 硫酸锌、硼砂 0.5～1 kg，与细土或有机肥均匀混合，播种时施在播种沟内与土混匀；如作追肥和叶面喷施，可用 0.05%～0.1% 硼砂每亩 50～70 L，分别于幼苗期、发棵期，根茎膨大期喷施 3 次。

（3）山药。山药施肥一般以基肥为主，追肥为辅。基肥以充分腐熟的优质粪肥和复合肥为主，也可以氮、磷、钾配比施用。而追肥的重点则在块茎膨大期，要因植株长势追施适量速效肥料，以促健长，防早衰。施用基肥时，每亩施腐熟的粪肥 2 000～4 000 kg、氮磷钾含量 18-18-18 的复合肥 60～80 kg（施用前将二者充分拌和），或有机肥 2 000 kg、尿素 25 kg、磷酸二铵 25 kg、硫酸钾 30 kg。基肥在整地前全田均匀撒施，施后将肥料耕翻入 30 cm 耕层中。巧追肥的原则是"前期重，中期稳，后期防早衰"。施用追肥时，苗期以氮肥为主，每亩施 10～15 kg 高氮钾型复合肥。7 月上旬每亩施高氮钾型复合肥 20～25 kg，并喷施一次 0.25% 磷酸二氢钾。从 7 月下旬开始，可喷 0.25% 磷酸二氢钾 2～3 次，8 月上旬每亩施氮磷钾复合肥 20～30 kg。块茎充实期通常不采取泥土追肥，可喷施 0.25% 磷酸二氢钾一次，以延长藤蔓生长时间。

8. 绿叶菜类

(1)菠菜(越冬菠菜)。

①施足基肥。由于越冬菠菜生育期较长,为了防止生长期间脱肥,播种前基肥必须充足。一般以有机肥和应施的全部磷、钾肥做基肥全层施入,然后整地做畦,并随后喷施新高脂膜 800 倍液保护肥效。

②越冬前适当控制氮肥,适时播种,并应控制氮肥含量,防止秧苗徒长干物质和糖分积累量减少而遭受冻害;如播种过晚或地力不足,可适当追施氮肥,促进秧苗生长,以保证菠菜以适宜的苗龄越冬;并在菠菜齐苗后喷施新高脂膜 800 倍液防止病菌侵染,提高抗自然灾害能力,提高光合作用强度,保护禾苗苗壮成长。

③返青后加强肥水管理。越冬返青后是菠菜追肥关键时期,要严格控制追肥时间,防止追肥不当影响菠菜的生长,通常在 3 月中下旬和 4 月上旬分两次追施较为适宜,同时追肥随灌水进行;并适时喷施壮茎灵使植物杆茎粗壮、叶片肥厚、叶色鲜嫩、植株茂盛,天然品味浓。同时可提升抗灾害能力,减少农药化肥用量,降低残留量。

④慎用铵态氮肥。菠菜对铵态氮肥敏感,越冬菠菜的生产季节正值秋冬和冬春交界时期,此时土温低,土壤的硝化作用很弱,因此最好少用铵态氮肥,可适当多用硝态氮肥,同时配合喷施新高脂膜 800 倍液保护肥效,大大提高养肥的有效成分利用率。

(2)芹菜。

①苗肥。保护地栽培的芹菜一般都要经过育苗,然后再定植。营养土的配制可以参照番茄的营养土配制方法,也可以按体积比用 1/2 的菜园土与 1/2 的腐熟或半腐熟堆肥混匀后做营养土,并按重量的 2%~3% 掺入过磷酸钙。在出苗后 30 d 左有,酌情追施一次低浓度氮肥,每畦追施硫酸铵 0.2 kg 或腐熟的稀人粪尿。

②基肥。由于芹菜根系浅,栽培密度大,在定植前整地时一定要施足底肥。每亩施入 4 000~5 000 kg 有机肥,30~35 kg 过磷酸钙。25~20 kg 硫酸钾,对于缺硼土壤每亩可施入 1~2 kg 硼砂。

③追肥。一般在定植后缓苗期间开始追肥,缓苗时植株生长很慢,为了促进新根和叶片的生长,可施一次提苗肥,每亩随水追施 10 kg 硫酸铵,或腐熟的人粪尿 500~600 kg。从新叶大部分展出到收获前植株进入旺盛生长期,叶面积迅速扩大,叶柄迅速伸长,叶柄中薄壁组织增生,芹菜吸肥量大,吸肥速率快,要及时追肥。第一次每亩追施尿素 7~9 kg 或硫酸铵 15~20 kg,硫酸钾 10~15 kg。第一次追肥后的第 15 天左右,芹菜开始进入旺盛生长期,细小白根布满地面,叶色鲜绿而发亮,叶面出现一些凸起,这时进行第二次追肥,用量与第一次相同。再过 15 d 左右

进行第三次追肥,肥料用量与第一次相同,或视芹菜的生长情况增加或减少肥料用量。

氮肥和钾肥每次施用量不宜过多,土壤中氮、钾浓度过高会影响硼、钙的吸收,造成芹菜心叶幼嫩组织变褐,并出现干边,严重时枯死,在灌水不足、土壤干旱和地温低时更加严重。所以要控制氮肥和钾肥的用量,增加硼肥和钙肥的施用,保持土壤湿润,避免土温过低。在植株缺硼时还容易产生茎裂,茎裂多出现在外叶叶柄的内侧。心叶发育时期缺硼,其内侧组织变成褐色,并发生龟裂现象。叶面喷施0.5%的硼砂水溶液可在一定程度上避免茎裂的发生。

施化肥时要在露水散尽后撒施,还要用新扫帚扫净落在叶片上的肥料,注意边施肥边灌水。灌水标准应以水在畦面上淹没心叶为宜,这样可以防止落入心叶上的化肥烧坏生长点。棚室栽培芹菜,灌水后要加强放风,保持畦面湿润。高温多雨季节追肥要用氮素化肥,不用人粪尿,以免烂根。追肥要多次施用,每次不宜太多。塑料薄膜棚室内的水分不易散失,特别是在严寒冬季,放风时间短,室内湿度过大,植株蒸腾量小,应尽量减少灌水次数和灌水量,以防湿度过大引发病害。

(3)莴苣。莴笋分叶用和茎用两种,适合春秋两季种植。秋季栽培茎用莴笋对肥水要求严格,通过合理水肥管理,前期叶面积迅速扩大和后期肉质茎的横向膨大是取得较高产量和较好品质的关键。

莴笋施肥既强调氮、磷、钾、钙、镁、铁、锌等大中微量元素及有机、无机的合理配施,也突出养分关键期和养分最大效益期的科学管理,否则管理不当不仅浪费肥料,还会引起徒长和过早抽薹,不能形成硕大肥嫩的肉质茎。同时由于天气原因容易引起霜霉病、白粉病等叶部病害的感染和传播,多年重茬种植也容易引起土传病害如茎部腐烂的发生,严重影响销售品质,减少收益。

①春莴苣施肥。春莴苣播期在头年的9月以后,冬前停止生长的一段时期。定植缓苗后施速效性氮肥,每亩施用尿素7.5 kg,以促进叶数的增加及叶面积的扩大,次年返青后,叶面积迅速增大呈莲座状,应追施1次速效性氮肥,每亩施用尿素10 kg,追肥结合浇水进行。浇水后,茎部肥大速度加快,需肥水量增加,一般每亩施用尿素10 kg,并施磷酸二氢钾10 kg。施肥也可少量多次进行,因茎部肥大期地面稍干就浇,同时可用1 000 mg/L青鲜素进行叶面喷洒,抑制抽薹。

②秋莴苣施肥。秋莴苣,除施足基肥外,定植后浅浇勤浇直至缓苗,缓苗后施速效性氮肥,每亩施用尿素7.5 kg,"团棵"时施第二次肥,结合浇水每亩施用尿素10 kg或磷酸二铵15 kg,以加速叶片分化和叶面积扩大。茎部开始肥大时,追施第三次肥,结合浇水每亩施用尿素10 kg和0.3%磷酸二氢钾叶面喷施。同春季一

样,为了防抽薹和增加茎重,可喷施 500～1 000 mg/L 青鲜素或 6 000～10 000 mg/L 矮壮素。

9.豆类

(1)豇豆。豇豆是一种可以共生固氮的作物,需氮量相对较少,需磷、钾量较多。

①重施基肥。豇豆忌连作,最好选择 3 年内未种过棉花和豆科植物的地块,基肥以施用腐熟的有机肥为主,配合施用适当配比的复合、混肥料,如 15-15-15 硫酸钾型复合肥等类似的高磷、钾复合、混肥比较适合于作豇豆的基肥选用。值得注意的是,在施用基肥时应根据当地的土壤肥力,适量的增、减施肥量。

②巧施追肥。定植后以蹲苗为主,控制茎叶徒长,促进生殖生长,以形成较多的花序。结荚后,结合浇水、开沟,每 10 000 m² 追施腐熟的有机肥 15 000 kg 或者施用 20-9-11 含硫复合肥等类似的复合、混肥料 75～120 kg,以后每采收两次豆荚追肥一次,肥料用量为每 10 000 m² 追施尿素 75～150 kg、硫酸钾 75～120 kg,或者追施 17-7-17 含硫复合肥等类似的复混肥料 120～180 kg。为防止植株早衰,第一次产量高峰出现后,一定要注意肥水管理,促进侧枝萌发和侧花芽的形成,并使主蔓上原有的花序继续开花结荚。

除此之外,在生长盛期,根据豇豆的生长现状,适时用 0.3% 的磷酸二氢钾进行叶面施肥,同时为促进豇豆根瘤提早共生固氮,可用固氮菌剂拌种。

上述有关豇豆的施肥量只能作为参考,具体的施肥量还要根据当地的土壤肥力水平确定。但是需要特别提醒的是,追肥后必须结合浇水,要肥水结合,有肥无水等于无肥。可以选用控释 BB 肥,以便明显减少施肥次数,减少劳动力投入,降低生产成本,提高豇豆种植的经济效益。

(2)蚕豆。

①南方冬蚕豆施肥。南方冬蚕豆为越冬作物,生育期较长,根据其需肥特性,蚕豆施肥应掌握"重施基肥,增施磷、钾肥,看苗施氮、分次追肥"的原则。基肥以腐熟有机肥为主,适当配合磷、钾。基肥一般每亩施人粪尿或猪牛栏粪 500～750 kg、过磷酸钙 25～30 kg,对缺钾的土壤还要增施草木灰 25～50 kg 或氯化钾 3～5 kg。氮肥宜作种肥施用。一般每亩施硫酸铵约 5 kg、或尿素 2～2.5 kg、或磷酸二铵 10 kg。此外,蚕豆播种前酌情用根瘤菌生物肥料、钼肥、硼肥等对种子进行种子处理。冬蚕豆苗期一般不必追肥,但对于瘠薄土壤或基肥不足、长势差的地块,应在苗期及时轻施氮肥提苗。一般每亩施硫酸铵 3～4 kg,或人畜粪尿 250 kg,或尿素 1.5～2 kg 兑水 1 500 kg 左右浇苗根。冬蚕豆春肥的施用要看苗灵活掌握,前期肥料足、地力好、长势旺的可不施或少施,反之,应早施多施。在常年冬发较好的情况下,只

限于生长差的地块补肥促发。一般的春肥每亩用 2.5 kg 尿素与 5 kg 过磷酸钙掺匀施用、或用约 10 kg 磷酸二铵。蚕豆在开花结荚期生长发育加快,吸收养分最多,生物固氮作用达最旺盛,以后逐渐下降,直至停止。普施重施花荚肥有保花、增荚、增粒、增重的作用,是增加蚕豆产量的一项重要措施。一般以初花期追施为宜、不能迟于盛花期。一般每亩用人粪尿 200～250 kg 水浇苗根,或施尿素 5～10 kg。长势差的地块要适当早施重施,于初花期每亩施折纯氮 2.5～3 kg 的氮肥,做到增花增荚兼顾。长势一般的,在开花始盛期每亩施折合纯氮 1.8～2.4 kg 的氮肥,以利于多结下部荚,争取中部荚。长势好的应晚施轻施,在中花盛荚期每亩施折合纯氮 1～1.5 kg 的氮肥,以稳住下部荚,争取中部荚,促进粒饱。磷、钾肥提倡作基肥和种肥施用,若土壤缺乏而前期未施,可在追施氮肥的同时每亩施过磷酸钙 10～15 kg,氯化钾或硫酸钾约 5 kg。磷、钾肥也可用叶面喷施的方法施用。在开花结荚阶段每亩用 1%～2% 的过磷酸钙浸提液 50 kg,溶进 500 g 氯化钾,叶面喷施,也可每亩用 0.2%～0.3% 的磷酸二氢钾溶液 50 kg 叶面喷施。还可以根据需要加入适量的尿素及钼、硼等量元素肥料后喷施。一般 7～10 d 喷施 1 次,共喷 2～3 次,可获得明显增产效果。

②北方春蚕豆施肥技术。我国淮河以北地区蚕豆多为春播。春蚕豆早春播种时气温低,肥效慢,宜重施基肥。基肥以有机肥为主,配合适量的速效化学肥料。春蚕豆施用的有机肥必须要经过腐熟,否则肥效对春蚕豆的作用很小。基肥一般每亩施腐熟厩肥或炕土 1 500～2 000 kg,过磷酸钙 20～25 kg,草木灰 250～500 kg 或氯化钾 4～5 kg。基肥最好结合秋耕或冬耕施用。蚕豆播种时每亩用 5 kg 硫酸铵,或 2～3 kg 尿素,或约 10 kg 磷酸二铵作种肥。播种前也要根据情况用根瘤菌生物肥、硼、钼等微量元素肥料拌种或浸种。春蚕豆一般不追苗肥,但对瘠薄土壤而言,如果施基肥和种肥时没有施入氮肥,可于第一至第二片真叶展开前追苗肥,一般每亩施硫酸铵或碳酸氢铵 4～5 kg。北方春蚕豆开花以后看苗追肥技术可参考南方冬蚕豆施肥技术进行。

(3)菜豆。菜豆全生育期每亩施肥量为粪肥 2 500～3 000 kg(或商品有机肥 350～400 kg),氮肥(N)8～10 kg、磷肥(P_2O_5)5～6 kg、钾肥(K_2O)9～11 kg,有机肥作基肥,氮、钾肥作基肥和追肥施入,磷肥全部作基肥施入土壤。化学肥料和粪肥(或商品有机肥)要混合施用。

①基肥。基肥施用粪肥每亩施用 2 500～3 000 kg(或商品有机肥 350～400 kg),尿素 3～4 kg、磷酸二铵 11～13 kg、硫酸钾 6～8 kg。

②追肥。苗期追肥:播种后 20～25 d,在菜豆开始花芽分化时,如果没有施足基肥,菜豆可能会表现出缺肥症状,应及时进行追肥,但苗期施过多氮肥,会使菜豆

徒长,因此,是否追肥应根据植株长势而定。抽蔓期追肥:抽蔓期仍以营养生长为主,追肥可促进茎叶的生长,为开花结荚奠定基础。一般每亩施尿素6~9 kg,硫酸钾4~6 kg。

开花结荚期追肥:开花结荚期是肥水管理的关键时期,对氮、磷、钾等养分的吸收量随植株生长速度加快而增加,呈需肥高峰,适时追肥,可促进果荚迅速生长。开花结荚期需肥量大,一般可每亩施尿素5~7 kg、硫酸钾4~6 kg。根外追肥:结荚盛期,可用0.3%~0.4%的磷酸二氢钾叶面喷施3~4次,每隔7~10 d喷施1次。设施栽培可补充二氧化碳气肥。

(4)豌豆。

①基肥。豌豆基肥要特别强调早施。北方春播宜在秋耕时施基肥,南方秋播也应在播前整地时施基肥,以保证苗全、苗壮、苗旺。一般每亩施有机肥3 000~5 000 kg、过磷酸钙25~30 kg、尿素10 kg、氯化钾15~20 kg或草木灰100 kg。

②追肥。根据豌豆的长势,可在开花始期进行第1次追肥,一般每亩施尿素5 kg、氯化钾5 kg或三元复合肥15~20 kg,结合浇水;第2次追肥可在坐荚后进行,每亩追施尿素7.5 kg、氯化钾7.5 kg或三元复合肥20~25 kg,同时结合浇水。

【任务拓展】

(一)发展无公害食品蔬菜产地环境条件

1 范围

本标准规定了无公害蔬菜产地选择要求,环境空气质量要求、灌溉水质量要求、土壤环境质量要求、试验方法及采样方法。

2 规范性引用文件

下列文件中的条款通过本标准的引用而成为标准的条款。凡是注日期的引用文件,其随后所有的修改单(不包括勘误的内容)或修订版均不适用本标准,然而,鼓励根据本标准达成协议的各方研究是否可适用这些文件的最新版本。凡是不注日期的引用文件,其最新版本适用于本标准。

GB/T 5750 生活饮用水标准检验方法

GB/T 6920 水质　pH的测定　玻璃电极法

GB/T 7467 水质　六价铬的测定　二苯碳酰二肼分光光度法

GB/T 7468 水质　总汞的测定　冷原子吸收分光光度法

GB/T 7475 水质　铜、锌、铅、镉的测定　原子吸收分光光度法

GB/T 7485 水质　总砷的测定　二乙基二硫代氨基甲酸银分光光度法

GB/T 7487 水质　氰化物的测定　第二部分　氰化物的测定

GB/T 11914 水质　化学需氧量的测定　重铬酸盐法

GB/T 15262 环境空气　二氧化硫的测定　甲醛吸收-副玫瑰苯胺分光光度法

GB/T 15264 环境空气　铅的测定　火焰原子吸收分光光度法

GB/T 15432 环境空气　总悬浮颗粒物的测定　重量法

GB/T 15434 环境空气　氟化物的测定　滤膜·氟离子选择电极法

GB/T 16488 水质　石油类和动植物油的测定　红外光度法

GB/T 17134 土壤质量　总砷的测定　二乙基二硫代氨基甲酸银分光光度法

GB/T 17136 土壤质量　总汞的测定　冷原子吸收分光光度法

GB/T 17137 土壤质量　总铬的测定　火焰原子吸收分光光度法

GB/T 17141 土壤质量　铅、镉的测定　石墨炉原子吸收分光光度法

NY/T 395 农田土壤环境质量监测技术规范

NY/T 396 农田水源环境质量监测技术规范

NY/T 397 农区环境空气质量监测技术规范

3　要求

3.1　产地选择

无公害蔬菜产地应选择在生态条件良好,远离污染源,并具有可持续生产能力的农业生产区域。

3.2　产地环境空气质量

无公害蔬菜产地环境空气质量应符合表 3-3-1 的规定。

3.3　产地灌溉水质量

无公害蔬菜产地灌溉水质应符合表 3-3-2 的规定。

表 3-3-1　环境空气质量要求

项目	浓度限值			
	日平均		1 h 平均	
总悬浮颗粒物(标准态)/(mg/m³)≤	0.30			
二氧化硫(标准状态)/(mg/m³)≤	0.15a	0.25	0.50a	0.70
氟化物(标准状态)/(mg/m³)≤	1.5b	7		

注:日平均指任何 1 d 的平均浓度;1 h 平均指任何一小时的平均浓度。

a 菠菜、青菜、白菜、黄瓜、莴苣、南瓜、西葫芦的产地应满足此要求。

b 甘蓝、菜豆的产地应满足此要求。

表 3-3-2　灌溉水质量要求

项目	浓度限值	
pH	5.5～8.5	
化学需氧量(mg/L)≤	40a	150
总汞/(mg/L)≤	0.001	
总镉/(mg/L)≤	0.005b	0.01
总砷/(mg/L)≤	0.05	
总铅/(mg/L)≤	0.05c	0.10
铬(六价)/(mg/L)≤	0.10	
氰化物/(mg/L)≤	0.50	
石油类/(mg/L)≤	1.0	
粪大肠菌群/(个/L)≤	＜40 000 d	

a 采用喷灌方式灌溉的菜地应满足此要求。
b 白菜、莴苣、茄子、雍菜、芥菜、苋菜、芜菁、菠菜的产地应满足此要求。
c 萝卜、水芹的产地应满足此要求。
d 采用喷灌方式灌溉的菜地以及浇灌、沟灌方式灌溉的叶菜类菜地时应满足此要求。

3.4　产地土壤环境质量

无公害蔬菜产地土壤环境质量应符合表 3-3-3 的规定。

表 3-3-3　土壤环境质量要求　　　　　　　　　　　mg/kg

项目	含量限值					
	pH＜6.5		pH 6.5～7.5		pH＞7.5	
镉≤	0.30		0.3		0.40a	0.60
汞≤	0.25b	0.30	0.30b	0.50	0.35b	1.0
砷≤	30c	40	25c	30	20c	25
铅≤	50d	250	50d	300	50d	350
铬≤	150		200		250	

注：本表所列含量限值适用于阳离子交换量＞5 cmol/kg 的土壤，若≤5 cmol/kg，其标准值为表内数值的半数。
a 白菜、莴苣、茄子、雍菜、芥菜、苋菜、芜菁、菠菜的产地应满足此要求。
b 菠菜、韭菜、胡萝卜、白菜、菜豆、青椒的产地应满足此要求。
c 菠菜、胡萝卜的产地应满足此要求。
d 萝卜、水芹的产地应满足此要求。

4　试验方法

4.1　环境空气质量指标

4.1.1　总悬浮颗粒的测定按照 GB/T 15432 执行。

4.1.2　二氧化硫的测定按照 GB/T 15262 执行。

4.1.3　二氧化氮的测定按照 GB/T 15435 执行。

4.1.4　氟化物的测定按照 GB/T 15434 执行。

4.2　灌溉水质量指标

4.2.1　pH 的测定按照 GB/T 6920 执行。

4.2.2　化学总需氧量的测定按照 GB/T 11914 执行。

4.2.3　总汞的测定按照 GB/T 7468 执行。

4.2.4　总砷的测定按照 GB/T 7485 执行。

4.2.5　铅、镉的测定按照 GB/T 7475 执行。

4.2.6　六价铬的测定按照 GB/T 7467 执行。

4.2.7　氰化物的测定按照 GB/T 7487 执行。

4.2.8　石油类的测定按照 GB/T 16488 执行。

4.2.9　粪大肠菌群的测定按照 GB/T 5750 执行。

4.3　土壤环境质量指标

4.3.1　铅、镉的测定按照 GB/T 17141 执行。

4.3.2　汞的测定按照 GB/T 17136 执行。

4.3.3　砷的测定按照 GB/T 17134 执行。

4.3.4　铬的测定按照 GB/T 17137 执行。

5　采样方法

环境空气质量监测的采样方法按照 NY/T 397 执行。

灌溉水质量监测的采样方法按照 NY/T 396 执行。

土壤环境质量监测的采样方法按照 NY/T 395 执行。

(二)我国有关无公害、绿色、有机蔬菜的农业化学品使用基本要求

我国将蔬菜分为无公害、绿色和有机三个等级。其中,无公害蔬菜是指在蔬菜种植过程中,可以使用低毒化肥和农药,但要将有害物的含量控制在规定标准之内,即农药残留不可超标。绿色蔬菜是指经过农业部门认证,许可使用绿色食品标识的蔬菜。1996 年起,我国将绿色蔬菜分为 AA 和 A 两个等级,A 级允许限量使用限定的化学合成物质,AA 级规定不得使用任何有害化学合成物质。有机蔬菜是指在种植过程中绝对禁止使用农药、化肥、激素、除草剂、合成色素等人工合成物质。

【任务评价】

一、自我评价

(1)运用所学的知识,描述主要蔬菜的种类;描述主要蔬菜的种类、需肥量、需肥特性;描述主要蔬菜的施肥关键期、施肥量;描述不同模式下主要蔬菜的施肥技术。

(2)通过自学、讨论和调研,你对不同模式下主要蔬菜合理施肥有什么全新的认识?

二、小组评价

评价内容	评价标准	分值	评价人	得分
主要蔬菜的种类、需肥量、需肥特性	能根据不同的分类标准将主要蔬菜作物进行分类;能较好地掌握主要蔬菜的需肥量及需肥特性	30分	教师	
主要蔬菜的施肥关键期、施肥量	根据主要蔬菜的需肥特性等,掌握蔬菜需肥关键期有哪些,在此时期施肥量有多少	30分	教师	
不同栽培模式下主要蔬菜的施肥技术	通过理论学习与实地调研等实践,掌握不同栽培模式下主要蔬菜的施肥技术	30分	教师	
团队协作	小组成员间团结协作	5分	组内互评	
职业素质	责任心强,学习主动、认真、方法多样	5分	组内互评	

【思考题】

1.什么是植物营养的阶段性?作物吸收养分的两个关键时期是什么?它们各有什么特点?

2.水稻对氮、磷、钾等养分的需求特点是怎样的?

3.水稻吸收氮素营养有哪两个高峰期?

4.水稻的施肥原则是什么?水稻的施肥方法又是什么?

5.高产水稻对土壤条件有哪些要求?高产水稻如何进行测土配方施肥?

6.小麦对氮、磷、钾等养分的需求特点是怎样的?

7.小麦营养的关键时期中,氮、磷、钾各在什么时期?

8.氮、磷、钾对于小麦的养分最大效率期分别在什么时期?

9.小麦肥料的运筹方案是怎样的?

10. 简述冬小麦和春小麦的配方施肥技术。

11. 玉米对肥料三要素需求规律是什么?

12. 玉米高产对土壤条件有哪些要求?

13. 简述春玉米和夏玉米的施肥技术。

14. 甘薯各生育期的需肥规律有哪些?

15. 如何进行甘薯的施肥?

16. 棉花吸收养分的规律是怎样的?

17. 如何进行棉花各生育期的合理施肥?

18. 花生的营养特性有哪些?

19. 如何进行花生的合理施肥?

20. 果树的营养特性主要有哪些?

21. 总结当地主栽的常绿果树品种的需肥特点与施肥技术。

22. 总结当地主栽的落叶果树品种的需肥特点与施肥技术。

23. 果树施肥方法有哪些?水肥一体化施肥有何特点?

24. 蔬菜分为哪些主要类型?

25. 不同蔬菜的需肥量、需肥特性如何?

26. 对不同蔬菜的应如何把握期施肥关键期、施肥量?

27. 简述不同栽培模式下,主要蔬菜的施肥技术。

附录 1　作物缺素症状

【水稻、麦类】

症状出现部位及其表现	主要的特异症状	判断	与其他容易混淆症状的区别
全体生育不良，尤其是老叶	伸长、分蘖不良、下叶显著黄化	缺氮	缺氮与缺硫的判别法：①分别施用硫酸铵和氯化铵，如两者都好转，则缺氮，如只有硫酸铵好转，则缺硫。②作氮和硫的叶分析
	伸长不大受抑制，但叶片黄化	缺硫	
	分蘖少、叶幅变狭、呈暗绿色、下叶叶鞘、茎呈紫色	缺磷	
出现于老叶，生育初期易发	水稻插秧后 20 d 左右，即分蘖盛期，下叶黄化，从叶舌处呈直角折而下垂。麦类下位叶叶色褪淡，残留叶绿素在叶脉间排列成念珠状。严重时叶尖黄化，褐变枯死	缺镁	在水稻上与缺氮相似但缺镁叶片从叶舌处作直角下垂可作区别。麦类与缺钾相似，麦类缺钾一般下叶前端变褐、枯焦，而缺镁叶脉间叶绿素出现念珠状样，可区别
出现于老叶，生育中后期易发	抽穗前后叶色呈浓绿，伸长不良，从下叶前端开始黄褐色枯萎。麦类有时发生明显的白斑，严重时白斑连接，褐变枯死	缺钾	叶色浓绿与缺镁区别
出现于中位叶	叶幅变阔，沿叶脉黄化，在黄化部分多处产生褐色的点、线型斑	缺锰	中性到偏碱性土壤易发
出现于新叶	新叶黄白化，稍轻呈黄绿相间条纹，严重时新叶不出，老叶保持正常绿色	缺铁	中性到偏碱性土壤易发

【果菜类】

症状出现部位及其表现	主要的特异症状	判断	与其他容易混淆症状的区别
全体生育不良，尤其是老叶	由老叶到新叶逐渐黄化，株高受抑制，植株小型化	缺氮	
	叶形变小、浓绿、下叶呈紫色、落叶、细根伸长不良	缺磷	
出现于老叶，生育初期不发生，从果实肥大期症状开始出现	叶呈暗绿色，老叶前端及边缘变黄并产生小黄斑，逐渐向中肋扩展，随后叶尖、叶缘褐变坏死，病变部与近叶脉正常色色界清楚，黄瓜等下叶产生多量小型白斑，辣椒等下叶严重落叶	缺钾	缺镁叶片略发黄，而缺钾叶全体呈暗绿色。下叶叶缘及叶间黄变或褐变，此部位与绿色部对比(反差)显著
	叶脉间发生黄斑，叶缘向内侧卷曲	缺钼	酸性土壤易发，中性到碱性土壤不会发生，硝态氮多时也易发
从果实着生附近的叶片开始，生育初期不发生，果实肥大期表现症状	从果实肥大开始，附近叶片叶脉间开始黄化。有的黄化从叶前端开始，叶缘脉间都黄化，但有的叶缘绿色，叶脉间黄化，还有的在果实着生处以下叶全黄化。严重时，黄化部褐变、坏死、落叶	缺镁	有时与缺锰、缺锌不易辨别：①缺镁不发生在新叶上；②土壤 pH 低的缺；③作叶分析
从新叶开始出现，症状发生于最前端	顶芽及新叶黄白化，只叶脉残留绿色，一般不褐变坏死。室内栽培，盐类浓度高时以及吸收亚硝酸盐等特殊条件下发生	缺铁	与缺锰区别困难：①缺铁症顶芽几乎成白色；②硫酸铁喷2～3 d内呈绿色，可断为缺铁；③作叶分析
	顶芽黄化萎缩	缺硼	
从新叶开始，也向比较老的叶扩展	新叶叶肉呈淡绿色，沿叶脉残留绿色，黄化部不久褐变	缺锰	①缺锰新叶黄化，但不如缺铁那样白化。且黄色部分界线不明显；②缺锌黄斑部和绿色部色差(对比)明显
	新叶发生黄斑，呈小叶丛生状，黄斑渐渐向全叶扩展	缺锌	
出现于茎和叶柄	茎的先端和叶柄变脆，折断看时中心变黑，有时出现茎裂	缺硼	
出现于果实	番茄脐腐，黄瓜褐色心腐，辣椒脐腐等。所有都是从附着花瓣的一端开始	缺钙	

【结球类】

症状出现部位及其表现	主要的特异症状	判断	与其他容易混淆症状的区别
全体发育不良，特别是老叶	由老叶开始变黄，逐渐沿及新叶，有时不结球。即使结球，形也小	缺氮	
	叶浓绿，但作物不长大，下叶和叶柄呈紫色	缺磷	
出现于老叶，生育初期不表现，结球开始出现症状	所有叶片呈浓绿色，多皱，老叶先端和叶缘变黄或褐变枯焦，甘蓝、花椰菜易发	缺钾	①黄变部与绿色部界线明显；②黄变部容易褐变坏死
	老叶的叶缘及叶脉间黄化，叶脉残留绿色。叶脉和叶柄有时呈紫色	缺镁	①黄变部与绿色部界线不明显；②酸性土易发
出现于老叶，生育初期也发生，由老叶向新叶逐渐扩展	叶脉间出现黄色斑，叶缘向内卷曲呈杯状，叶身变小，叶肉仅在中肋部附着，形成形如狗尾的"鞭尾叶"或"鞭状叶"	缺钼	酸性土易发
出现于新叶的尖端或心叶	新叶先端和叶缘呈白色或褐色枯死	缺钙	缺硼叶片叶柄产生褐色或黑色龟裂和斑点；缺钙叶柄无任何症状
	新叶先端褐色枯死——缘腐中心部萎缩，黄褐色——心腐	缺硼	
出现于叶柄	剥开叶球外叶，在叶柄中内侧可见黑色斑点和褐色龟裂纵横发生	缺硼	

【叶菜类】

症状出现部位及其表现	主要的特异症状	判断	与其他容易混淆症状的区别
全体生育不良，各个生长期都可发生	全体黄化、生育不良	缺氮	
	叶脉、叶柄呈紫色，赤褐色、叶身呈浓绿色	缺磷	
先发生于老叶，渐次延及新叶	全体叶呈暗绿色，多皱，老叶前端叶缘呈黄色，随后渐渐褐变坏死	缺钾	黄变部与浓绿色部对比强烈
	老叶的叶缘及脉间黄化，叶脉残留绿色，严重时黄化部分白化，坏死。也有作物全体呈黄色，生育显著不良	缺镁	黄变部与绿色部界线不明显，或全体黄化
	叶向内侧卷曲成杯状，症状渐次延及新叶	缺钼	酸性土壤易发
先出现于新叶	心叶萎缩并黄化，严重时呈心腐	缺硼	①缺硼以中性、碱性土易发；②缺锰、缺铁没有缺硼那样的叶片萎缩，也不心腐；③缺锰呈淡绿色，缺铁呈白色
	新叶叶脉残留淡绿色，对光看症状更清楚	缺锰	
	新叶呈黄白色，仅沿叶脉残留绿色	缺铁	
叶柄可见木栓化	芹菜等叶柄局部发生术栓化，产生纵横龟裂	缺硼	

【根菜类】

症状出现部位及其表现	主要的特异症状	判断	与其他容易混淆症状的区别
全体生长不良，尤其是老叶	由老叶到新叶逐步黄化，叶形变小，根不肥大	缺氮	
	叶浓绿而作物体不长大，下叶和叶柄呈紫色，根不长粗	缺磷	
出现于老叶，生育初期不出现，根肥大期出现	心叶呈暗绿色，老叶的先端及边缘黄变或褐色坏死，芜青等下叶产生白斑，并连，随之这部分老叶枯死	缺钾	①缺钾黄变部与绿色部界线清楚，缺镁界线不清楚；②缺钾黄变部容易褐变坏死，缺镁变化缓慢。萎缩病的黄斑不规则，镁缺乏的黄斑遍布于叶脉间
	老叶叶缘及脉间黄变，叶脉残留绿色，有时叶柄和脉紫色	缺镁	
	叶脉间黄化，叶向内侧卷曲而呈杯状，叶先端和叶缘枯萎，萝卜仅在中肋附着叶肉或鞭状叶	缺钼	酸性土壤易发
表现于新叶，只发生于新叶	新叶先端和叶缘呈白色或褐色枯萎	缺钙	
	心叶黄化不伸长，显示萎缩状，胡萝卜心叶黄化后从根颈头部另外出生新叶呈丛生状	缺硼	
先从新叶开始，向全体扩散	叶脉残留绿色，脉间淡绿色到黄色，逐步延及老叶，但心叶不出现萎缩	缺锰	①锰缺乏土壤 pH>6.5；②作叶分析
出现于根都，表现根肥大及色泽不良	根肥大不良，胡萝卜红色褐淡	缺氮缺钾缺镁缺钙等	
出现于根部，表面粗糙、龟裂、黑心、心腐、空洞化等	根的头部出现黑色、木栓化、龟裂等，表面粗糙呈鲨鱼皮状，横切面可见导管部和中心部有红褐色或黑色污染，呈赤褐心、心腐或空洞化	缺硼	

【常绿果树】

症状出现部位及其表现	主要的特异症状	判断	与其他容易混淆症状的区别
全体生育黄化,从老叶先黄化	新叶绿色褪淡,黄化,叶长不大,枝的伸长不良,渐渐树的全部叶片黄化落叶	缺氮缺硫	①分别施用硫酸铵和氯化铵,两者叶色都转浓,缺氮,仅硫铵区变浓,缺硫;②土壤中硝态氮测定;③作叶分析
全体生育不良	叶小,密生,淡绿色。红土不施磷而种植苗木时症状发生。成园树不大发生	缺磷	
先出现于老叶,生育初期不发生,果实肥大期出现	老叶和果实着生的枝,叶片脉间呈黄色,严重时只叶脉残留绿色,黄化落叶,结果多的树和枝上的叶危害尤大	缺镁	与缺锰、缺锌症发生于老叶时区别困难,但缺镁新叶不发生,酸性土壤容易发生
	老叶脉间黄化,有时产生黄斑,叶缘向内侧卷曲,叶由先端和边缘开始枯死	缺钼	
新叶开始出现,也向老叶扩展	新梢叶片仅叶脉残留绿色而黄白化,但老叶绿色,全然不存在缺乏症状	缺铁	新叶呈黄白色,在中性到碱性土壤发生。石灰质肥料过量使用,有时发生
新叶开始出现,也向老叶扩展	叶脉间绿色褪淡,沿叶脉残留绿色,对光观察状更清楚,渐渐地老叶也发生症状	缺锰	缺锰与缺锌并发情况较多:①两者单独出现时叶脉间黄化,对比强烈的缺锌,弱的缺锰;②以锰和锌分别喷布于不同树进行鉴别;③作叶分析
	叶脉间鲜明黄化,与叶脉绿色对比清楚,发生于新叶,但缺乏严重时可以扩展到树体所有叶片,叶小型化	缺锌	
	新叶前端成鲜黄色,黄化渐渐延及叶缘,严重时叶畸形化,症状叶向全树扩展	缺钙	酸性土壤发生
出现于叶柄	老叶叶柄产生木栓层,龟裂,叶柄变脆,落叶	缺硼	土壤 pH 在 6.3 以上容易发生
出现于果实	果实肥大不良,果皮增厚,即使进入着色期,果实仍坚硬,果皮上出现树脂状物和黑点,果心部有赤褐脂质产生	缺硼	

【落叶果树】

症状出现部位及其表现	主要的特异症状	判断	与其他容易混淆症状的区别
整树生育不良，老叶黄化、枯梢	从老叶到新叶逐步黄化，有的伴随产生紫红色或红色，严重时树梢不伸长，变细，叶小型化	缺氮	
	新叶暗绿色，老叶新青铜色，稍带褐色，枝和叶柄带紫色，新梢细，叶小型化	缺磷	
出现于老叶，生育初期不发生，果实肥大期出现症状，新叶不发生	产生细小的点状黄斑，叶尖及边缘黄变并逐渐褐变坏死，叶缘烧灼，病变部以外浓绿色，桃子叶扭曲，枝变细，全树严重落叶	缺钾	缺钾和缺镁区别：①缺钾黄色，褐色部与绿色部对比明显；②缺钾叶缘枯焦；③作叶分析
	老大叶和果实附近叶片脉间黄化，这一黄化从叶缘开始并向中肋部伸展，有时叶缘绿色而脉间黄色，落叶严重，最后仅留绿色的顶叶	缺镁	
先从老叶开始，生育初期发生，也向老叶扩散	叶细小，枝也细，枝先端节间缩短，叶密集，脉间黄化鲜明，渐向新叶扩展，老叶落叶	缺锌	①黄变部、绿色部界线清楚；②中性到碱性土壤易发
先出现于新叶，逐渐由新叶向老叶扩展	叶脉间呈淡绿色，沿叶脉残留绿色，对光观察，症状分外清楚，逐渐地脉间、叶缘黄化、褐变。柿树严重落叶	缺锰	
	顶端新叶叶尖和叶缘枯萎，同时落叶畸形化，枯梢	缺钙	
出现于新叶，只在新叶上表现症状	新梢变形、黄化，芽扭曲，分泌树脂状物质，顶芽近处变脆		缺钙与缺硼的区别：缺硼①顶芽和枝变脆；②产生树脂状物质。缺钙①没有树脂状物质；②酸性土易发
出现于新梢	顶芽附近枝变脆，切断枝鞘可见中心呈红褐色或黑色的变色区。新梢附近分滋脂状物质	缺硼	
出现于果实	花芽形成不良，着果不良，果皮木栓化，果肉呈海绵状，并木栓化		
	果肉木栓化	缺钙	

（《作物营养施肥与诊断实验》，秦遂初主编，1989）

附录 2 主要作物中元素含量缺乏、适量、过剩的判断标准

养分元素	作物种类	采样部位及时期	养分含量状况		
			缺乏	足够	过多
氮	冬小麦	地上部分,拔节期	1.68	>2.00	3.1
	春小麦	上部 4 张叶片,扬花期	1.5~2.0	2.6~3.0	3.0~3.3
	水稻(农垦 58)	功能叶、分蘖期	2.72	3.99	4.95
	棉花	叶片,初花期	2.15	4.03	—
	玉米	穗部下第一片叶,开花初	2.0~2.5	>4.0	—
	黄瓜	叶片,花期	2.7	>5.0	—
	甘蓝	第四片叶,结球初期	3.9~4.4	5.5~6.0	—
	桃	新梢中部叶片,开花后 12~14 周	<2.67	>3.36	—
	柑橘	叶片,春末结果顶枝	<2.2	2.4~2.6	>2.6
磷	水稻	稻草	0.016~0.021	0.036~0.046	—
	小麦	抽穗前上部叶片	<0.11	0.21~0.50	0.51~0.80
	玉米	抽穗期最下穗轴下第一叶	0.11	0.25	—
	甘薯	成熟期块根	—	0.12	0.22
	大豆	叶片	0.11	0.2~0.48	—
	黄瓜	花期(保护地)下部叶	<0.30	0.35~0.40	>0.44
	番茄	开花上部第四、五叶柄	0.46	0.24	—
	甘蓝	结球初期第四片叶	0.17~0.20	0.44~0.60	0.8
	马铃薯	孕蕾上部第四、五片叶	0.09	0.24~0.30	>0.30
	柑橘	叶片	0.08	0.12~0.16	0.3

续表

养分元素	作物种类	采样部位及时期	养分含量状况		
			缺乏	足够	过多
钾	水稻	稻草	1.08	2.33	—
	小麦	刚抽穗前的上部叶片	<1.0	1.51~3.0	3.0~5.5
	玉米	叶片,抽雄期最下穗抽下第一叶片	0.39~1.30	1.46~5.80	—
	甘蔗	叶片,苗龄5~7个月	0.062~1.04	1.04~1.45	>1.45
	大豆	第二叶柄	0.29~0.44	1.11~4.45	
	烟草	成熟叶	<0.20~0.40	1.0~1.8	—
	黄瓜	上部叶,花期,保护地	<3.0	4.4~4.9	>5.0
	番茄	第四片叶柄,孕蕾期	1.0~1.5	3.8~5.3	
	甘蓝	第三、四片叶,结球以前	1.8~2.5	3.5~4.0	>4.0
	马铃薯	上部第四、五片叶,孕蕾期	2.5	4.0~5.0	>5.0
	橙	果枝上10月龄的春发叶	<0.4	0.5~1.5	1.5~2.2
钙	冬小麦	抽穗期,地上部分	—	0.2~0.5	>0.5
	玉米	吐丝期,穗位叶	—	0.4~1.0	—
	谷子	扬花期,地上部分	0.26	0.51~1.08	
	苜蓿	顶部15 cm	0.25	0.5~1.5	3.0~4.0
	甜菜	新生长的叶片	0.1~0.4	0.4~1.5	
	甘蔗	顶部向下第3~6叶鞘	0.02~0.1	0.1~2.0	—
	橙	果枝上10月龄的春发叶	<2.5	3.0~5.5	5.5
镁	冬小麦	抽穗期,地上部分	—	0.15~0.50	>0.5
	玉米	吐丝期,穗位叶	—	0.2~0.4	
	马铃薯	收获后,块茎	0.12	0.13	
	苜蓿	顶部15 cm	0.2	0.3~1.0	1.0~2.0
	甜菜	新长成的叶片	0.025~0.05	0.1~2.5	—
	甘蔗	顶部向下第3~6叶鞘	<0.1	0.15~1.0	
	橙	果枝上10月龄的春发叶	0.05~0.15	0.26~0.6	0.7~1.0
铁	水稻	叶片	<63	>80	—
	玉米	叶片,成熟期	24~56	56~178	—
	大豆	地上部,出苗后34 d	28~38	44~60	
	烟草	叶片,接近成熟	63~70	68~140	—
	苜蓿	最上部1/3,开花前至开花初	<20	31~250	251~400
	苹果	新梢基部叶片	<50	50~150	>150
	桃	新梢中部和近基部完全发育的叶片,开花后12~14周	<124	124~152	>152

续表

养分元素	作物种类	采样部位及时期	养分含量状况		
			缺乏	足够	过多
硼	玉米	地上部分(沙培)	1.0~2.0	5~8	25
	棉花	叶片(沙培)	16	16~138	187~306
	烟草	植株	—	18~32	23~176
	甜菜	中部刚发育完全的叶片	<20	31~200	201~800
	温室番茄	上部茎的成熟叶片	<10	30~75	76~200
	苜蓿	最上部1/3,开花前至开花初	<20	31~80	80~100
	苹果	新梢基部叶片	<25	25~50	>50
	桃	新梢中部和近基部完全发育的叶片,开花后12~14周	<28	28~48	>43
锰	大豆	叶片,生长30 d	9~11	15~84	—
	烟草	叶片	—	160	4 000~11 000
	冬小麦	地上部,分蘖期	<25	34~65	>65
	玉米	穗部下第一片叶,开花初	<10	21~200	201~300
	甜菜	中部才发育完全的叶片	<10	26~360	>360
	苜蓿	最上部1/3,开花前至开花初	<15	51~200	201~400
	温室番茄	上部茎的成熟叶片	<8	35~240	241~1 000
	苹果	新梢基部叶片	<35	35~105	>105
	桃	新梢中部和近基部完全发育的叶片,开花后12~14周	<19	119~142	>142
锌	冬小麦	地上部,分蘖期	<29	29~40	>40
	玉米	穗部下第一片叶,开花初	<15	25~100	101~150
	马铃薯	上部完全发育叶片,开花期	<15	21~90	>90
	甜菜	中部才发育完全的叶片	<5	10~80	>80
	苜蓿	最上部1/3,开花前至开花初	<10	21~70	>70
	温室番茄	上部茎的成熟叶片	<9	20~200	201~500
	苹果	新梢基部叶片	<25	25~50	>50
	桃	新梢中部和近基部完全发育的叶片,开花后12~14周	<17	17~30	>30

续表

养分元素	作物种类	采样部位及时期	养分含量状况		
			缺乏	足够	过多
钼	冬黑麦	尖端,抽穗期	<0.11	0.19~2.19	>2.19
	玉米	穗部下第一片叶,开花初	<0.1	>0.20	—
	甜菜	中部才发育完全的叶片	<0.1	0.20~2.00	2.1~20.0
	苜蓿	最上部1/3,开花前至开花初	<0.2	0.5~5.0	5.1~10.0
	温室番茄	上部茎的成熟叶片	<0.13	0.3~0.7	>0.7
铜	冬小麦	地上部,拔节期	<5	5~10	>10
	玉米	穗部下第一片叶,开花初	<2	6~50	51~70
	马铃薯	地上部,种植后75 d	<8	11~20	>20
	苜蓿	最上部1/3,开花前至开花初	<2	8~30	31~60
	温室番茄	上部茎的成熟叶片	<5	5~12	>12
	苹果	新梢基部叶片	<5	5~12	>12
	桃	新梢中部和近基部完全发育的叶片,开花后12~14周	<7	7~12	>12

注:养分含量指:全氮、磷、钾、钙、镁百分率(%),干基;其他元素含量:mg/kg干基。

(《测土配方施肥技术》,徐莲香主编,2007)

附录 3　常用有机肥中的养分含量

类别	名称	风干基			鲜基		
		氮(N) (%)	磷(P_2O_5) (%)	钾(K_2O) (%)	氮(N) (%)	磷(P_2O_5) (%)	钾(K_2O) (%)
粪尿肥	人粪尿	9.973	1.421	2.794	0.643	0.106	0.187
	人粪	6.357	1.239	1.482	1.159	0.261	0.304
	人尿	24.591	1.609	5.819	0.526	0.038	0.136
	猪粪	2.090	0.817	1.082	0.547	0.245	0.294
	猪尿	12.126	1.522	10.679	0.166	0.022	0.157
	猪粪尿	3.773	1.095	2.495	0.238	0.074	0.171
	马粪	1.347	0.434	1.247	0.437	0.134	0.381
	马粪尿	2.552	0.419	2.815	0.378	0.077	0.573
	牛粪	1.560	0.382	0.898	0.383	0.095	0.231
	牛尿	10.300	0.640	18.871	0.501	0.017	0.906
	牛粪尿	2.462	0.563	2.888	0.351	0.082	0.421
	羊粪	2.317	0.457	1.284	1.014	0.216	0.532
	兔粪	2.115	0.675	1.710	0.874	0.297	0.653
	鸡粪	2.137	0.879	1.525	1.032	0.413	0.717
	鸭粪	1.642	0.787	1.259	0.714	0.364	0.547
	鹅粪	1.599	0.609	1.651	0.536	0.215	0.517
	蚕沙	2.331	0.302	1.894	1.184	0.154	0.974
堆沤肥	堆肥	0.636	0.216	1.048	0.347	0.111	0.399
	沤肥	0.635	0.250	1.466	0.296	0.121	0.191
	凼肥	0.386	0.186	2.007	0.230	0.098	0.772
	猪圈粪	0.958	0.443	0.950	0.376	0.155	0.298
	马厩肥	1.070	0.321	1.163	0.454	0.137	0.505
	牛栏粪	1.299	0.325	1.820	0.500	0.131	0.720
	羊圈粪	1.262	0.270	1.333	0.782	0.154	0.740
	土粪	0.375	0.201	1.339	0.146	0.120	0.083

续表

类别	名称	风干基			鲜基		
		氮（N）(%)	磷（P$_2$O$_5$）(%)	钾（K$_2$O）(%)	氮（N）(%)	磷（P$_2$O$_5$）(%)	钾（K$_2$O）(%)
秸秆肥	水稻秸秆	0.826	0.119	1.708	0.302	0.044	0.663
	小麦秸秆	0.617	0.071	1.017	0.314	0.040	0.653
	大麦秸秆	0.509	0.076	1.268	0.157	0.038	0.546
	玉米秸秆	0.869	0.133	1.112	0.298	0.043	0.384
	大豆秸秆	1.633	0.170	1.056	0.577	0.063	0.368
	油菜秸秆	0.816	0.140	1.857	0.266	0.039	0.607
	花生秸秆	1.658	0.149	0.990	0.572	0.056	0.357
	马铃薯藤	2.403	0.247	3.581	0.310	0.032	0.461
	红薯滕	2.131	0.256	2.750	0.350	0.045	0.484
	烟草秆	1.295	0.151	1.656	0.368	0.038	0.453
	胡豆秆	2.215	0.204	1.466	0.482	0.051	0.303
	甘蔗茎叶	1.001	0.128	1.005	0.359	0.046	0.374
绿肥	紫云英	3.085	0.301	2.065	0.391	0.042	0.269
	苕子	3.047	0.289	2.141	0.632	0.061	0.438
	草木犀	1.375	0.144	1.134	0.260	0.036	0.440
	豌豆	2.470	0.241	1.719	0.614	0.059	0.428
	大野豌豆	1.846	0.187	1.285	0.652	0.070	0.478
	蚕豆	2.392	0.270	1.419	0.473	0.048	0.305
	萝卜菜	2.233	0.347	2.463	0.366	0.055	0.414
	紫穗槐	2.706	0.269	1.271	0.903	0.090	0.457
	三叶草	2.836	0.293	2.544	0.643	0.059	0.589
	满江红	2.901	0.359	2.287	0.233	0.029	0.175
	水花生	2.505	0.289	5.010	0.342	0.041	0.713
	水葫芦	2.301	0.430	3.862	0.214	0.037	0.365
	紫茎泽兰	1.541	0.248	2.316	0.390	0.063	0.581
	蒿枝	2.522	0.315	3.042	0.644	0.094	0.809
	黄荆	2.558	0.301	1.686	0.878	0.099	0.576
	马桑	1.896	0.190	0.839	0.653	0.066	0.284
	山青	2.334	0.268	1.858			
	茅草	0.749	0.109	0.755	0.385	0.054	0.381
	松毛	0.924	0.094	0.448	0.407	0.042	0.195

续表

类别	名称	风干基			鲜基		
		氮（N）(%)	磷（P₂O₅）(%)	钾（K₂O）(%)	氮（N）(%)	磷（P₂O₅）(%)	钾（K₂O）(%)
饼肥	豆饼	6.684	0.440	1.186	4.838	0.521	1.338
	菜籽饼	5.250	0.799	1.042	5.195	0.853	1.116
	花生饼	6.915	0.547	0.962	4.123	0.367	0.801
	芝麻饼	5.079	0.731	0.564	4.969	1.043	0.778
	茶籽饼	2.926	0.488	1.216	1.225	0.200	0.845
	棉籽饼	4.293	0.541	0.760	5.514	0.967	1.243
	酒渣	2.867	0.330	0.350	0.714	0.090	0.104
	木薯渣	0.475	0.054	0.247	0.106	0.011	0.051
海肥	海肥	2.513	0.579	1.528	1.178	0.332	0.399
草炭类肥	腐殖酸类	0.956	0.231	1.104	0.438	0.105	0.609
	褐煤	0.876	0.138	0.950	0.366	0.040	0.514
沼气池肥	沼气发酵肥	6.231	1.167	4.455	0.283	0.113	0.136
	沼渣	12.924	1.828	9.886	0.109	0.019	0.088
	沼液	1.866	0.755	0.835	0.499	0.216	0.203
杂肥	泥肥	0.239	0.247	1.620	0.183	0.102	1.530
	肥土	0.555	0.142	1.433	0.207	0.099	0.836
	农用废渣液	0.882	0.348	1.135	0.317	0.173	0.788
	城市垃圾	0.319	0.175	1.344	0.275	0.117	1.072

（数据来源：中国化肥网，网址：www.fert.cn，供计算有机肥养分折纯量参考）

参考文献

[1] 李小为,高素玲.土壤肥料.北京:中国农业大学出版社,2011.

[2] 李建军.《测土配方施肥技术规范》贯彻实施指导与作物配方施肥技术手册.北京:科技出版社,2006.

[3] 徐莲香,郝会军,王思萍.测土配方施肥技术.北京:中国农业科学技术出版社,2010.

[4] 劳秀荣,陈宝成,毕建杰,等.粮食作物测土配方施肥技术百问百答.北京:中国农业出版社,2011.

[5] 孙曦.土壤养分、植物营养与合理施肥.北京:科学出版社,1983.

[6] 卢增兰.土壤肥料学.北京:农业出版社,1987.

[7] 宋志伟,张宝生.植物生产与环境.北京:高等教育出版社,2005.

[8] 宋志伟.种植基础.北京:中国农业出版社,2012.

[9] 农业部农民科技培训中心.测土配方施肥技术.北京:中国农业科学技术出版社,2007.

[10] 全国农业技术推广服务中心.测土配方施肥技术.北京:中国农业出版社,2005.

[11] 劳秀荣,等.测土配方施肥.北京:中国农业出版社,2011.

[12] 江苏省淮阴农业学校.土壤肥料学.北京:中国农业出版社,2006.

[13] 郭建伟,李保明.土壤肥料.北京:中国农业出版社,2008.

[14] 黄凌云,黄锦法.测土配方施肥实用技术.北京:中国农业出版社,2014.

[15] 高祥照,马常宝,杜森.测土配方施肥技术.北京:中国农业出版社,2005.

[16] 全国农业技术推广服务中心.土壤分析技术规范.北京:中国农业出版社,2009.

[17] 沈其荣,等.土壤肥料学通论.北京:高等教育出版社,2001.

[18] 陈忠焕,等.土壤肥料学.北京:中国农业出版社,1995.

[19] 刘泰语,等.土壤肥料学.北京:中国农业出版社,2012.

[20] 河北农业大学农学系《肥料手册》编写组.肥料手册.石家庄:河北科学技术出版社,1985.